数控加工工艺与编程

（第3版）

主　编　程俊兰　卢良旺

副主编　廖　奇　侯　伟　陈　玲

电子工业出版社

Publishing House of Electronics Industry

北京·BEIJING

内 容 简 介

本书详细阐述和分析了数控加工最新技术的应用成果，精心挑选了当今主流数控系统作为典型实例。内容重点突出、取材新颖、图文结合、实例丰富，汇集了许多编程技术经验，并强调知识的综合应用，拓宽知识面。书中所选实例具有较强的实用性和代表性，读者可以举一反三，是一本针对性和实用性较强的教材。

全书共分 7 章，内容包括数控加工工艺基础、数控编程基础、数控车削工艺与编程、数控铣床和加工中心工艺与编程、宏程序设计、典型零件工艺设计综合实例、计算机辅助自动编程技术。

本书可作为数控技术应用专业、机电一体化专业、机械制造及自动化专业、模具设计与制造专业、计算机辅助设计与制造专业的教学用书和专业教材，也可供有关工程技术人员和数控机床操作人员学习、参考和培训之用。

图书在版编目（CIP）数据

数控加工工艺与编程/程俊兰，卢良旺主编. —3 版. —北京：电子工业出版社，2018.1

普通高等教育机械类"十三五"规划系列教材

ISBN 978-7-121-33088-9

Ⅰ. ①数… Ⅱ. ①程… ②卢… Ⅲ. ①数控机床－加工－高等学校－教材②数控机床－程序设计－高等学校－教材 Ⅳ. ①TG659

中国版本图书馆 CIP 数据核字（2017）第 285649 号

策划编辑：李　洁
责任编辑：刘真平
印　　刷：北京七彩京通数码快印有限公司
装　　订：北京七彩京通数码快印有限公司
出版发行：电子工业出版社
　　　　　北京市海淀区万寿路 173 信箱　　邮编　100036
开　　本：787×1092　1/16　印张：18.25　字数：467.2 千字
版　　次：2011 年 5 月第 1 版
　　　　　2018 年 1 月第 3 版
印　　次：2025 年 1 月第 14 次印刷
定　　价：49.90 元

前　言

本书为应用型本科系列规划教材之一，是依据工程类高等教育的特点，以及机械设计、制造及其自动化专业的培养目标和教学基本要求，同时兼顾非机械设计、制造及其自动化专业的选修课要求而编写的。

本书强调工艺及工艺与编程、加工方法、数控刀具的关系，所用的数控系统和机床设备只介绍其功能，而不讲解其结构和原理，突出应用性和针对性，以培养学生的工艺分析能力，使学生能通过正确地分析工艺来选择工艺方法，确保加工的质量、效率和成本。同时，从设计、设备、材料和工艺等全方位考虑问题，寻求工艺设计的整体最优。

本书注重实用性，书中的例子和方法主要取自工程实例和实用的工程方法，零件、数控程序和工艺路线采用工程图而非示意图，尺寸标注及表面粗糙度均与工程实际相符合，以增强学生的工程化意识，并获取一定的间接工程经验。

编写过程中特别注意以下特点：

（1）以"易教易学"为核心思想，"够用、实用、新用"为基本原则，注意系统化与模块化的结合。

（2）强调概念、原理、理论的生动解释，保持理论内容与实践内容的均衡。

（3）提倡运用实例讲解理论知识，能创新的要创新，能用案例教学的要用案例教学，能实现计算机仿真与理论无缝结合的要结合。

（4）关于案例，在每章后给出案例，单设一章给出完整的案例，可作为课程设计指导。

（5）案例的选材注意实用性和代表性，从生产现场选材，全面介绍中等复杂零件从零件图到数控加工程序的整个过程，将数控机床加工必备的数控加工工艺规程的制定与数控编程有机地联系在一起，培养学生正确、合理编制零件数控加工程序的能力。

（6）每章都有大量的实例和习题，且习题均提供参考答案，旨在方便读者自学。

本书由北华航天工业学院程俊兰、广东省机械高级技工学校卢良旺担任主编，广东省机械高级技工学校廖奇、西北工业大学民德学院侯伟、昆明学院陈玲担任副主编。第1章、第6章由程俊兰编写，第2章由陈玲编写，第3章、第5章由卢良旺编写，第4章由廖奇编写，第7章由侯伟编写。

本书在编写过程中参阅了大量相关文献与资料，在此向有关作者一并表示感谢。

由于编者水平有限，书中难免有不妥和错误之处，恳请广大读者批评指正。

编　者

2017 年 7 月

目　　录

第 1 章

数控加工工艺基础

1.1　数控加工

　　数控加工就是根据零件图纸给出几何信息和工艺要求等原始条件，编写零件的数控加工程序，并输入到数控机床的数控系统，数控系统经过运算、处理，输出各坐标轴的位移分量到各轴的驱动电路，经过转换、放大去驱动伺服电动机，带动各轴运动并进行反馈控制，使各轴精确走到要求的位置，如此继续下去，实现数控机床上刀具与工件的相对运动，从而完成零件的加工。

1.1.1　数控加工过程

　　数控加工的大致过程如图 1-1 所示。

　　第一步：阅读零件图，充分了解工件的技术要求（如尺寸精度、形位公差、表面粗糙度、工件的材料和硬度、加工性能及工件数量等），明确加工内容。

　　第二步：进行工艺分析，其中包括零件的结构工艺性分析、材料和设计精度合理性分析，并确定数控加工所需要的一切工艺信息，形成加工工艺方案，填写工艺过程卡和加工工序卡。

　　第三步：根据制定的加工工艺方案，用数控系统规定的指令代码及程序格式进行数控编程。

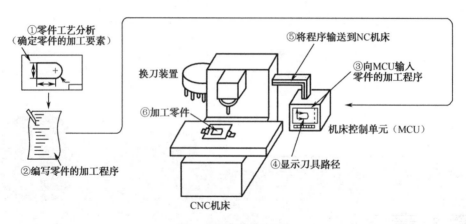

图 1-1　数控加工过程

第四步：将零件加工程序通过数控机床的输入装置输入数控系统，常用 U 盘、存储卡或串行传送接口等输入程序。

第五步：检验与修改加工程序。利用图形模拟功能检验程序格式及走刀路线是否正确，正确后通过首件试加工以进一步验证加工程序是否满足精度及表面质量要求，并对现场问题进行处理，直到加工出符合图纸要求的零件，最后形成优化的加工程序。

1.1.2　数控加工的特点

数控加工体现了精度高、效率高，能适应多品种、中小批量、形状复杂零件的加工等优点，在机械加工中得到了广泛的应用。概括起来，数控加工有以下几方面的特点。

1．精度高、质量稳定

数控机床的加工精度在±0.005～±0.01mm 之间，甚至更高，且不受零件复杂程度的影响。数控机床是在数控加工程序控制下进行加工的，加工过程不需要人工干预，避免了操作者人为产生的误差。在设计制造数控机床时，采取了多种措施，使数控机床的机械部分达到了较高的精度、刚度和热稳定性。数控机床工作台的脉冲当量一般达到了 0.001mm，而且进给传动链的反向间隙与丝杠螺距误差等均可由数控装置进行补偿。高档数控机床采用光栅尺实现工作台移动的闭环控制，数控机床可获得比本身精度更高的加工精度，尤其提高了同一批零件生产的一致性，产品合格率高，加工质量稳定。

2．适应性强、高柔性

在数控机床上加工不同的零件时，除了更换刀具和设置毛坯装夹方式外，只需要按照零件的轮廓编写新的加工程序，不需要其他任何复杂的调整。这就为复杂结构零件的单件、小批量生产及新产品试制提供了极大的方便。

3．生产效率高

零件加工所需的时间主要包括机动时间和辅助时间两部分。数控机床主轴的转速和进给量的变化范围比普通机床大，而且是无级变化的，因此数控机床可选用最合理的切削用量。由于数控机床结构刚性好，因此允许进行大切削用量的强力切削，这就提高了数控机床的切削效率，节省了机动时间。数控机床的移动部件空行程运动速度快（可达几十米/分），自动换刀时间短（一般为几秒），辅助时间比一般机床大为减少。数控机床在批量生产更换被加工零件时不需要重新调整机床，可以节省用于停机进行零件安装调整的时间。由于数控机床的加工精度比较稳定，一般只做首件检验或工序间关键尺寸的抽样检验，因而可以减少停机检验的时间。在使用带有刀库和自动换刀装置的数控加工中心机床时，采用工序集中的方法加工零件，减少了半成品的周转时间，大大提高了生产效率。若配合自动装卸手段，便是无人化工厂的基本组成部分。

4. 劳动强度低

数控机床对零件的加工是在程序控制下自动完成的，操作者除了控制按钮与开关、装卸工件、进行关键工序的中间测量及观察切削状态是否正常之外，不需要进行繁重的重复性手工操作，劳动强度与紧张程度均可大为减轻，劳动条件也得到了相应的改善。

5. 有利于现代化的生产管理

在数控机床上加工零件所需的时间基本上是固定的，可以更精确地计算工时费用，对使用的刀具、夹具可进行规范化、现代化管理，合理编写生产进度计划。

6. 易于建立计算机通信网络

由于数控机床与计算机联系紧密，且使用数字化信息，易于与计算机建立通信网络，便于与计算机辅助设计和制造（CAD/CAM）系统相连接，形成计算机辅助设计和辅助制造一体化，并且可以建立各机床间的联系，容易实现群控。

7. 价格较贵、调试和维修困难

数控机床结构复杂，采用了许多先进技术，所以要求操作人员、调试和维修人员应具有专门的知识和较高的专业技术水平，或经过专门的技术培训，这样才能胜任相应的工作。

1.1.3 数控加工的发展趋势

现代数控加工正在向高速化、高精度化、高柔性化、高一体化、网络化和智能化等方向发展。

1. 高速化

高速化的目的是高速切削。受高生产率的驱使，高速化已是现代机床技术发展的重要方向之一。高速切削可通过高速运算技术、快速插补技术、超高速通信技本和高速主轴等技术来实现。机床高速化既表现在主轴转速上，也表现在工作台快速移动、进给速度提高，以及刀具交换、托盘交换时间缩短等各个方面。

高速切削可减小切削力、减小切削深度，有利于克服机床振动，传入零件中的热量大大减少、排屑加快、热变形减小，不但可以提高零件的表面加工质量和精度，还可以大幅度提高加工效率，降低加工成本。另外，经高速加工的工件一般不需要精加工。因此，高速切削技术对制造业有着极大的吸引力，是实现高效、优质、低成本生产的重要途径。

20世纪90年代以来，欧美各国及日本争相开发应用新一代高速数控机床。高速主轴单元

（电主轴，转速为 15 000～100 000r/min）、高速且高加/减速度的进给运动部件、高性能数控和伺服系统及数控工具系统都出现了新的突破。随着超高速切削机理、超硬耐磨长寿命刀具材料和磨料磨具、大功率高速电主轴、高加/减速直线电动机驱动进给部件及高性能控制系统和防护装置等一系列技术领域中关键技术的解决，为开发新一代高速数控机床提供了技术基础。

目前，在超高速加工中，车削和铣削的切削速度已达到 5000～8000m/min；主轴转速在 30 000r/min 以上，有的高达 100 000r/min；工作台进给速度在分辨率为 1μm 时可达 100m/min 以上，有的达到200m/min，在分辨率为 0.1μm 时可达 24m/min 以上；自动换刀速度在 1s 以内。

2．高精度化

高精度一直是数控机床技术发展追求的目标，它包括机床制造的几何精度和机床使用的加工精度控制两方面。提高机床的加工精度，一般是通过减小数控系统误差、提高数控机床基础大件结构特性和热稳定性、采用补偿技术和辅助措施来达到的。

当前，普通级数控机床的加工精度达到±5μm；精密级加工中心达到±1～1.5μm，甚至更高；超精密加工精度进入纳米级，主轴回转精度要求达到 0.01～0.05μm，加工表面粗糙度 Ra 达 0.003μm。这些机床一般采用矢量控制的变频驱动电主轴，进给驱动有伺服电动机加精密高速滚珠丝杠驱动和直线电动机直接驱动两种类型。目前使用滚珠丝杠驱动的机床最大快移速度达 90m/min，加速度为 1.5g；使用直线电动机的高速高精加工机床最大快移速度已达 208m/min，加速度可达 2g，并且还能进一步提高。

3．功能复合化

数控机床功能复合化指通过增加机床的功能，减少加工过程中的定位、装夹、对刀、检测等的辅助时间，提高机床效率。事实证明，加工功能的复合化和一体化除了增加机床的加工范围外，还大大提高了机床的加工精度和加工效率，节省了占地面积，特别是缩短了零件的加工周期，降低了整体加工费用和机床维护费用。因此，复合功能的机床越来越受到青睐，呈快速发展趋势。

4．网络化

网络化主要指数控机床通过数控系统与外部的其他控制系统或上位计算机进行网络连接和网络控制。数控机床应可实现多种通信协议，既满足单机需要，又能满足 FMS、CIMS 对基层设备的要求。通过网络可实现远程监视加工、控制加工进程，还可进行远程监测和故障诊断，使维修变得简单。

随着网络技术的成熟与发展，最近业界又提出了数字制造（e 制造）的概念。它是企业现代化的标志之一，也是当今国际先进机床制造商标准配置的供货方式。越来越多的国内用户在购买进口机床时，要求具有远程通信服务等功能。

5．智能化

智能加工是一种基于神经网络控制、模糊控制、数字化网络技术和理论的加工，在加工过程中模拟人类专家的智能活动以解决加工过程中许多不确定性的、要由人工干预才能解决的问题。CAD/CAM 软件日趋丰富和具有"人性化"，虚拟设计与制造等高端技术也越来越多地为工程技术人员所追求，多媒体人机接口使用户操作简单，智能编程使编程更加直观且加工数据能自动生成；具有智能数据库和智能监控功能，采用专家系统以降低对操作者的要求等。

6．绿色化

21 世纪必须把环保和节能放在重要位置，即要实现数控加工工艺的绿色化。目前主要体现在不用切削液上，因为切削液既污染环境和危害工人健康，又增加了能源消耗。干切削一般是在大气中进行的，但也包括在特殊气体中（氮气中、冷风中或采用干式静电冷却技术）不使用切削液进行切削。准干切削是使用极微量润滑的切削。对于面向多种加工方法组合的加工中心机床来说，主要采用准干切削，通常是让极其微量的切削液与压缩空气的混合物经由机床主轴与工具内的中空通道喷向切削区。

1.2 数控加工工艺

数控加工工艺是采用数控机床加工零件所采用的各种技术、方法、手段的总和。

数控机床的加工工艺与普通机床的加工工艺有许多相同之处，但在数控机床上加工零件比在普通机床上加工零件的工艺规程要复杂得多。在数控加工前，要将机床的运动过程、零件的工艺过程、刀具的形状、切削用量和走刀路线等都编入程序，这就要求程序设计人员具有多方面的知识基础。一名合格的程序员首先是一名合格的工艺人员，否则就无法全面周到地考虑零件加工的全过程，以及正确、合理地编写零件的加工程序。

1.2.1 数控加工工艺的特点

数控加工与普通加工相比具有加工自动化程度高、加工精度高、加工质量稳定、生产率高、工人劳动强度低、设备使用费用高、有利于生产管理的现代化等特点。因此，数控机床加工工艺与普通机床加工工艺相比，具有如下特点：

1．数控加工工艺内容要求十分具体、详细

数控加工时，所有工艺问题（如加工部位、加工顺序、刀具配置顺序、刀具轨迹、切削参数等）都必须事先设计和安排好，并编入加工程序中。因此，数控加工工艺不仅包括详细的切削加工步骤和所用工装夹具的装夹方案，还包括刀具的型号、规格、切削用量、工序图和其他特殊要求等，尤其在自动编程中更需要确定详细的加工工艺参数。

2．数控加工工艺要求更严密、精确

对数控加工过程中可能遇到的所有问题必须事先精心考虑到，否则将导致严重的后果。例如，攻螺纹时，数控机床不知道孔中是否已挤满铁屑，是否需要退刀清理一下铁屑再继续加工。又如，普通机床加工时，可以进行多次试切来满足零件的精度要求；而在数控加工过程中要严格按照规定尺寸进给，要求准确无误。

3．要进行零件图形的数学处理和编程尺寸设定值的计算

编程尺寸并不是零件图上设计尺寸的简单再现。在对零件图进行数学处理和计算时，编程尺寸设定值要根据零件尺寸公差要求和零件的几何关系重新调整计算。

4．要考虑进给速度对零件形状精度的影响

制定数控加工工艺时，选择切削用量要考虑进给速度对加工零件形状精度的影响。在数控加工过程中，刀具的移动轨迹是由插补运算完成的。根据插补原理分析，在数控系统已定的条件下，进给速度越快，插补精度越低，导致工件的轮廓形状精度越低。尤其在高精度加工时，这种影响非常明显。

5．要重视刀具选择的重要性

复杂型面的加工编程通常采用自动编程方式。自动编程中，必须先选定刀具再生成刀具中心运动轨迹。因此，对于不具有刀具补偿功能的数控机床来说，若刀具选择不当，所编程序只能重新编写。

6．数控加工的工序相对集中

由于数控机床，特别是功能复合化的数控机床一般都带有自动换刀装置，在加工过程中能够自动换刀，一次装夹即可完成多道工序或全部工序的加工。因此，数控加工工艺的明显特点是工序相对集中，表现为工序数目少、工序内容多、工序内容复杂。

1.2.2 数控加工工艺的主要内容

对于一个零件来说，并非其全部加工内容都适合在数控机床上完成，而往往只是其中的一部分工艺内容适合数控机床加工。这就需要对零件图进行仔细的工艺分析，选择那些最适合、最需要进行数控加工的内容和工序。在选择数控加工内容时，应结合本企业设备的实际情况，立足于解决难题、攻克关键问题和提高生产率，充分发挥数控加工的优势。

1．适于数控加工的零件

（1）用通用机床加工时，要求设计制造复杂的专用夹具或需很长调整时间的零件。

（2）多品种、多规格、中小批量的零件生产，特别适合新产品的试制生产。

（3）加工精度、表面粗糙度要求高的零件。

（4）形状、结构复杂，尤其是具有复杂曲线、曲面轮廓的零件。

（5）价格高，一旦出现废品会造成严重的经济损失的零件。

（6）钻、扩、铰、镗、攻丝等工序联合进行，或相对位置精度要求高或较高的零件。

（7）在普通机床上加工生产效率低，劳动强度大，质量难以稳定控制的零件。

2．适于数控加工的内容

（1）普通机床无法加工的内容应作为优先选择内容。

（2）普通机床难加工，质量也难以保证的内容应作为重点选择内容。

（3）普通机床加工效率低、工人手工操作劳动强度大的内容，可在数控机床尚存在富裕加工能力时选择。

一般来说，上述这些加工内容采用数控加工后，在产品质量、生产率与综合效益等方面都会得到明显提高。

3．不适于数控加工的内容

（1）占机调整时间长。如以毛坯的粗基准定位加工第一个精基准，需用专用工装协调的内容。

（2）加工部位分散，需要多次安装、设置原点。这时采用数控加工很麻烦，效果不明显，可安排普通机床加工。

（3）按某些特定的制造依据（如样板等）加工的型面轮廓。主要原因是获取数据困难，易与检验依据发生矛盾，增加了程序编写的难度。

此外，在选择和决定数控加工内容时，也要考虑生产批量、生产周期、工序间周转情况等。总之，要尽量做到合理，达到多、快、好、省的目的，防止把数控机床降格为普通机床使用。

4．数控加工工艺的主要内容

在数控机床上加工零件，首先遇到的就是工艺问题。怎样选择数控机床更为经济、合理；选择的夹具是否便于在机床上安装、协调零件和机床坐标系的尺寸；怎样选择对刀点才能使编程简单、加工方便；怎样选择进给路线才能提高效率；怎样安排工序、工步、选择刀具和切削用量；怎么保证零件的加工精度和表面粗糙度等，这些都是数控加工工艺必须考虑的问题，都是在编程之前要确定好的。具体包括以下几方面：

（1）分析零件的图样，明确加工内容及技术要求。

（2）确定零件的加工方案，制定数控加工工艺路线，如选择数控加工设备、划分工序、安排加工顺序、处理与非数控加工工序的衔接等。

（3）设计加工工序。选取零件的定位基准、确定装夹方案、划分工步、选择刀具和切削用量等。

（4）对零件图进行数学处理并确定编程尺寸设定值，编写、校验、修改加工程序。

（5）首件试加工与现场工艺问题处理。

（6）数控加工工艺技术文件的定型与归档。

1.2.3　数控加工工艺系统

由图 1-1 可以看出，数控加工过程是在一个由数控机床、夹具、刀具和工件构成的数控加工工艺系统中完成的，NC 加工程序可控制刀具相对工件的运动轨迹。因此，由数控机床、夹具、刀具和工件等组成的统一体称为数控加工工艺系统。数控加工工艺系统性能的好坏直接影响零件的加工精度和表面质量。

数控机床是零件加工的工作机，是实现数控加工的主体。采用数控技术或装备了数控系统的机床称为数控机床，它是一种技术密集度和自动化程度都比较高的机电一体化加工装备。

夹具用来固定工件并使之保持正确的位置，是实现数控加工的纽带。在机械制造中，用以装夹工件和引导刀具的装置统称为夹具。在机械制造过程中，夹具的使用十分广泛，从毛坯制造到产品装配再到检测的各个生产环节，都有许多不同种类的夹具。

刀具是实现数控加工的桥梁，刀具的运动与数控机床的主轴运动合成完成零件的加工。刀具的合理选择对零件的加工精度、加工效率起到非常关键的作用。

工件是数控加工的对象。常见工件可分为轴类零件、盘套类零件、板类零件、箱体类零件和异形类零件。一般情况下，轴类零件和盘套类零件在数控车床上加工，板类零件在数控铣床上加工，而箱体类零件和异形类零件在加工中心上加工。

1.3 机械加工精度

机械加工精度是指零件加工完成后的实际几何参数（尺寸、几何形状和相互位置）与理想几何参数相符合的程度。加工精度主要包括尺寸精度、形状精度和位置精度。

零件加工完成后的实际几何参数与理想几何参数的偏离程度称为加工误差。

加工误差的大小反映了加工精度的高低。加工精度与加工误差都是评价加工表面几何参数的术语。加工精度的高低用公差等级衡量，等级值越小，其精度越高；加工误差用数值表示，数值越大，其误差越大。

1. 尺寸精度

尺寸精度是指加工表面本身的尺寸（如圆柱面的直径）和表面间的尺寸（如孔间距等）的精确程度，如长度、宽度、高度及直径等。尺寸精度的高低用尺寸公差的大小来表示。国家标准（GB/T 1800.4—1999）中规定，尺寸公差分 20 个等级，即 IT01、IT0、IT1、IT2、……、IT18。IT 后面的数字代表公差等级，数字越大，公差值越大，公差等级越低，尺寸精度越低。

2. 形状精度

形状精度是指加工完成后的零件表面的实际几何形状与理想的几何形状相符合的程度，如圆度、圆柱度、平面度及锥度等。

3. 位置精度

位置精度是指加工完成后，零件有关表面之间的实际位置与理想位置相符合的程度，如平行度、垂直度及同轴度等。

国家标准《形状和位置公差通则、定义、符号和图纸表示法》（GB/T 1182—1996）中规定，形状和位置公差共有 14 个项目，各项目的名称及符号如表 1-1 所示。

表 1-1 形状和位置公差的名称及符号

公　差	特征项目	符　号	有或无基准要求	公　差	特征项目	符　号	有或无基准要求
形状或轮廓	形状	直线度	—	无	位置	定向	平行度	//	有
		平面度	▱	无			垂直度	⊥	有
		圆度	○	无			倾斜度	∠	有
		圆柱度	⌀	无		定位	位置度	⊕	有或无
	轮廓	线轮廓度	⌒	有或无			同轴度	◎	有
							对称度	=	有
		面轮廓度	⌓	有或无		跳动	圆跳动	↗	有
							全跳动	↗↗	有

1.3.1 影响机械加工精度的主要因素

在机械加工中，由机床、夹具、工件和刀具组成的统一体称为工艺系统，其产生的误差有两个组成部分。一部分是静态误差（称为系统误差），是指工艺系统各种原始误差的存在使刀具和工件之间的相对位置关系发生偏移而产生加工误差。这些与工艺系统本身的初始状态有关，例如，机床、夹具、刀具的制造误差，工件因定位和夹紧而产生的装夹误差，采用近似成形方法加工而产生的加工原理误差等。另一部分是动态误差（称为随机误差），与切削过程有关，例如，在加工过程中产生的切削力、切削热和摩擦，它们将引起工艺系统的受力变形、受热变形和磨损，使刀具或工件偏离正确的位置。

1.3.2 提高机械加工精度的工艺措施

提高和保证加工精度的方法，大致可概括为以下几种：直接减小误差法、误差补偿法、误差转移法、均分误差法、均化误差法、就地加工法等。

1．直接减小误差法

直接减小误差法在生产中应用较广。它是指在查明产生加工误差的主要因素之后，设法消除或减少这些因素。例如，细长轴的车削，由于受热和力的影响而使工件产生弯曲变形，现在采用了大走刀反向车削法，基本消除了轴向切削力引起的弯曲变形；再辅以弹簧后顶尖，则可进一步消除热变形引起的热伸长的影响。

2．误差补偿法

误差补偿法是指人为地造出一种新的误差，去抵消原来工艺系统中的原始误差。当原始误差是负值时，人为的误差就取正值，反之则取负值，并尽量使两者数量大小相等；或者利用一种原始误差去抵消另一种原始误差，也是尽量使两者大小相等、方向相反，从而达到减小加工误差、提高加工精度的目的。

3．误差转移法

误差转移法实质上是将工艺系统的几何误差、受力变形和热变形等转移到不影响加工精度的方向上去。例如，当机床精度达不到零件加工要求时，常常不是一味地提高机床精度，而是从工艺或夹具上想办法，创造条件使机床的几何误差转移到不影响加工精度的方面。例如，磨削主轴锥孔时，保证主轴和轴颈的同轴度，不是靠机床主轴的回转精度来保证，而是靠夹具来保证。当机床主轴与工件之间用浮动连接以后，机床主轴的原始误差就被转移掉了。

4．均分误差法

在加工中，由于毛坯或上道工序加工的半成品精度太低，或者由于工件材料性能改变，或者上道工序的工艺改变（如毛坯精化后，把原来的切削加工工序取消），引起定位误差和复映误差过大，因而不能保证加工精度，这时可采用均分误差法。这种办法的实质就是把原始误差

按其大小均分为 n 组。例如，可把毛坯（或上道工序的工件）按尺寸误差大小分为 n 组，每组毛坯的误差范围就缩小为原来的 $1/n$，然后按各组分别调整刀具与工件的相对位置或调整定位元件进行加工，就可大大缩小整批工件的尺寸分散范围。

5．均化误差法

误差不断减小的过程就是均化误差法。它的实质就是利用有密切联系的表面相互比较、相互检查，从对比中找出差异，然后进行相互修正或互为基准加工，使工件被加工表面的误差不断缩小和均化。在生产中，许多精密基准件（如平板、直尺、角度规、端齿分度盘等）都是利用均化误差法加工出来的。

6．就地加工法

在加工和装配中有些精度问题涉及零件或部件间的相互关系，相当复杂，如果一味地提高零部件本身的精度，有时不仅困难，甚至不可能。此时宜采用就地加工法（也称自身加工修配法），可方便地解决看起来非常困难的精度问题。

1.4 机械加工表面质量

1.4.1 机械加工表面质量的含义

机械加工表面质量是指零件在机械加工后表面层的微观几何形状误差和物理、化学及力学性能。主要零件的表面质量直接影响机械产品的工作性能、可靠性和寿命。

任何机械加工方法所获得的加工表面都不可能是绝对理想的表面，总存在着表面粗糙度、表面波度及表面纹理方向等微观几何形状误差。表面层的材料在加工时还会发生物理、力学性能变化，甚至在某些情况下发生化学性质的变化。机械加工的表面质量有以下两方面的含义。

1．表面的几何特性

加工表面的几何形状，总是以"峰"、"谷"交替的形式出现，其偏差又有宏观、微观的差别。

（1）表面粗糙度。它是指加工表面的微观几何形状误差，主要取决于切削残留面积的高度，并与表面塑性变形、振动和积屑瘤的产生有关。车削和刨削时残留面积的高度如图 1-2 所示。表面粗糙度一般用 Ra 表示，Ra 值越大，粗糙度越差。

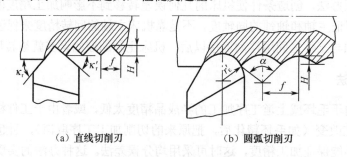

（a）直线切削刃　　　　（b）圆弧切削刃

图 1-2　车削和刨削时残留面积的高度

（2）表面波纹度。它是介于微观几何形状误差与宏观几何形状误差之间的周期性几何形状误差，由工艺系统的低频振动引起。

（3）表面纹理方向。它是指表面刀纹的方向，取决于该表面所采用的机械加工方法及其主运动和进给运动的关系。一般对运动副或密封件有表面纹理方向的要求。

（4）伤痕。伤痕是指在加工表面的一些个别位置上出现的缺陷。它们大多是随机分布的，如砂眼、气孔、裂痕和划痕等。

2．表面层的物理、力学性能

由于机械加工中切削力和切削热的综合作用，加工表面层金属的物理、力学和化学性能发生一定的变化，主要表现在以下三方面：

（1）加工表面的冷作硬化。它是指工件经过机械加工后表面层的强度、硬度有提高的现象，也称为表面层的强化。

（2）表面层金相组织变化。机械加工（特别是磨削）中的高温使工件表层金属的金相组织发生了变化，大大降低了零件的使用性能。

（3）表面层产生残余应力或造成原有残余应力的变化。

1.4.2　提高机械加工表面质量的工艺措施

1．提高表面粗糙度的工艺措施

机械加工中，导致表面粗糙的主要原因有两方面：一是刀具相对于工件做进给运动时，刀尖在工件表面上留下的残余面积；二是指切削过程中的塑性变形、摩擦、积屑瘤、鳞刺和振动等。降低表面粗糙度值的措施如下：

1）合理选择切削用量

切削用量三要素中，切削速度和进给量对表面粗糙度影响较大，背吃刀量对粗糙度没有显著的影响。

切削速度是影响表面粗糙度的重要因素。在一定切削条件下，采用中等切削速度加工 45 钢，由于积屑瘤的影响，表面粗糙度较大。如果采用低速或高速来加工，可以避免积屑瘤和鳞刺的产生，从而获得较为光洁的表面。通常精加工总是采用高速或低速的切削速度，但应注意切削速度太高可能引起振动。

降低进给量可以降低残余面积的高度，减小加工表面的表面粗糙度。但进给量不宜太小，以免切削厚度太小时，刀具无法切下很薄的切屑而使刀具与加工表面间产生严重挤压，以致加剧刀具磨损和加工表面的冷作硬化程度。

一般切削深度对表面粗糙度的影响不明显。但当其小到一定数值以下时，由于刀刃不可能刃磨得绝对尖锐而具有一定的刃口半径，正常的切削就不能维持，常出现挤压、打滑和周期性地切入加工表面，从而使表面粗糙度增大。为降低加工表面粗糙度，应根据刀具刃口刃磨的锋利情况选取相应的切削深度。

2）选择适当的刀具材料和几何参数

根据所加工的材料性质选择合适的刀具材料。从刀具的几何角度考虑，应增大前角和后角，能使切削刃锋利，减小切屑的变形和前、后面间的摩擦，抑制积屑瘤和鳞刺的产生。但后角也不宜过大，过大的后角可能导致振动。减小主偏角和副偏角，增大刀尖圆弧半径，可使残余面积高度降低，从而减小表面粗糙度，但当工艺系统刚性不足时，容易引起振动，反而会恶化加工表面质量。

3）改善材料的切削加工性能

采用热处理正火或退火工艺，细化晶粒，可获得表面粗糙度值很小的表面。

4）加注切削液

在低速精加工中，合理地选择与使用切削液，可显著地减小表面粗糙度。首先，切削液有冷却润滑作用；其次，加工中使用切削液可降低切削温度，减少摩擦，抑制或消除积屑瘤的产生；最后，切削液还能起冲洗与排屑的作用，保证已加工表面不被切屑挤压划伤。

2．提高表面物理力学性能的措施

加工过程中工件由于受到切削力、切削热的作用，工件表面层金属的物理力学性能将发生很大的变化。

1）影响表面层金属冷作硬化的因素及改善措施

切削加工过程中，在表面层产生的塑性变形使晶体间产生剪切滑移，晶格严重扭曲，致使晶粒拉长、破碎和纤维化，从而引起材料的强化，导致表面层的硬度提高，这就是冷作硬化。表面层冷作硬化的程度取决于产生塑性变形的力、速度及变形时的温度。因此，加工时影响冷作硬化的因素主要有刀具的几何参数、切削用量和材料性能等。改善措施如下：

（1）选择合适的刀具几何参数。刀具几何参数的影响主要是刃口圆弧半径和前、后角。当刃口圆弧半径偏大、前角为负值、后角偏小时，导致工件表面层的挤压增大，且后面的磨损量增大，冷硬层的深度和硬度也随之增大。欲使冷作硬化减小，刀具刃口半径和前、后角必须改善。

（2）选择合理的切削用量。首先，选用较大的切削速度。当切削速度增大时，硬化层的深度和硬度都将减小，一方面切削速度增大会使切削温度升高，有助于冷作硬化的回复；而另一方面由于切削速度增大，刀具与工件的接触时间变短，塑性变形程度降低。其次，选用合理的进给量。当进给量增大时，切削力增大，塑性变形程度相应提高，故硬化程度增大；但进给量太小时，由于刀具的刃口圆角在加工表面单位长度上的挤压次数提高，冷作硬化也会增加。

（3）改善被加工材料的性质。被加工材料的硬度越小、塑性越大，切削加工后冷作硬化越大。

2）产生残余应力的因素及改善措施

在没有外力作用下零件上存留的应力称为残余应力。残余应力在加工时导致表面层金属产生冷塑性变形或热塑性变形，因此残余应力分为残余压应力和残余拉应力两种情况。残余拉应力将对零件的使用性能产生不利影响，而适当的残余压应力可以提高零件的疲劳强度，因此常常在加工时有意使工件产生一定的残余压应力。产生残余应力主要是表面层局部冷态塑性变形、局部热态塑性变形、局部金相组织的变化等几方面综合影响的结果。

改善表面残余应力状态的措施有以下几方面：

（1）采用精密加工工艺。精密加工工艺包括精密切削加工（金刚镗、高速精车、宽刃精刨等）和低粗糙度值高精度磨削。精密切削加工是依靠精度高、刚性好的机床和精细刃磨刀具，用很高或极低的切削速度、很小的背吃刀量在工件表面切去极薄一层金属的过程。由于切削过程残留面积小，又最大限度地排除了切削力、切削热和振动等不利影响，因此能有效去除上道工序留下的表面变质层，加工后表面基本上不带有残余拉应力。低粗糙度值高精度磨削同样要求有很高的精度和刚性，其磨削过程是用经精细修整的砂轮，使每个磨粒上产生多个等高的微刃，以很小的背吃刀量，在适当的磨削压力下，从工件表面切下很微细的切屑。加上微刃呈微钝状态时的滑移、挤压、抚平作用和多次无进给光磨阶段的摩擦抛光作用，从而获得很高的加工精度和物理力学性能良好的低粗糙度值表面。

（2）采用光整加工工艺。光整加工工艺是用粒度很细的磨料对工件表面进行微量切削和挤压擦光的过程。随着加工的进行，工件加工表面各点都能得到基本相同的切削，使误差逐步均化而减小，从而获得极小的表面粗糙度值。由于光整加工时磨具与工件间能相对浮动，与工件定位基准间没有确定的位置，因此一般不能修正加工表面的位置误差。常用的光整加工方法有研磨、珩磨、超精加工及轮式超精磨等。

（3）采用表面强化工艺。表面强化工艺是通过对工件表面的冷挤压使之发生冷态塑性变形，从而提高其表面硬度、强度，并形成表面残余压应力的加工工艺。表面强化工艺并不切除余量，仅使表面产生塑性变形，因此修正工件尺寸误差和形状误差的能力很小，更不能修正位置误差。常用的表面强化工艺有喷丸和滚压。

除上述三种工艺外，采用高频淬火、氟化、渗碳、渗氮等表面热处理工艺也可使表面形成残余压应力。也可采用振动时效等人工时效方法来清除表面层的残余应力。

3）影响表面层金相组织变化的因素及改善措施

金属材料只有当其温度达到相变温度以上时才会发生金相组织的变化。一般的切削加工，切削热大部分被切屑带走，加工温度不高，故不会引起金相组织变化。而磨削时砂轮对金属切削、摩擦要消耗大量能量，每切除相同体积金属的能耗比车削平均高 30 倍。

磨削的能量几乎全部转化为热能。由于磨削层很薄，带走的热能少，绝大部分的热量传入工件，造成工件温度升高，很容易超过金属材料的相变温度，并伴随产生残余应力甚至裂纹。这种现象也叫磨削烧伤。影响表面层金相组织变化的因素取决于热源强度和作用时间。

减轻磨削热对加工的影响可从两方面着手：一方面是减少磨削热的产生，另一方面是尽量使已产生的热少传入工件表面层。因此必须合理选择砂轮，正确选用磨削用量，改善润滑冷却条件。

1.5　数控加工的工艺基础

数控加工工艺以机械制造中的工艺基本理论为基础，结合数控机床的特点，综合运用多方面的知识，解决数控加工中面临的工艺问题。其研究的宗旨是：如何科学地、最优地设计加工工艺，充分发挥数控机床的特点，实现数控加工的优质、高产、低耗。

1.5.1　数控加工的切削基础

在复杂的金属切削中，工件的材料、形状、硬度、应用场合（如车削、铣削、钻削等）及切削条件、夹紧条件、切削环境等都会对金属切削产生影响。在进行金属切削加工时，数控机床和普通机床有着共同的规律与现象，如切削时的运动、切削加工的机理及切削工具的选择等。

1．金属切削运动

金属切削加工是用金属切削刀具把毛坯余量切除，获得图纸所要求的零件。刀具与工件之间的相对运动称为切削运动，分为主运动和进给运动。

（1）主运动。是机床提供的主要运动，它使刀具前刀面接近工件并切除切削层，其消耗功率最大。例如，车削中工件的旋转运动、铣削中刀具的旋转运动都属于主运动。

（2）进给运动。是由机床提供的使刀具与工件之间产生的附加的相对运动，加上主运动即可不断地或连续地切除切削层，并得到所需的工件新表面，其消耗的功率比主运动小得多。例如，车床刀架的移动、铣床工作台的移动都属于进给运动。

2．工件表面的形成

切削过程中，工件上多余的材料不断被刀具切除变为切屑，在工件切削过程中形成了三个不断变化着的表面，分别是已加工表面、待加工表面和过渡表面。

3．切削用量三要素

切削用量是用来表示切削运动的参数，它可对主运动和进给运动进行定量的表述，包括三个要素：

（1）切削速度。切削刃选定点相对于工件主运动的瞬时速度称为切削速度（v_c），大多数的主运动为回转运动，其相互关系如图 1-3 所示。

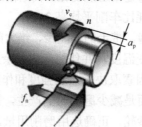

根据切削速度计算出的每分钟转数 n（r/min）

假定：v_c=400m/min；D_c=100mm

$$n=\frac{v_c\times 1000}{\pi\times D_c}=\frac{400\times 1000}{3.14\times 100}=1274\text{r/min}$$

图 1-3　切削用量三要素

（2）进给量。刀具在进给方向上相对于工件的位移量称为进给量（f），其单位用 mm/r 表示。进给速度是切削刃选定点相对于工件进给运动的瞬时速度（v_f），其单位用 mm/min 表示。它与进给量的关系为 $v_f=nf$，对于铣刀等多齿刀具，规定每齿进给量用 f_z 表示。

（3）背吃刀量。已加工表面和待加工表面之间的垂直距离为背吃刀量（a_p）。

4．切屑与断屑

（1）切屑的类型。切屑的形成过程就是切削层变形的过程。由于工件材料不同，切削过程中的变形程度不同，产生的切屑形状也是不同的，如图 1-4 所示是切削不同的零件材料得到的切屑的典型形状。但在加工现场获得的切屑形状是多种多样的，不利的切屑将严重影响操作安全、加工质量、刀具寿命和生产率，因此，采取适当的措施来控制切屑的卷曲、流出与折断具有非常重要的意义。

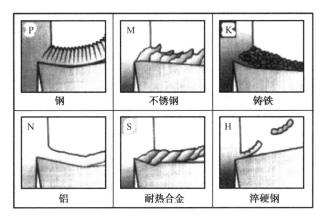

图 1-4　不同种类零件的切屑状态

（2）断屑的方法。在塑性金属切削中，切屑在 50mm 以内称为断屑。通常有两种断屑方法：自断屑、切屑碰到刀具而断裂。通过改变切削用量或刀具几何参数都能控制切屑形状，实际生产中，应用最广泛的就是在前刀面上磨制断屑槽或使用压块式断屑器。

1.5.2　工件材料的分类与性能

在国际上，工件材料分为钢（P）、铸铁（K）、铝（N）、不锈钢（M）、耐热合金（S）和淬硬钢（H）。

1．钢

钢是机械加工中使用的主要材料，包括碳钢和合金钢。碳钢又分为低碳钢、中碳钢和高碳钢。合金钢根据合金成分的多少分为低合金钢和高合金钢，根据合金成分的不同又可分为不同种类的合金钢。

钢的一般切削性能：低碳钢易产生黏刀现象；中碳钢切削性能最佳；高碳钢的硬度高，不易加工，而且刀具易磨损。

2．铸铁

铸铁中硅、锰、磷等元素较钢多，抗拉强度、塑性和韧性逊色于钢材，但因流动性好易于铸造成型，易切削加工且价格便宜，因此在生产中广泛应用。按照碳的存在形式划分，铸铁可分为白口铸铁、灰口铸铁、可锻铸铁和球墨铸铁。其中，白口铸铁材料硬、脆，很少直接使用；最常用的是灰口铸铁（如 HT200），其硬度和强度较低，但易切削，多用于铸造受力要求一般的零件，如床身、基座等；可锻铸铁（如 KTH350-10）有较高强度和塑性，用于铸造强度要求较高的零件；球墨铸铁（如 QT600-02）有较高的强度，塑性和韧性较好，用于铸造受力复杂、载荷较大的机件。灰铸铁是短屑的，而球墨铸铁和可锻铸铁都是长屑的。

3．铝

制造业广泛使用铝合金而非纯铝，工件一般可分为锻造件和铸造件。铝合金中的添加元素主要是铜（增加应力、改善切削性能）、锰、硅（提高抗锈性和可铸性）、锌（提高硬度）。铝合金的切削性能较好，允许的切削速度高，但切屑不易控制，易产生积屑瘤。铝的高速铣削往往带有过快的刀具磨损。

4．不锈钢

碳钢中含 Cr 量超过 12%时可以防锈。同样，不锈钢中含碳量达到一定程度时也可以淬硬。不锈钢按其组织结构可分为铁素体不锈钢、马氏体不锈钢和奥氏体不锈钢。镍是一种添加剂，它可以提高钢的淬硬性和稳定性，当镍的含量达到一定程度时，不锈钢就拥有了奥氏体结构，不再具有磁性，加工硬化倾向严重，易产生毛面和积屑瘤，车削螺纹效果不佳，表面粗糙，切屑缠绕。

5．耐热合金

此类金属包括高应力钢、模具钢、某些不锈钢及钛合金等。这些材料的特点是：具有低的热传导率，使切削区的温度过高，易与刀具材料热焊导致积屑瘤，加工硬化趋向大，磨损加剧，切削力加大，而且波动大。

6．淬硬钢

硬材料指硬度在 HRC42～65 的工件，以往这些工件的成形往往靠磨削慢慢地加工，当今新的刀具材质已经将它推到车削与铣削的范畴了。

常见的硬金属包括：白口铁、冷硬铸铁、高速钢、工具钢、轴承钢、淬硬钢。

加工这些硬金属要求刀具耐磨性强，化学稳定性高，耐压和抗弯，刃口强度高。尽管硬质合金可以加工一些这样的零件，但主要的刀具材质是陶瓷与 CBN。

1.5.3 毛坯的种类与选择

1．毛坯的种类

机械零件常用的毛坯种类有铸件、锻件、焊接件、冲压件、型材等。

（1）铸件。铸件形状一般不受限制，可以用于形状较复杂的零件毛坯，如机架、变速箱、泵体、阀体等。铸件材料有灰铸铁、球墨铸铁、中碳钢、铜合金、铝合金等。尺寸大的铸件宜用砂型铸造；中、小型零件可用金属型、熔模等先进的铸造方法。

（2）锻件。锻件适用于力学性能（尤其是强度和韧性）要求较高、形状比较简单的零件毛坯，如机床主轴、曲轴、齿轮、锻模等。锻件材料有中碳钢及合金结构钢。其锻造方法有自由锻和模锻两种：自由锻毛坯精度低、加工余量大、生产率低，适用于单件小批量生产及大型零件毛坯；模锻毛坯精度高、加工余量小、生产率高，但成本也高，适用于中、小型零件毛坯的大批大量生产。

（3）焊接件。焊接件尺寸和形状一般不受限制，是根据需要将型材或钢板等焊接而成的毛坯件，如立柱、工作台等。焊接件材料有低碳钢、低合金钢、不锈钢及铝合金等。它简单方便、生产周期短，但需经时效处理后才能进行机械加工。

（4）冲压件。冲压件毛坯可以非常接近成品要求，在小型机械、仪表、轻工电子产品方面应用广泛。冲压件材料有低碳钢及有色金属薄板。因冲压模具昂贵，批量越大，成本越低。

（5）型材。型材主要用于形状简单的零件，如螺母、销子等。型材有热轧和冷拉两种：热轧适用于尺寸较大、精度较低的毛坯；冷拉适用于尺寸较小、精度较高的毛坯。

2. 毛坯的选择

在机械加工中，选择合适的毛坯，对零件的加工质量、加工成本、生产效率都有很大的影响。毛坯的尺寸和形状越接近成品零件，生产效率越高，但毛坯的制造成本也越高。所以应根据生产类型及生产条件，综合考虑毛坯制造和机加工的费用来确定毛坯，以取得最佳效果。毛坯选择时应考虑以下因素：

（1）零件的材料及其力学性能。零件的材料和力学性能大致决定毛坯的种类。例如，钢质零件当形状较简单且力学性能要求不高时常用棒料；对于重要的钢质零件，为获得良好的力学性能，应选用锻件；当形状复杂且力学性能要求不高时用铸钢件。

（2）生产类型。不同的生产类型决定了不同的毛坯制造方法。大批量生产中，应采用精度和生产率都较高的先进的毛坯制造方法，例如，铸件应采用金属模机器造型，锻件应采用模锻或精密锻造；单件小批量生产则一般采用木模手工造型或自由锻等比较简单、方便的毛坯制造方法。

（3）零件的结构形状和外形尺寸。对于结构形状复杂的中小型零件，多选铸件毛坯；对于结构形状较为复杂，且抗冲击能力、抗疲劳强度要求较高的中小型零件，宜选择模锻件毛坯；对于轴类零件，若各台阶直径相差不大，可用棒料，若各台阶尺寸相差较大，则宜选择锻件。

（4）充分考虑利用新工艺、新技术和新材料。为节约材料和能源，应充分考虑精铸、精锻、冷轧、冷挤压、粉末冶金、工程塑料等在机械中的应用。应用这些类型的毛坯可大大减少机械加工量，有时甚至不需要进行加工，获得的经济效益将非常显著。

（5）现有生产条件。为满足零件的使用要求和降低生产成本，选择毛坯时还必须考虑本企业具体的生产条件，若外协的价格低于本企业生产成本，应当采用外协的方法来降低成本。

1.5.4　加工余量的确定

1. 加工余量的概念

加工余量是指毛坯尺寸与图纸上零件尺寸之差。加工余量有工序余量和加工总余量之分。工序余量是某一表面在一道工序中被切除的金属层厚度。一般来说，加工总余量并非一次切除，而是在各工序中逐渐切除，故也等于各工序余量之和。

根据零件的不同结构，加工余量有单边余量和双边余量之分。对于平面，加工余量是单边余量，它等于实际切削的金属层厚度；对于外圆和内孔等旋转表面，加工余量是指双边余量，即从直径方向计算，实际所切削的金属的厚度是直径上的加工余量的一半。

2. 加工余量的选择原则

加工余量的大小对零件加工质量、加工经济性都有较大影响，余量过大会浪费原材料及机械加工工时，增加机床、刀具及能源的消耗；余量过小则不能消除上道工序留下的各种误差、表面缺陷和本工序的装夹误差，容易造成废品。因此，应根据多方面因素合理确定加工余量。加工余量选择原则如下：

（1）各道工序都尽可能采用最小的加工余量，以缩短加工时间，降低加工费用。

（2）应有足够的加工余量，特别是最后工序，加工余量应能保证得到图纸上所规定的表面粗糙度和精度要求。

（3）数控加工余量不宜过大，特别是粗加工，否则数控机床高效、高精度的特点难以体现。对于加工余量过大的毛坯，可在普通机床上安排粗加工工序。

（4）零件越大，由切削力、内应力引起的变形会越大，因此，加工余量也相应大些。

（5）确定加工余量还应考虑零件在热处理后的变形问题。

3．加工余量的确定方法

确定加工余量的方法通常有以下三种：

（1）查表修正法。根据各工厂的生产实践和实验研究积累的数据，先制成各种切削条件下的加工余量表格，再汇集成手册，确定加工余量时查阅这些手册，再结合工厂的实际情况进行适当修改。目前我国各工厂普遍采用查表修正法来确定零件的加工余量。

（2）经验估计法。根据工艺编写人员的实际经验来估计和确定加工余量。为了防止因余量过小而产生废品，经验估计法的加工余量数值总是偏大，常用于单件小批量生产。

（3）分析计算法。根据一定的试验资料数据和加工余量计算公式，分析影响加工余量的各项因素，通过计算确定零件的加工余量。这种方法比较合理，但必须有比较全面和可靠的试验资料数据，计算工作量较大。目前，这种方法只在材料十分贵重或大量生产中采用。

在确定加工余量时，加工总余量和工序加工余量要分别确定。加工总余量的大小与选择的毛坯制造精度有关。用查表修正法确定工序加工余量时，粗加工工序的加工余量不能用查表修正法得到，而是通过用加工总余量减去其他各工序的加工余量得到。另外，在确定加工余量时还需考虑零件的大小、加工方法、装夹方式和工艺装备的刚性等因素。

1.5.5 基准的概念与选择

1．基准的概念

在零件上用来确定其他点、线、面的位置所依据的点、线、面称为基准。根据基准作用不同，分为设计基准和工艺基准。设计基准是在零件设计图纸上用来确定其他点、线、面位置的基准。工艺基准是在工艺过程中所采用的基准，如图 1-5 所示，它包括以下几方面：

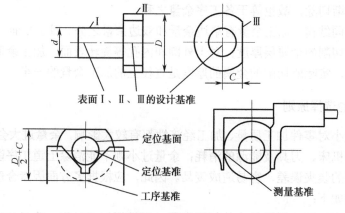

表面Ⅰ、Ⅱ、Ⅲ的设计基准

定位基面
定位基准
工序基准

测量基准

图 1-5 基准实例

（1）工序基准。工序基准是在工序图上用来确定本工序所加工表面加工后的尺寸、形状、位置的基准。

（2）定位基准。加工中用于工件定位的基准。定位基准分为粗基准、精基准和辅助基准。用未加工过的毛坯表面作为定位基准，称为粗基准；用加工过的表面作为定位基准，称为精基准。有时，为方便装夹或易于实现基准统一，在工件上专门制出一种定位基准，称为辅助基准。

（3）测量基准。在测量工件的形状、位置和尺寸误差时所采用的基准。

（4）装配基准。在部件装配时，用来确定零件或部件在产品中的相对位置所采用的基准。

2．定位基准的选择

选择定位基准时，首先要从保证工件加工精度要求出发，因此，定位基准的选择应先选择精基准，再选择粗基准。使用时先使用粗基准，再使用精基准。

1）精基准的选择原则

精基准的选择主要应考虑如何保证加工精度，并使工件安装方便、可靠、准确。其选择原则如下：

（1）基准重合原则。选择加工表面的设计基准为定位基准称为基准重合原则。遵循基准重合原则可以避免由基准不重合而引起的基准不重合误差。

（2）基准统一原则。在零件的加工过程中尽可能采用统一的定位基准，称为基准统一原则（也称基准单一原则或基准不变原则）。采用基准统一原则既可以保证各加工表面间的相互位置精度，避免因基准转换带来的误差，又可以简化工艺过程制定和夹具设计与制造工作，降低成本，缩短生产准备周期。选为统一基准的表面要求面积大、精度高、孔距远。例如，箱体零件采用一面两孔定位；轴类零件加工采用两端中心孔作为统一定位基准。

（3）自为基准原则。某些要求加工余量小而均匀的精加工工序，选择加工表面本身作为定位基准，称为自为基准原则。浮动镗刀镗孔、珩磨孔、拉孔都是自为基准的实例。

（4）互为基准反复加工原则。为使加工面间有较高的位置精度，又使加工余量小而均匀，可采取两个加工面互为基准反复加工的方法，称为互为基准反复加工原则。例如，车床主轴支撑轴颈与前锥孔同轴度要求很高，加工时先以主轴轴颈外圆为定位基准加工锥孔，再以锥孔为定位基准加工主轴轴颈外圆，这样反复加工来达到要求。

（5）便于装夹原则。所选精基准应能保证工件定位准确，夹紧可靠，夹紧操作简单、方便、灵活。

2）粗基准的选择原则

选择粗基准时，主要要求保证加工面与不加工面间的位置要求，并使各加工面有足够的余量。其选择原则如下：

（1）重要表面原则。为保证工件上重要表面的加工余量小而均匀，应选择重要表面为粗基准。例如，机床床身的导轨面是机床的重要表面，在加工床身时，应以导轨面为粗基准加工床腿底面，然后，再以床腿底面为精基准加工导轨面，保证导轨面的加工余量小而均匀，如图 1-6 所示。

（2）相互位置要求原则。为了保证加工面与不加工面间的位置要求，应选择不加工面为粗基准，以达到壁厚均匀、外形对称等要求。若工件上有几个不加工面，则应选择其中与加工面位置精度要求较高的不加工面为粗基准。

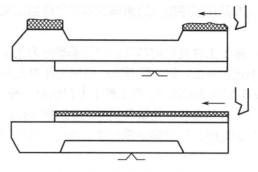

图 1-6　床身加工的粗基准选择

（3）加工余量合理分配原则。为了保证各加工面有足够的加工余量，应以加工余量最小的表面为粗基准。

（4）不重复使用原则。因为粗基准是未经机械加工的毛坯面，其表面比较粗糙且精度低，若重复使用将产生较大的误差。因此，粗基准一般不应重复使用。如果毛坯制造精度较高，而工件加工精度要求不高，则粗基准也可重复使用。

（5）便于装夹原则。为了使工件定位准确、稳定、夹紧可靠，选为粗基准的表面应尽量平整、光洁，没有飞边、冒口、浇口或其他缺陷。

粗、精基准选择的各项原则是从不同方面提出的要求，在实际生产中，无论精基准还是粗基准的选择，很难做到完全符合上述原则，在具体使用时常常会相互矛盾，这就需要根据具体的加工对象和加工条件进行辨证分析，分清主次，灵活运用这些原则，保证其主要的技术要求。

1.5.6　常见定位方式及定位元件

工件的定位是通过工件上的定位基准面和夹具上定位元件工作表面相接触（平面）或配合（圆柱面）实现的，一般应根据工件上定位基准面的形状选择相应的定位元件。

1. 工件用平面定位

工件用平面作为定位基准面时，常用的定位元件（即支承件）有固定支承、可调支承、浮动支承和辅助支承等。除辅助支承外，其余均对工件起定位作用。

（1）固定支承。固定支承有支承钉和支承板两种形式，如图 1-7 所示，其高度尺寸是固定不动的，在使用中都不能调整。为保证各固定支承的定位表面在一个平面内，装配后需将其工作表面一次磨平。

平头支承钉和支承板用于已加工平面的定位；球头支承钉主要用于毛坯面的定位；齿纹头支承钉用于侧面的定位，以增大摩擦系数，防止工件滑动；简单型支承板的结构简单，制造方便，但孔中切屑不易清除干净，故适用于工件侧面和顶面的定位；带斜槽支承板便于清除切屑，适用于工件底面的定位。

（2）可调支承。可调支承的支承钉高度可以调整，如图 1-8 所示。调节时先松开锁紧螺母 2，将调整钉 1 高度尺寸调整好后，再锁紧螺母 2。可调支承大多用于毛坯尺寸、形状变化较大及粗加工定位，以调整补偿各批毛坯尺寸误差。一般不是每个工件进行一次调整，而是对一批毛坯调整一次。在同一批工件加工中，它的作用与固定支承相同。

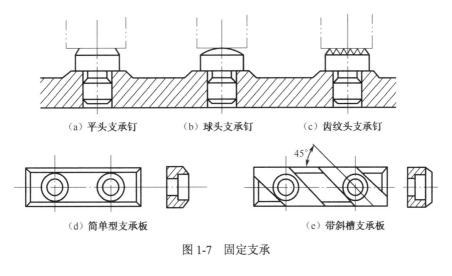

（a）平头支承钉　　　　　（b）球头支承钉　　　　　（c）齿纹头支承钉

（d）简单型支承板　　　　　　　　　　（e）带斜槽支承板

图 1-7　固定支承

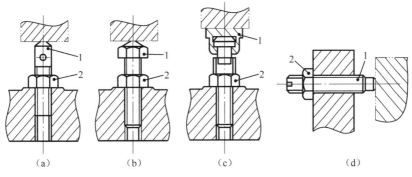

（a）　　　　　　（b）　　　　　　（c）　　　　　　（d）

1—调整钉；2—锁紧螺母

图 1-8　可调支承

（3）浮动支承（自位支承）。浮动支承是指能随着工件定位基准位置的变化而自动调节的支承。浮动支承常用的有两点式浮动支承、三点式浮动支承和杠杆式浮动支承，如图 1-9 所示。定位基面压下其中一点，其余点便上升，直至各点都与工件接触为止。无论采用哪种形式的浮动支承，其作用都相当于一个固定支承，只限制一个自由度，主要目的是提高工件的刚性和稳定性，适用于工件以毛坯面定位或刚性不足的场合。

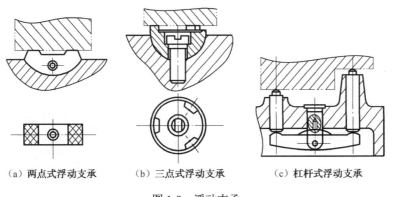

（a）两点式浮动支承　　　（b）三点式浮动支承　　　（c）杠杆式浮动支承

图 1-9　浮动支承

（4）辅助支承。辅助支承是为了提高工件的装夹刚性和稳定性而增设的支承。因此，辅助支承只能起到提高工件支承刚性的辅助定位作用，而起不到限制自由度的作用，更不能破坏工件原有定位。注意，在使用辅助支承时，须待工件定位夹紧后，再调整支承钉的高度，使其与工件的有关表面接触；且每更换一个工件就调整一次辅助支承并锁紧，则能承受切削力，增强工件的刚度和稳定性。但一个工件加工完毕后，一定要将所有辅助支承退回到与新装上去的工件保证不接触的位置。

辅助支承的典型结构如图 1-10 所示。图 1-10（a）、（b）所示是螺旋式辅助支承，结构简单，调整效率低，用于小批量生产；图 1-10（c）所示为推力式辅助支承，调整效率高，用于大批量生产。

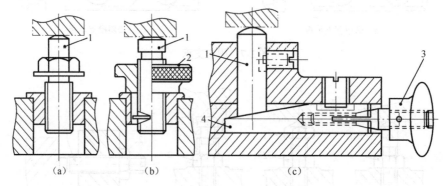

（a）　　　　（b）　　　　　　　　（c）

1—支承；2—螺母；3—手轮；4—楔块

图 1-10　辅助支承

2．工件用圆孔定位

各类套筒、盘类、连杆、拨叉等零件，常以圆柱孔定位。这种定位方式是使定位孔与定位元件之间处于配合状态，并要求确保孔中心线与夹具规定的轴线相重合。孔定位还经常与平面定位联合使用。常用的定位元件有定位销、定位心轴、圆锥销。

（1）定位销。定位销分为短销和长销。短销只能限制两个移动自由度，而长销除限制两个移动自由度外，还可限制两个转动自由度，主要用于零件上的中、小孔定位，一般直径不超过50mm。定位销的结构已标准化，如图 1-11 所示为常用定位销的结构。当定位销直径小于 10mm 时，为避免在使用中折断或热处理时淬裂，通常把根部倒成圆角，且在夹具体上应设有沉孔，使定位销倒圆部分沉入孔内而不影响定位。大批量生产时，为了便于定位销的更换，可采用如图 1-11（d）所示的带衬套的结构形式。为便于工件装入，定位销的头部有 15° 倒角。

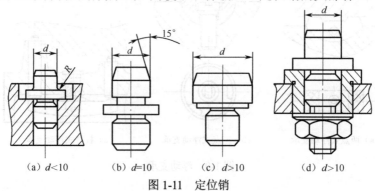

（a）$d<10$　　（b）$d=10$　　（c）$d>10$　　（d）$d>10$

图 1-11　定位销

（2）圆柱定位心轴。定位心轴主要用于盘套类工件的定位。如图 1-12 所示为常用刚性定位心轴的结构形式。图 1-12（a）为间隙配合心轴，间隙配合拆卸工件方便，但定心精度不高；图 1-12（b）为过盈配合心轴，这种心轴制造简单，定心准确，不用另设夹紧装置，但装卸工件不便，易损伤工件定位孔，因此，多用于定心精度要求高的精加工；图 1-12（c）为花键心轴，用于加工以花键孔定位的工件。

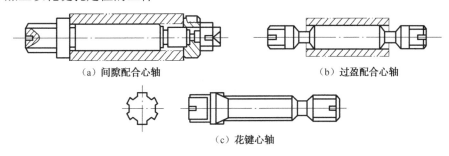

（a）间隙配合心轴　　　　　　　（b）过盈配合心轴

（c）花键心轴

图 1-12　圆柱定位心轴

（3）圆锥定位心轴。如图 1-13 所示为圆锥定位心轴（小锥度定位心轴），工件在锥度心轴上定位，并靠工件定位圆孔与心轴限位圆锥面的弹性变形夹紧工件。这种定位方式的定心精度高，但工件的轴向位移误差较大，适用于工件定位孔精度不低于 IT7 的精车和磨削加工，不能加工端面。

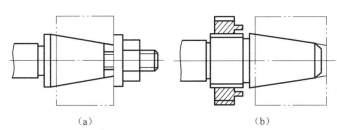

（a）　　　　　　　　　　（b）

图 1-13　圆锥定位心轴

（4）圆锥销。圆锥销与工件圆孔的接触线为一个圆，限制工件的 $\bar{x}$、$\bar{y}$、$\bar{z}$ 三个移动自由度。如图 1-14 所示为工件以圆孔在圆锥销上定位的示意图，图 1-14（a）用于粗定位基面，图 1-14（b）用于精定位基面。

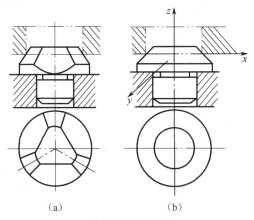

（a）　　　　　（b）

图 1-14　圆锥销

如图 1-15 所示为圆锥销组合定位示意图，其中图 1-15（a）为圆锥-圆柱组合心轴，锥度部分使工件准确定心，圆柱部分可减小工件倾斜。图 1-15（b）以工件底面作为主要定位基面，圆锥销是活动的，即使工件的孔径变化较大，也能准确定位。图 1-15（c）为工件在双圆锥销上定位。以上三种定位方式均限制工件的五个自由度。

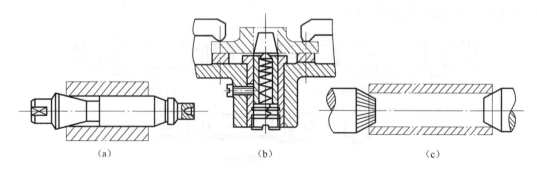

（a）   （b）   （c）

图 1-15　圆锥销组合定位

3．工件以外圆柱面定位

工件以外圆柱面定位时有支承定位和定心定位两种。支承定位最常见的是 V 形块定位。此外，也可用套筒、半圆孔衬套、锥套作为定位元件。

（1）V 形块。V 形块是工件以外圆柱面定位时用得最多的定位元件。V 形块可用于完整或不完整的圆柱面定位，粗、精基准均可，而且对中性好，可以使工件的定位基准轴线保持在 V 形块两斜面的对称平面上，不受工件直径误差的影响，安装方便。

如图 1-16 所示为常见的 V 形块结构。图 1-16（a）用于较短工件的精基准定位；图 1-16（b）用于较长工件的粗基准定位；图 1-16（c）用于工件两段精基准面相距较远的场合；如果定位基准与长度较大，则 V 形块不必做成整体钢件，而采用铸铁底座镶淬火钢垫，如图 1-16（d）所示。长 V 形块限制工件的四个自由度，短 V 形块限制工件的两个自由度。V 形块两个斜面的夹角有 60°、90° 和 120° 三种，其中以 90° 最为常用。

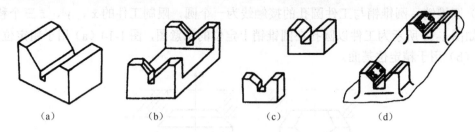

（a）   （b）   （c）   （d）

图 1-16　V 形块

（2）套筒定位和剖分套筒。如图 1-17 所示为套筒定位实例，其结构简单，但定心精度不高。为防止工件偏斜，常采用套筒内孔与端面联合定位。图 1-17（a）为短套筒孔，限制工件的两个自由度；图 1-17（b）为长套筒孔，限制工件的四个自由度。

剖分套筒为半圆孔定位元件，主要适用于大型轴类零件的精密轴颈定位，以便于工件的安装。如图 1-18 所示，将同一圆周表面的定位件分成两半，下半孔放在夹具体上，起定位作用；上半孔装在可卸式或铰链式的盖上，仅起夹紧作用。为便于磨损后更换，两半孔常都制成衬瓦形式，而不直接装在夹具体上。

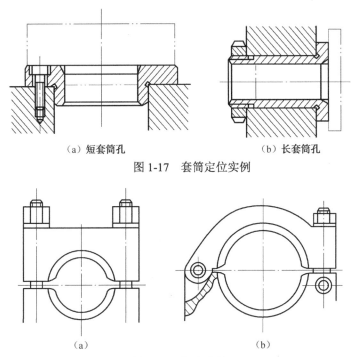

（a）短套筒孔　　　　　　　（b）长套筒孔

图 1-17　套筒定位实例

（a）　　　　　　　　　　　　（b）

图 1-18　剖分套筒

4．工件以一面两孔定位

一面两孔定位如图 1-19 所示，加工箱体、杠杆、盖板等经常使用这种定位方式。该定位方式简单、可靠、夹紧方便，易于做到工艺过程中的基准统一，保证工件的相互位置精度。工件采用一面两孔定位时，定位平面一般是加工过的精基面，两孔可以是工件结构上原有的，也可以是为定位需要专门设置的工艺孔。相应的定位元件是支承板和两个定位销。一面两孔定位是以工件上的一个较大平面和与该平面垂直的两个孔组合定位。夹具上如果采用一个平面支承（限制 $\hat{x}$、$\hat{y}$ 和 $\hat{z}$ 三个自由度）和两个圆柱销（各限制 $\vec{x}$ 和 $\vec{y}$ 两个自由度）作为定位元件，则在两销连心线方向产生过定位（重复限制 $\vec{x}$ 自由度）。为了避免过定位，将其中一销做成削边销。削边销不限制 $\vec{x}$ 自由度而限制 $\vec{z}$ 自由度。为保证削边销的强度，一般多采用菱形结构，故又称为菱形销。

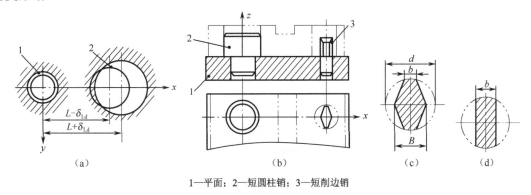

1—平面；2—短圆柱销；3—短削边销

图 1-19　一面两孔定位

常见定位元件及定位方式如表 1-2 所示。

表 1-2　常见定位元件及定位方式

工件定位基准面	定位元件	定位方式简图	定位元件特点	限制的自由度
平面	支承钉			1、2、3—$\bar{z}$、$\hat{x}$、$\hat{y}$ 4、5—$\bar{x}$、$\hat{z}$ 6—$\bar{y}$
	支承板		每个支承板也可设计为两个或两个以上小支承板	1、2—$\bar{z}$、$\hat{x}$、$\hat{y}$ 3—$\bar{x}$、$\hat{z}$
	固定支承 与 浮动支承		1、3—固定支承 2—浮动支承	1、2—$\bar{z}$、$\hat{x}$、$\hat{y}$ 3—$\hat{z}$、$\bar{x}$
	固定支承 与 辅助支承		1、2、3、4—固定支承 5—辅助支承	1、2、3—$\bar{z}$、$\hat{x}$、$\hat{y}$ 4—$\bar{x}$、$\hat{z}$ 5—增加刚性，不限制自由度
圆孔	定位销 （心轴）		短销 （短心轴）	$\bar{x}$、$\bar{y}$
			长销 （长心轴）	$\bar{x}$、$\bar{y}$ $\hat{x}$、$\hat{y}$
	锥销		单锥销	$\bar{x}$、$\bar{y}$、$\bar{z}$
			固定销 活动销	$\bar{x}$、$\bar{y}$、$\bar{z}$ $\hat{x}$、$\hat{y}$

工件定位基准面	定位元件	定位方式简图	定位元件特点	限制的自由度
外圆柱面	支承板 或 支承钉		短支承板或支承钉	$\vec{z}$（或 $\vec{x}$）
			长支承板或两个支承钉	$\vec{z}$、$\hat{x}$
	V 形块		窄 V 形块	$\vec{x}$、$\vec{z}$
			宽 V 形块或两个窄 V 形块	$\vec{x}$、$\vec{z}$ $\hat{x}$、$\hat{z}$
			垂直运动的窄活动 V 形块	$\vec{x}$（或 $\hat{x}$）
外圆柱面	定位套		短套	$\vec{x}$、$\vec{z}$
			长套	$\vec{x}$、$\vec{z}$ $\hat{x}$、$\hat{z}$
	半圆孔衬套		短半圆套	$\vec{x}$、$\vec{z}$
			长半圆套	$\vec{x}$、$\vec{z}$ $\hat{x}$、$\hat{z}$
	锥套		单锥套	$\vec{x}$、$\vec{y}$、$\vec{z}$
			1—固定锥套 2—活动锥套	$\vec{x}$、$\vec{y}$、$\vec{z}$ $\hat{x}$、$\hat{z}$

1.5.7 工件的夹紧

夹紧是工件装夹过程中的重要组成部分。工件定位后必须通过一定的机构产生夹紧力，把工件夹紧在定位元件上，使其在加工中受到切削力、重力、离心力、惯性力等外力的作用，保证工件定位时正确位置不变，以保证加工精度和安全操作。这种产生夹紧力的机构称为夹紧装置。

1. 夹紧装置的组成

夹紧装置主要由三个基本部分组成，如图 1-20 所示。

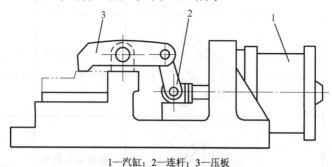

1—汽缸；2—连杆；3—压板

图 1-20　夹紧装置组成示意图

（1）力源部分。常见的力源有气动、液动、电动等。

（2）传动元件。在传动过程中，它能够改变作用力的方向和大小，起增力作用。

（3）夹紧元件。用来夹紧工件，还能使夹紧实现自锁，使力源提供的原始力消失后仍能可靠地夹紧工件。

2. 夹紧力方向和作用点的选择

（1）夹紧力应朝向主要定位基准。如图 1-21（a）所示，被加工孔与 A 面有垂直度要求，因此以 A 面为主要定位基面，夹紧力 F_J 的方向应朝向 A 面。如果 F_J 的方向朝向 B 面，由于工件 A 面与 B 面的夹角误差，夹紧时工件的定位位置会被破坏，如图 1-21（b）所示，影响孔与 A 面的垂直度要求。

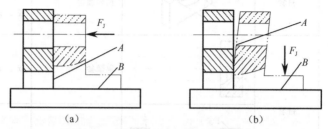

（a）　　　　　　　　　　（b）

图 1-21　夹紧力方向示意图

（2）夹紧力的作用点应落在定位元件的支承范围内，并靠近支承元件的几何中心，否则会导致工件的倾斜和移动，如图 1-22 所示，正确的位置应是图中虚线箭头所示位置。

（3）夹紧力的方向有利于减小夹紧力。如图 1-23 所示钻削 A 孔时，夹紧力与轴向切削力、工件重力方向相同，加工过程所需的夹紧力为最小。

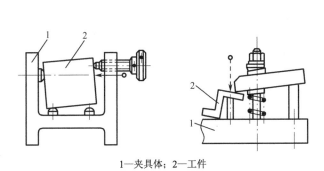

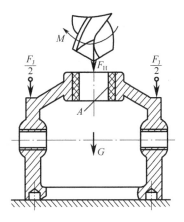

1—夹具体；2—工件

图 1-22 夹紧力作用点示意图

图 1-23 有利于减小夹紧力示意图

（4）夹紧力的方向和作用点应施加于工件刚性较好的方向和部位。如图 1-24（a）所示，薄壁套筒轴向刚性比径向好，应沿轴向施加夹紧力；图 1-24（b）所示薄壁箱体夹紧时，应作用于刚性较好的凸边上；若没有凸边，可将单点夹紧改为三点夹紧，如图 1-24（c）所示。

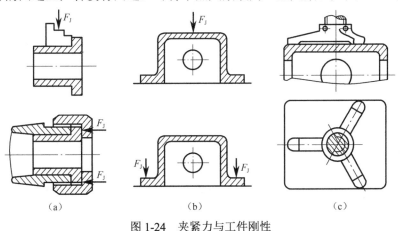

（a）   （b）   （c）

图 1-24 夹紧力与工件刚性

（5）夹紧力的作用点应尽量靠近工件加工表面以提高工件加工部位的刚性，减小工件振动。

3．数控加工对夹具的要求

数控加工的特点对夹具提出了两个基本要求：一是要保证夹具的坐标方向与机床的坐标方向相对固定；二是要协调工件和机床坐标系的尺寸关系。除此之外，还要考虑以下几点：

（1）单件小批量生产时，应尽量采用组合夹具、可调夹具及其他通用夹具。

（2）成批生产时，考虑采用组合夹具，夹具元件可多次重复使用。

（3）大批量生产时，考虑采用专用夹具，自动夹紧。

（4）工件的装卸要迅速、方便、可靠。

（5）为保证数控加工的精度，要求夹具定位精度高。

（6）夹具要敞开，其定位、夹紧机构元件不能影响加工时刀具的进给。

1.5.8 机床夹具

工件从定位到夹紧的整个过程称为工件的装夹。用于装夹工件的工艺装备就是机床夹具。数控机床夹具一般由定位装置、夹紧装置、夹具体及其他必要的分度、连接装置等组成。典型的夹紧机构有斜楔夹紧机构、螺旋夹紧机构、偏心夹紧机构等。

1. 机床夹具的分类及选择

夹具的作用是提高生产率、减轻劳动强度、扩大机床工艺范围等。从专业化程度可以分为：

1）通用夹具

如三爪卡盘、平口钳、V形块、分度头和转台等，通常作为机床附件，主要用于单件小批量生产。

2）专用夹具

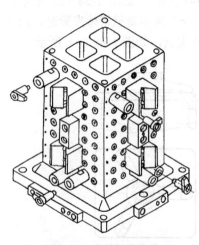

图1-25 孔系组合夹具

根据零件工艺过程中某工序的要求专门设计的夹具，用于固定产品的成批和大量生产中。

3）组合夹具

组合夹具由一套结构已经标准化、尺寸已经规格化的标准元件构成。标准元件有不同的形状、尺寸和规格，应用时可以按工件的加工需要组成各种功能的夹具。组合夹具的主要特点是元件可以长期重复使用，结构灵活多样。

组合夹具适用于中小批量、单件（如新产品试制等）或加工精度要求不十分严格的零件。但是，由于组合夹具是由各种通用标准元件组合而成的，各元件间相互配合的环节较多，夹具精度、刚性仍比不上专用夹具。

组合夹具有孔系组合夹具和槽系组合夹具。如图1-25所示为孔系组合夹具，图1-26所示为一个槽系组合夹具的例子。

4）气动和液压夹具

气动和液压夹具适合生产批量较大，采用其他夹具又特别费工、费力的场合，能减轻工人劳动强度和提高生产率，但其结构较复杂，造价往往很高，而且制造周期较长。

5）回转工作台

为了扩大数控铣床和加工中心的工艺范围，数控铣床除了沿X轴、Y轴、Z轴三个坐标轴做直线进给外，往往还需要有绕Y轴或Z轴的圆周进给运动。数控铣床上被加工零件的加工转动一般由回转工作台来实现。

数控铣床中常用的回转工作台有分度工作台和数控回转工作台。

（1）分度工作台。分度工作台只能完成分度运动，即回转工作台回转时不能切削加工。它是按照数控系统的指令，在需要分度时将工作台连同工件回转一定的角度，如图1-27（a）所示。分度时也可以采用手动分度。分度工作台一般只能回转规定的角度（如90°、60°和45°等）。

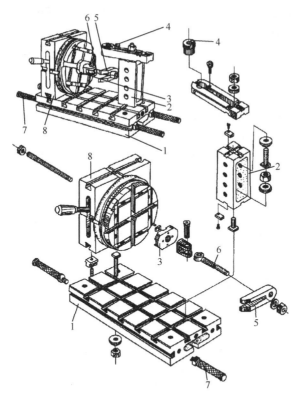

1—基础件；2—支承件；3—定位件；4—导向件；5—夹紧件；6—坚固件；7—其他件；8—组合件

图 1-26　槽系组合夹具

（2）数控回转工作台。如图 1-27（b）所示为数控回转工作台，其外观与分度工作台相似，但内部结构和功用却大不相同。数控回转工作台可以实现连续分度，并且在回转过程中进行切削加工。数控回转工作台的主要作用是根据数控装置发出的指令脉冲信号，完成圆周进给运动，进行各种圆弧加工或曲面加工，也可以进行分度工作。

（a）数控气动分度工作台　　　　　　　（b）数控回转工作台

图 1-27　回转工作台

数控回转工作台可以使数控铣床和加工中心增加一个或两个回转坐标，通过数控系统实现四坐标或五坐标联动，有效地扩大工艺范围，加工更为复杂的工件。数控卧式铣床一般采用方形回转工作台，实现 B 坐标运动。数控立式铣床一般采用圆形回转工作台，安装在机床工作台上，可以实现 A、B 或 C 坐标运动。

6）成组夹具

成组夹具是随成组加工工艺的发展而出现的。使用成组夹具的基础是对零件的分类（即编码系统中的零件族）。通过工艺分析，把形状相似、尺寸相近的各种零件进行分组，编制成组工艺，然后把定位、夹紧和加工方法相同或相似的零件集中起来，统筹考虑夹具的设计方案。对结构外形相似的零件采用成组夹具，可以减少夹具数量，提高经济效益。

7）真空夹具

真空夹具适用于有较大定位平面或具有较大可密封面积且不能实施机械夹紧的被加工零件。有的数控铣床（如壁板铣床）自身带有通用真空平台，在安装工件时，对形状规则的矩形毛坯，可直接用特制的橡胶条（有一定尺寸要求的空心或实心圆形截面）嵌入夹具的密封槽内，再将毛坯放上，开动真空泵，即可将毛坯夹紧。对形状不规则的毛坯，可以采用特制的过渡真空平台，将其叠加在通用真空平台上使用。

单件小批量生产时，应尽量采用组合夹具、可调夹具及通用夹具，以缩短生产准备时间，提高生产效率；成批生产时，考虑采用专用夹具，但要力求结构简单，工件的装卸要迅速、方便、可靠；为适应数控加工的高效率，应尽可能使用气动、液压、电动等自动夹紧装置。

除此之外，还要保证夹具的坐标方向与机床的坐标方向一致，能协调工件和机床坐标系的尺寸关系；为确保数控加工的精度，要求夹具定位精度高。定位元件应具有较高的定位精度，定位部位应便于排屑；夹具要敞开，其定位、夹紧机构元件不能影响加工时刀具的进给（如产生碰撞等）。

2. 数控车床常用夹具

除了通用三爪自定心卡盘、四爪单动卡盘和大批量生产中使用自动控制的液压、电动及气动夹具外，数控车床加工中还有多种相应的夹具，它们主要分为两大类，即用于轴类工件的夹具和用于盘类工件的夹具。

（1）用于轴类工件的夹具。数控车床加工轴类工件时，工件装夹在主轴顶尖和尾座顶尖之间，工件由主轴上的拨盘或拨齿顶尖带动旋转。这类夹具在粗车时可以传递足够大的转矩，以适应主轴高速旋转车削。车削空心轴时常用圆柱心轴、圆锥心轴、各种锥套轴或堵头的定位装置。

（2）用于盘类工件的夹具。这类夹具适用于无尾座的卡盘式数控车床上。用于盘类工件的夹具主要有可调卡爪式卡盘和快速可调卡盘。

1）三爪自定心卡盘

三爪自定心卡盘为数控车床随机配备的通用夹具，如图 1-28 所示，可实现自动定心，定心精度高。但三爪自定心卡盘由于夹紧力不大，一般只适用于重量较轻的工件。

2）四爪单动卡盘

四爪单动卡盘为数控车床可选配备的通用夹具，如图 1-29 所示，它为单爪单动找正，定位精度取决于找正精度，刚性好，但找正费时。

图 1-28 三爪自定心卡盘　　　　　　　图 1-29 四爪单动卡盘

3）软爪

数控车床用软爪分为内撑和外夹两种形式，卡盘闭合时夹紧工件的软爪称为外夹式软爪，卡盘张开时撑紧工件的软爪称为内撑式软爪。如图 1-30 所示为外夹式软爪，该软爪以其底部的端齿在卡盘（通常是液压或气动卡盘）上定位，能保持较高的重复安装精度。为方便加工中的对刀和测量，可在软爪上设定一基准面，这个基准面是与在数控车床上加工软爪的夹持表面和定位止口面一起加工出来的。基准面至支承面的距离可以控制得很准确。软爪适用于壁薄易变形工件的安装定位。

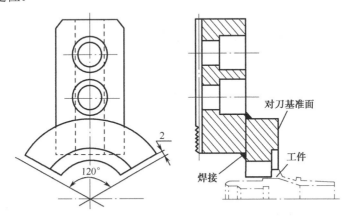

图 1-30　外夹式软爪

4）弹簧夹套

弹簧夹套分外螺纹拉式弹簧夹套、内螺纹拉式弹簧夹套、专机设备弹簧夹套、卡盘式（推式）弹簧夹套、内外螺纹拉式弹簧夹套、四方孔弹簧夹套、六角孔弹簧夹套、盲孔弹簧夹套、异形孔弹簧夹套、台阶型弹簧夹套、内胀式弹簧夹套等。弹簧夹套的特点是精度高、夹持力矩大、稳定性强。如图 1-31 所示为卡盘式（推式）弹簧夹套。

图 1-31　卡盘式（推式）弹簧夹套

5）中心孔定位装夹

在加工轴类或某些要求准确定心的工件时，常在工件上专为定位加工出工艺定位面或中心孔。中心孔与顶尖配合即为锥孔与锥销配合。两个中心孔是定位基面，所体现的定位基准是由两个中心孔确定的中心线。

6）心轴装夹

心轴主要用于套筒类和空心盘类工件的车、铣、磨及齿轮加工，分圆柱心轴和圆锥心轴两大类。图 1-32 所示为圆柱心轴，其中图 1-32（a）为间隙式配合心轴，装卸工件较方便，但定心精度不高。图 1-32（b）为过盈配合心轴，由引导部分 1、工作部分 2 和传动部分 3 组成。这种心轴制造简单，定心准确，不用另设夹紧装置，但装卸工件不便，易损伤工件定位孔，因此，多用于定心精度要求高的精加工中。图 1-32（c）为花键心轴，用于加工以花键孔定位的工件。圆锥心轴的定心精度高，但工件的轴向位移误差较大，适用于工件定位孔精度不低于 IT7 的精车和磨削加工，不能加工端面。

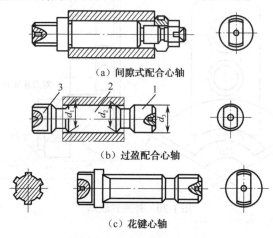

（a）间隙式配合心轴

（b）过盈配合心轴

（c）花键心轴

1—引导部分；2—工作部分；3—传动部分

图 1-32　圆柱心轴

7）自动夹紧卡盘装夹

如图 1-33 所示为自动夹紧卡盘，多由液压驱动，这种卡盘用于在车床上加工轴类零件，具有使用方便、省力且工作效率高的特点。

（a）三爪自动夹紧卡盘　　　　　　　（b）四爪自动夹紧卡盘

图 1-33　自动夹紧卡盘

3. 数控铣床与加工中心常用夹具

数控铣床和加工中心常用的通用夹具有螺钉压板、平口钳、分度头和三爪卡盘等。

1）螺钉压板

将被加工零件直接放在工作台上（或通过垫铁放在工作台上），利用 T 形槽、螺栓和压板将工件固定在机床工作台上。装夹工件时，需根据工件装夹精度要求，用百分表等找正工件。

如图 1-34 所示为利用压板和螺钉装夹工件示意图。

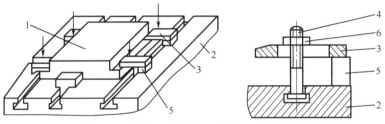

1—工件；2—工作台；3—压板；4—螺钉；5—垫铁；6—螺母

图 1-34　利用压板和螺钉装夹工件示意图

2）机用平口钳

铣削形状比较规则的零件时常用平口钳装夹。当加工一般精度和夹紧力要求的零件时常用机械式平口钳，如图 1-35（a）所示，通过丝杠/螺母相对运动来带动活动钳口移动夹紧工件。当加工精度要求较高，需要较大的夹紧力时，可采用较高精度的液压式平口钳，如图 1-35（b）所示。多个工件装在心轴 2 上，心轴固定在固定钳口 3 上，当压力油从油路 6 进入油缸后，推动活塞 4 向右移动，活塞通过活塞杆拉动活动钳口 1 向右移动夹紧工件。当油路 6 在换向阀作用下回油时，活塞和活动钳口在弹簧的作用下左移松开工件。

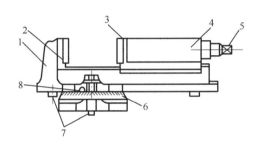
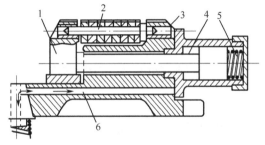

（a）机械式平口钳　　　　　　　　　　　　　（b）液压式平口钳

1—钳体；2—固定钳口；3—活动钳口；4—活动钳身；　　　1—活动钳口；2—心轴；3—固定钳口；

5—丝杠方头；6—底座；7—定位键；8—钳体零线　　　　　4—活塞；5—弹簧；6—油路

图 1-35　机用平口钳

平口钳在数控铣床工作台上安装时，通过百分表调整固定钳口与 X 轴或 Y 轴的平行度，零件夹紧时要注意控制零件变形和活动钳口的上翘。

3）铣床用卡盘

如图 1-36 所示为在铣床上使用的三爪卡盘。在数控铣床上加工回转体零件时，可以采用三爪卡盘装夹零件；对于非回转零件，可采用四爪卡盘装夹。

图 1-36　铣床用卡盘

1.6　数控加工用刀具

数控切削刀具的材料有高速钢、硬质合金、涂层刀具材料、陶瓷、CBN、金刚石。进口的刀片，如瑞典的山特维克公司的材质有焊接用硬质合金和整体高速钢刀头、机夹硬质合金和涂层硬质合金刀片、机夹金属陶瓷刀片、机夹陶瓷刀片和 CBN 刀片、机夹人造金刚石刀片等。各类刀具材料的硬度和韧性的关系如图 1-37 所示。

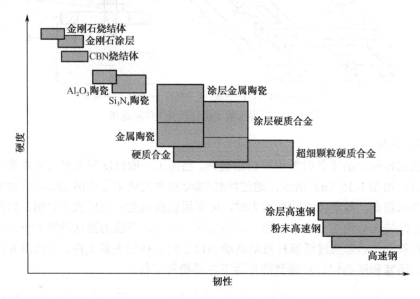

图 1-37　各类刀具材料的硬度和韧性

1.6.1　刀具材料的成分组成和选用

1．刀具材料的成分组成

（1）高速钢。典型成分是 W18Cr4V，在刀具材料中硬度较低，可用于硬度较低的工件材料切削，如钢、铝等。

（2）硬质合金。WC 是硬点，Co 是黏结剂，是传统的、用得较多的加工钢材的刀具材料，国际标准把硬质合金刀具材料分为 P（YT，蓝色）、K（YG，红色）、M（YW，黄色）三类，常用的牌号有 YG6、YG8、YG10、YT5、YT15、YT30。YG 类用于加工铸铁、有色金属及非金属材料；YT 类用于加工铝及钢；YW 类用于加工钢（包括难加工钢）和铸铁及有色金属。但随着刀具材料技术的发展，各种涂层刀具的性能更加优秀。

（3）硬质合金涂层刀具。在硬质合金的基体上涂上一层或多层 TiC、TiN、Al_2O_3、陶瓷等材料，使刀具的硬度和耐磨性更好，它是当前用得最多的刀具材料。

（4）金属陶瓷。它既不是金属也不是陶瓷，而是一种钛基硬质合金，TiC 是硬点，Ni 是黏结剂。因为 TiC 和 Ni 的溶解度与普通硬质合金不同，所以金属陶瓷的比重是钨基硬质合金的一半，而硬度是它的两倍，相对韧性较差，适用于高速精加工软钢类材质或不锈钢，可以获得高一倍的切削速度、好一倍的表面光洁度或长一倍的刀具寿命。

（5）CBN。立方氮化硼，硬度仅次于金刚石，比其他任何材料的硬度至少高出两倍，在许多困难的金属材料切削中能将生产效率提高 10 倍，在刀具寿命和金属去除率方面都优于硬质合金和陶瓷。

（6）金刚石。它是最硬的材料，天然金刚石作为刀具材料已有较长的历史，而人造的聚晶金刚石作为刀具材料还是近期的事。聚晶金刚石的硬度、耐磨性在各个方向都是均匀的，与天然金刚石相比，在断续切削时不易崩刃或碎裂，刀刃上不易形成积屑瘤。聚晶金刚石刀片大多数是将聚晶金刚石与硬质合金基材一起烧结而成。其在正常的切削加工温度下，与含铁、镍或钴的合金会发生化学反应，所以只用于高效加工有色金属及非金属材料。

2．刀具材料的选用

无论何种刀具，在选择刀具时都要对刀具材料进行选择。要求刀具材料的硬度是被加工材料的 2～4 倍。表 1-3 给出了不同刀具材料的硬度值作为选择刀具材料的依据之一。被加工材料硬度高时，选择的刀具材料硬度也要高。不同的刀具材料加工同一种工件材料时，切削速度相差很大，因此加工效率相差很大。

表 1-3　常用刀具材料的硬度和适用切削速度

刀 具 材 料	硬度 HV	适用被加工材料	切削速度/（m/min）
高速钢	880	碳钢及有色金属	30
Co 基高速钢	910	碳钢及有色金属	40
硬质合金 YG、K 类	1200～1700	铸铁、冷硬铸铁、短屑可锻铸铁、非钛合金	80～100
硬质合金 YT、P 类	1200～1700	碳钢、长屑可锻铸铁	80～100
硬质合金 YW、M 类	1200～1700	奥氏体不锈钢、铸铁、高锰钢、合金铸铁等	80～100
金属陶瓷	1450～1700	各种钢和铸铁	400～600
CBN	3700	各种钢、淬硬钢	300～400
金刚石	10 000	有色金属、非铁类材料	2500～5000

在选择刀具材料时还要考虑被加工材料的类型。例如，不同的硬质合金类型用于加工不同的金属材料。

1.6.2　数控车削刀具

与传统的车削方法相比，数控车削对刀具的要求更高，不仅要求精度高、刚度好、耐用度高，而且要求尺寸稳定、安装调整方便。这就要求采用新型优质材料制造数控加工刀具，并优选刀具参数。

1．车刀刀片和刀体的连接方式

由于工件材料、生产批量、加工精度及机床类型、工艺方案的不同，车刀的种类也异常繁多。数控车床上使用的刀具有外圆车刀、镗刀、钻头、内外螺纹车刀、内外切槽刀、切断刀、成型刀等。数控车床对刀片的断屑槽有较高的要求，如果断屑效果不好，它就会缠绕在刀头上，既可能挤坏刀片，也会把切削表面拉伤。车刀刀片与刀体的连接固定方式主要分为焊接式与机械夹紧式可转位两大类。

（1）焊接式车刀。将硬质合金刀片用焊接的方法固定在刀体上称为焊接式车刀。这种车刀的优点是结构简单，制造方便，刚性较好。缺点是由于存在焊接应力，使刀具材料的使用性能受到影响，甚至出现裂纹。此外，刀杆不能重复使用，硬质合金刀片不能充分回收利用，造成刀具材料的浪费。

根据工件加工表面及用途的不同，常见焊接式车刀如图1-38所示。其中1为外切槽刀，2为左偏刀，3为右偏刀，4、5为外圆车刀，6为成型车刀，7为宽刃车刀，8为外螺纹车刀，9为端面车刀，10为内螺纹车刀，11为内切槽刀，12、13为内孔车刀。

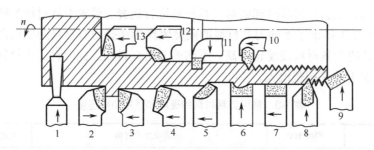

图1-38　常见焊接式车刀

（2）机械夹紧式可转位车刀。机械夹紧式可转位车刀按紧固方法的差异可分为杠杆式、楔块式、螺钉式、上压式。如图1-39所示为上压式紧固系统结构图，该车刀由刀片、定位销、刀垫、螺钉及夹紧元件组成。刀片每边都有切削刃，当某切削刃磨损钝化后，只需松开夹紧元件，将刀片转一个位置便可继续使用；只有当多边形刀片的所有刀刃都磨钝后，才需要更换刀片。

图1-39　上压式紧固系统结构图

2. 车刀类型

数控车削常用刀具的类型一般分为三类，即尖形车刀、圆弧形车刀和成型车刀。

（1）尖形车刀。以直线形切削刃为特征的车刀一般称为尖形车刀。这类车刀的刀尖（同时也为其位点）由直线形的主、副切削刃构成，如90°内外圆车刀、左（右）端面车刀、切槽（断）车刀及刀尖倒棱很小的各种外圆和内孔车刀。

用这类车刀加工零件时，其零件的轮廓形状主要由一个独立的刀尖或一条直线形主切削刃位移后得到，它与另两类车刀加工时得到零件轮廓形状的原理是截然不同的。

（2）圆弧形车刀。圆弧形车刀是一种较为特殊的数控加工用车刀。其特征是，构成主切削刃的刀刃形状为一圆度误差或轮廓误差很小的圆弧，而该圆弧上的每一点都是圆弧形车刀的刀尖。因此，刀位点不在圆弧上，而在该圆弧的圆心上。车刀圆弧半径理论上与被加工零件的形状无关，并可按需要灵活确定或经测定后确认。圆弧形车刀可以用于车削内、外表面，特别适合于车削各种光滑连接（凹形）的成型面。

（3）成型车刀。成型车刀又称样板车刀，其加工零件的轮廓形状完全由车刀刀刃的形状和尺寸决定。数控车削加工中，常见的成型车刀有小半径圆弧车刀、非矩形车槽刀和螺纹车刀等。

在数控加工中，应尽量少用或不用成型车刀，当确有必要选用时，应在工艺文件或加工程序单上进行详细说明。

3．可转位刀片类型

可转位刀片的国家标准与 ISO 标准基本相同，不同之处在于，在 ISO 编码中，第 10 位是留给刀片厂家的备用号位，常用来标注刀片断屑槽型代码或代号。而国家标准是在国际标准规定的 9 个号位之后，加一短横线，再用一个字母和一位数字表示刀片断屑槽的形式及槽宽。因此，我国可转位刀片的型号共用 10 个号位的内容来表示主要参数的特征。按照规定，任何型号的刀片都必须用前 7 个号位，后 3 个号位在必要时才使用。但对于车刀刀片，第 10 号位属于标准要求标注的部分。不论有无第 8、9 两个号位，第 10 号位都必须用短横线 "-" 与前面号位隔开，并且其字母不得使用第 8、9 两个号位已使用过的字母，当只使用其中一位时，则写在第 8 号位上，中间不需要空格。GB 2076—1987 规定了我国可转位刀片的形状、尺寸、精度、结构特点等，其标记如表 1-4 所示。

现以一车刀刀片型号为例简要说明如下：

S　N　G　M　16　06　12　E　R-A3

第 1 位：用一个英文字母表示刀片形状。"S" 表示 90°方形刀片。

第 2 位：用一个英文字母表示主切削刃法向后角大小。"N" 表示法向后角为 0°。

第 3 位：用一个英文字母表示刀片尺寸精度。"G" 表示刀片刀尖，位置尺寸 "m" 允许偏差为±0.025mm，刀片厚度 "s" 允许偏差为±0.13mm，刀片内切圆公称直径 "d" 允许偏差为±0.025mm。

第 4 位：用一个英文字母表示刀片固定方式及有无断屑槽。"M" 表示一面有断屑槽，有中心固定孔。

第 5 位：用两位数字表示刀片主切削刃长度。该位选取舍去小数值部分的刀片切削刃长度或理论边长值作为代号，若舍去小数部分后只剩一位数字，则必须在数字前加 "0"。

第 6 位：用两位数字表示刀片厚度，为主切削刃到刀片定位底面的距离。该位选取舍去小数值部分的刀片厚度值作为代号，若舍去小数部分后只剩一位数字，则必须在数字前加 "0"。

第 7 位：用两位数或一个英文字母表示刀尖圆角半径或刀尖转角形状。刀片转角为圆角，则用舍去小数点的圆角半径毫米数来表示，这里 "12" 表示刀尖圆角半径为 "12"；若刀片转角为尖角或为圆形刀片，则代号为 "00"。

第 8 位：用一个英文字母表示刀片切削刃形状。"E" 表示切削刃为倒圆的刀刃。

第 9 位：用一个英文字母表示刀片切削方向。"R" 表示右手刀。

第 10 位：国家标准中表示刀片断屑槽的形式及槽宽，分别用一个英文字母及一个阿拉伯数字表示。"A" 表示 A 型断屑槽，"3" 表示断屑槽宽度为 3.2～3.5mm。

不同的刀片形状有不同的刀尖强度，一般刀尖角越大，刀尖强度越大。圆形刀片（R 型）刀尖角最大，35°菱形刀片（V 型）刀尖角最小。在机床刚性和功率允许的条件下，粗加工应选用刀尖角较大的刀片；反之，在机床刚性和功率较小时，精加工时宜选用刀尖角较小的刀片。刀尖角通常在 35°～90°之间。

表1-4 可转位车刀刀片标记方法示例

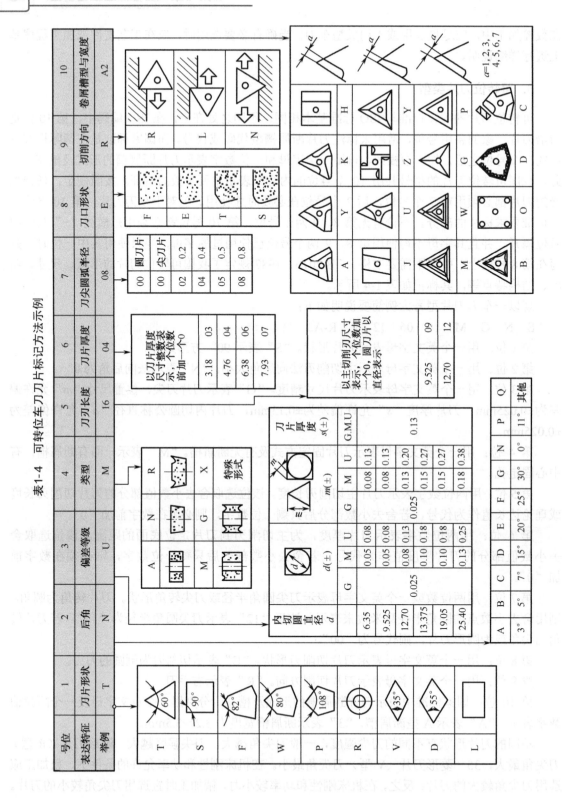

4．机夹可转位车刀的类型

机夹可转位车刀的型号用 10 个号位的字母和数字表示，各号位的内容如表 1-5 所示。

表 1-5　机夹可转位车刀的型号与意义

号位	代号示例	表示特征	代号规定						
1	S	刀片夹紧方式	**C**		**M**		**P**		**S**
2	T	刀片形状	**T** △	**W**	**F**	**S** □	**L** ▭	**P** ⬠	**H** ⬡	**O** ⯃	**R** ○

表中所示角度为该刀片的较小角度

V	D	E	C	M	K	B	A
35°	55°	75°	80°	86°	55°	82°	85°

号位	代号示例	表示特征							
3	A	头部形式代号及示意	**A** 90°	**B** 75°	**C** 90°	**D** 45°	**E** 60°	**F** 90°	**G** 90°
			H 93°	**J** 75°	**K** 95° 95°	**L** 95° 50°	**M** 63°	**N** 75°	**R**
			S 45°	**T** 60°	**U** 93°	**V** 72.5°	**W** 60°	**Y** 85°	

4	N	刀片法向后角 α_n	A	B	C	D	E	F	G	N	P	O
			3°	6°	7°	15°	20°	25°	30°	0°	11°	特殊

5	R	切削方向	**R**	**L**	**N**

号位	代号示例	表示特征	代 号 规 定							
6	25	刀尖高度	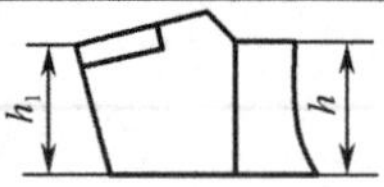 刀尖高度 h_1 等于柄部高度 h。若刀尖高为个位数时，应在其前加"0"，如 h_1=8mm，则代号为08。代号25表示 $h_1=h=25$							
7	20	刀杆宽度	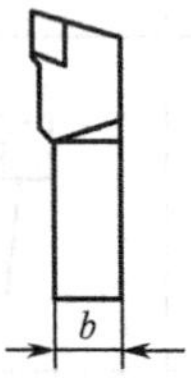 刀杆宽度表示方法与刀尖高度相同，b=20mm							
8	N	车刀长度 l_1	代号	A	B	C	D	E	F	G	H
			l_1	32	40	50	60	70	80	90	100
			代号	J	K	L	M	N	P	Q	R
			l_1	110	125	140	150	160	170	180	200
		符合标准长度用"—"表示	代号	S	T	U	V	W	Y		X
			l_1	250	300	350	400	450	500		特殊长度
9	15	切削刃长	C、D、V		R		S		T	
10	Q	精密级（不同测量基准）	Q		F		B			

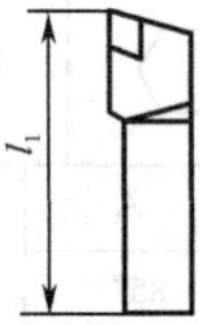

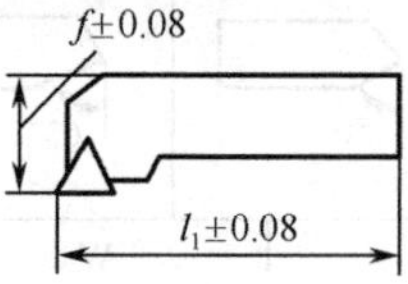

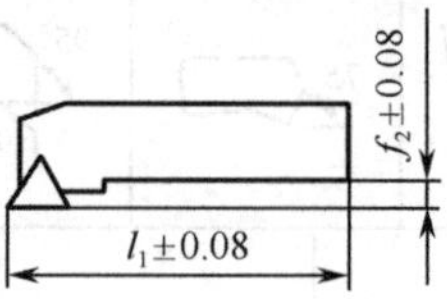

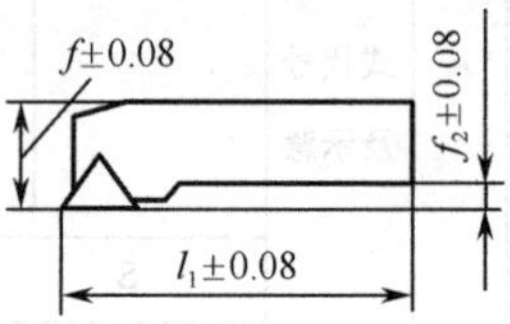

注：图中 l_1、h、h_1、f、b 可查阅有关手册；L 是刀片边长；f_2 是刀尖位置尺寸

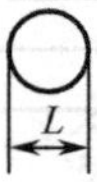

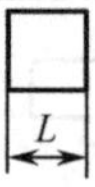

可转位车刀型号示例如下：

P T A N R 25 20 L 15 Q

第1位：刀片夹紧方式。"P"表示利用刀片孔将刀片夹紧。

第2位：刀片形状。"T"表示正三角形。

第3位：头部形式代号。"A"表示90°外圆偏刀。

第4位：刀片法向后角。"N"表示0°。

第5位：切削方向。"R"表示右切。

第6位：刀尖高度。"25"表示25mm。

第 7 位：刀杆宽度。"20"表示 20mm。

第 8 位：车刀长度。"L"表示车刀长度为标准长度（140mm）。

第 9 位：切削刃长。"15"表示车刀刀片边长为 15mm。

第 10 位：精密级。"Q"表示以车刀的基准外侧面和基准后端面为测量基准的精密级。

5．数控车削刀具的选择

1）车削加工刀具

其形状的选择和工件的形状有关，对于有直角台阶的工件，可选主偏角大于或等于 90°的刀杆。一般粗车可选主偏角为 45°～90°的刀杆；精车可选主偏角为 45°～75°的刀杆；中间切入、仿形车则可选主偏角为 45°～107.5°的刀杆；工艺系统刚性好时主偏角可选较小值，工艺系统刚性差时，可选较大值。当刀杆为弯头结构时，则既可加工外圆，又可加工端面。各种车削下的刀具形状如图 1-40 所示。

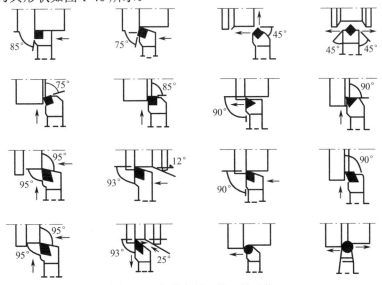

图 1-40 各种车削下的刀具形状

2）镗孔刀具选择

其主要问题是刀杆的刚性，要尽可能防止或消除振动。考虑要点如下：

（1）尽可能选择大的刀杆直径，接近镗孔直径。

（2）尽可能选择短的刀臂（工作长度）。当工作长度小于 4 倍刀杆直径时可用钢制刀杆，加工要求高的孔最好采用硬质合金刀杆；当工作长度为 7～10 倍刀杆直径时，要采用减振刀杆。

（3）选择主偏角大于 75°，接近 90°。

（4）粗加工采用负前角的刀片和刀具，精加工采用正前角的刀片和刀具，且选择小的刀尖半径（0.2mm 左右）。

3）刀尖圆弧半径的选择

刀尖圆弧半径的大小直接影响刀尖的强度及被加工零件的表面粗糙度，刀尖圆弧半径大，表面粗糙度值减小，切削力增大且易产生振动，切削性能变坏，但刀刃强度增加，刀具前后刀面磨损减小。通常在切深较小的精加工、细长轴加工、机床刚度较差的情况下，选用刀尖圆弧小些；而在需要刀刃强度高、工件直径大的粗加工中，选用刀尖圆弧大些。

粗加工时，应注意以下几点：

（1）为提高刀刃强度，应尽可能取大刀尖半径的刀片，大刀尖半径可允许大进给。

（2）在有振动倾向时，则选择较小的刀尖半径，常用刀尖半径为 1.2～1.6mm。

（3）粗车时进给量不能超过表 1-6 给出的最大进给量。作为经验法则，一般进给量可取为刀尖圆弧半径的一半。

表 1-6　不同刀尖半径时的最大进给量

刀尖半径/mm	0.4	0.8	1.2	1.6	2.4
最大推荐进给量/（mm/r）	0.25～0.35	0.4～0.7	0.5～1.0	0.7～1.3	1.0～1.8

精加工的表面质量不仅受刀尖圆弧半径和进给量的影响，而且受工件装夹稳定性、夹具和机床的整体条件等因素的影响。精加工时需根据工件表面粗糙度要求，由轮廓深度、精加工进给量推算出刀尖圆弧半径 R 的经验公式：

$$R = \frac{f^2}{8R_t} \times 1000 \qquad (1\text{-}1)$$

式中　R_t——轮廓深度，单位为 μm；

f——进给量，单位为 mm/r；

R——刀尖圆弧半径，单位为 mm。

4）正反方向的选择

正反方向有三种选择：R（右手）、L（左手）和 N（左右手）。要注意区分左、右手的方向。选择时要考虑机床刀架是前置式还是后置式，前刀面是向上还是向下，以及主轴的旋转方向、需要的进给方向等。

5）断屑槽形式的选择

断屑槽的参数直接影响着切屑的卷曲和折断，目前刀片的断屑槽形式较多，各种断屑槽刀片使用情况不尽相同。槽型根据加工类型和加工对象的材料特性来确定，各供应商表示方法不一样，但思路基本一样：基本槽型按加工类型有精加工（代码 F）、普通加工（代码 M）和粗加工（代码 R）；加工材料按国际标准有加工钢的 P 类，不锈钢、合金钢的 M 类，铸铁的 K 类。这两种情况一组合就有了相应的槽型，例如，FP 是指用于钢的精加工槽型，MK 是指用于铸铁普通加工的槽型等。如果加工向两个方向扩展（如超精加工和重型粗加工），材料也扩展（如耐热合金、铝合金、有色金属等），就有了超精加工、重型粗加工和加工耐热合金、铝合金等的补充槽型，选择时可查阅具体的产品样本。

1.6.3　数控车削用工具系统

数控车床的刀架系统是车床的重要组成部分，刀架用于夹持切削刀具，因此其结构直接影响车床的切削性能和切削效率。在一定程度上，刀架结构和性能体现了数控车床的设计与制造水平。数控车床刀架结构形式在不断创新，但总体来说又大致可分为两类，即排刀式刀架和转塔式刀架。有的车削中心还采用带刀库的自动换刀装置。

1．排刀式刀架

排刀式刀架一般用于小型数控车床，各种刀具排列并夹持在可移动的滑板上，换刀时可实现自动定位。

2．转塔式刀架

转塔式刀架也称刀塔或刀台，转塔式刀架有立式和卧式两种结构形式，如图 1-41、图 1-42 所示。转塔式刀架是多刀位的自动定位装置，通过转塔头的旋转、分度和定位来实现机床的自动换刀动作。一般来说，转塔式刀架应分度准确、定位可靠、重复定位精度高、转位速度快、夹紧刚性好，以保证数控车床的高精度和高效率。有的转塔式刀架不仅可以实现自动定位，而且还可以传递动力，完成铣削加工等工序，这种转塔式刀架又称为动力刀架（或动力刀台）。加工所需的各种切削刀具（车刀、镗刀、钻头等）是通过刀柄座、镗刀座、刀柄套、定位环等刀辅具紧固在转塔刀架的回转刀盘上的，如图 1-43 所示。刀盘有方形、圆形和多边形几种形状。刀位数有 4、6、8、12、16 及 20 刀位。

图 1-41　立式转塔刀架

图 1-42　卧式转塔刀架

（a）车刀的安装

（b）车刀的紧固方式

图 1-43　刀具的安装与紧固方式

卧式转塔刀架的工具（刀辅具）系统如图 1-44 所示。刀具装入刀座后的相关尺寸是编程的重要数据，它是建立坐标系不可缺少的基本数据。刀具安装后应把每一把刀具与刀盘基面在 X 方向和 Z 方向的距离都测量和标示出来，供计算坐标用。

1.6.4　数控铣床与加工中心刀具

在数控铣床上常用的刀具主要有铣刀，包括面铣刀、立铣刀、键槽铣刀、球头立铣刀、三面刃铣刀、成型铣刀等；此外，还有各种孔加工刀具，包括麻花钻头、锪钻、铰刀、镗刀、丝锥等。

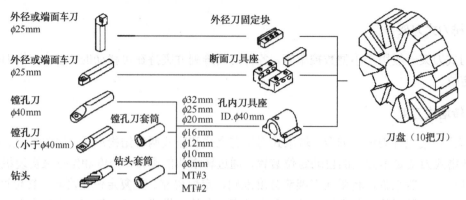

图 1-44　卧式转塔刀架的工具（刀辅具）系统

1．面铣刀

面铣刀也称为盘铣刀，主要用于面积较大的平面铣削加工。硬质合金面铣刀按刀片和刀齿安装方式的不同，可分为整体焊接式、机夹焊接式和机夹可转位式三种，如图 1-45 所示。

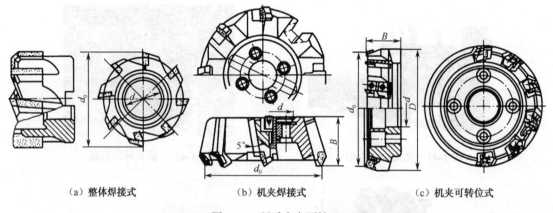

（a）整体焊接式　　　　（b）机夹焊接式　　　　（c）机夹可转位式

图 1-45　硬质合金面铣刀

可转位式数控面铣刀的刀体趋向于用轻质高强度铝、镁合金代替合金钢制造，切削刃采用大前角、负刃倾角，转位刀片（多种几何形状）带有三维断屑槽型，便于排屑。

2．立铣刀

立铣刀广泛用于铣削加工零件的内外轮廓、平面、台阶面、曲面、槽、型腔、肋板、薄壁等表面，立铣刀按端部切削刃的不同可分为过中心刃和不过中心刃两种。过中心刃立铣刀可直接轴向进刀，按螺旋角大小可分为 30°、40°、60° 等几种形式；按齿数可分为粗齿、中齿、细齿三种。立铣刀的圆柱表面和端面上都有切削刃，它们可同时进行切削，也可单独进行切削，其柄部有直柄、削平型直柄和莫氏锥柄三种。

数控加工除了用普通的高速钢立铣刀以外，还广泛使用以下几种先进的结构类型。

1）整体硬质合金立铣刀

整体硬质合金立铣刀侧刃采用大螺旋升角（≤62°）结构，立铣刀头部的过中心端刃往往呈弧线（或螺旋中心刃）形，负刃倾角，增加切削刃长度，提高了切削平稳性、工件表面精度及刀具寿命，适应数控高速、平稳三维空间铣削加工技术的要求。

2）机夹式可转位立铣刀

当铣刀的长度足够时，可以在一个刀槽中焊上两个或更多的硬质合金刀片，并使相邻刀齿间的接缝相互错开，利用同一刀槽中刀片之间的接缝作为分屑槽，如图 1-46（b）所示。这种铣刀俗称"玉米铣刀"，通常在粗加工时选用。

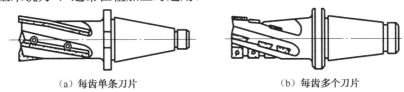

（a）每齿单条刀片　　　　　　　　　　（b）每齿多个刀片

图 1-46　硬质合金螺旋齿立铣刀

3）波形立铣刀

波形立铣刀的结构如图 1-47 所示，其特点是：

（1）能将狭长的薄切屑变成厚面短的碎切屑，使排屑变得流畅。

（2）比普通立铣刀容易切进工件。在相同进给量的条件下，它的切削厚度比普通立铣刀要大些，并且减小了切削刃在工件表面的滑动现象，从而提高了刀具的寿命。

（3）与工件接触的切削刃长度较短，刀具不易产生振动。

（4）由于切削刃是波形的，因而使刀刃的长度增大，有利于散热。

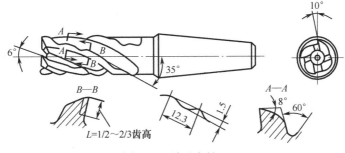

图 1-47　波形立铣刀

3．球头立铣刀

球头立铣刀主要用于加工弧形沟槽和各种曲面。它的结构特点是球头或端面上布满切削刃，圆周刃与球头刃圆弧连接，可以做径向和轴向进给。铣刀工作部分用高速钢或硬质合金制造。国家标准规定直径 d=4～63mm。如图 1-48 所示为球头立铣刀。

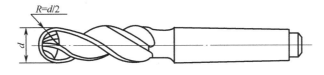

图 1-48　球头立铣刀

4．键槽铣刀

如图 1-49 所示为键槽铣刀，它有两个刀齿，圆柱面和端面都有切削刃，端面刃延至中心，可以实现垂直方向进刀。按国家标准规定，直柄键槽铣刀直径 d=2～22mm，锥柄键槽铣刀直径 d=14～50mm。键槽铣刀直径的偏差有 e8 和 d8 两种。用键槽铣刀铣削键槽时，一般先轴向进给达到槽深，然后沿键槽方向铣出键槽全长。由于切削力引起刀具和工件变形，一次走刀铣出的键槽形状误差较大，槽底一般不是直角。为此，通常采用两步法铣削键槽，即先用小号铣刀粗加工出键槽，然后以顺铣方式精加工四周，可得到真正的直角，能获得最佳的精度。

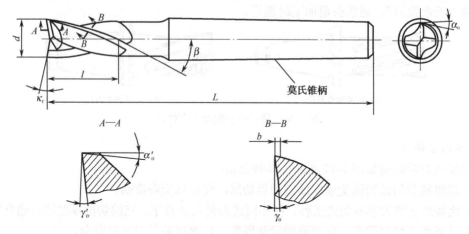

图 1-49　键槽铣刀

5. 鼓形铣刀

如图 1-50 所示为一种典型的鼓形铣刀，它的切削刃分布在半径为 R 的圆弧面上，端面无切削刃。鼓形铣刀多用来加工零件侧面为曲面的零件，如图 1-51 所示。这种表面最理想的加工方案是多坐标侧铣，在单件或小批量生产中可用鼓形铣刀加工来取代多坐标加工，加工时控制刀具上下位置，相应改变刀刃的切削部位，可以在工件上切出从负到正的不同斜角。R 越小，鼓形铣刀所能加工的斜角范围越广，但所获得的表面质量也越差。这种刀具的缺点是刃磨困难，切削条件差，而且不适合加工有底的轮廓表面。

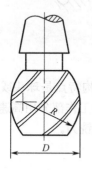

图 1-50　鼓形铣刀

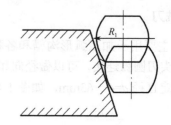

图 1-51　鼓形铣刀加工

6. 成型铣刀

如图 1-52 所示为几种常见的成型铣刀，一般都是为特定工件或加工内容专门设计制造的，如角度面、凹槽、特形孔或台阶等。

7. 三面刃铣刀

三面刃铣刀主要用于在卧式铣床上加工沟槽、台阶面等。三面刃铣刀的圆周面上的切削刃为主切削刃，两端面上的切削刃为副切削刃。按刀齿结构可分为直齿、错齿和镶齿三种形式。

如图 1-53 所示为直齿三面刃铣刀在铣削台阶面的示意图。该铣刀结构简单，制造方便，但副切削刃前角为 0°，切削条件差。该铣刀直径范围是 50～200mm，宽度为 4～40mm。

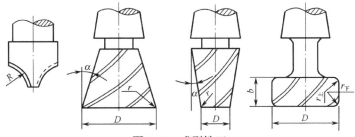

图 1-52　成型铣刀

8．圆柱铣刀

圆柱铣刀主要用于在卧式铣床上加工平面，一般为整体式，如图 1-54 所示为圆柱铣刀铣削平面示意图。该铣刀材料为高速钢，主切削刃分布在圆柱上，无副切削刃。该铣刀有粗齿和细齿之分。粗齿铣刀齿数少，刀齿强度大，容屑空间大，重磨次数多，适用于粗加工；细齿铣刀齿数多，工作较平稳，适用于精加工。圆柱铣刀直径范围为 50～100mm，齿数 Z 为 6～14 个，长度为 50～160mm，螺旋角为 30°～45°。当螺旋角为 0° 时，螺旋刀齿变为直刀齿，目前生产上应用较少。

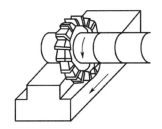
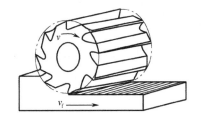

图 1-53　直齿三面刃铣刀铣削台阶面　　　　图 1-54　圆柱铣刀铣削平面

9．钻头

钻头用于钻孔和扩孔等孔的粗加工。

（1）整体式钻头。钻尖切削刃由对称直线形改进为对称圆弧形，以增长切削刃、提高钻尖寿命；钻芯加厚，提高其钻体刚度，用"S"形横刃（或螺旋中心刃）替代传统横刃，减小轴向钻削阻力，提高横刃寿命；采用不同顶角阶梯钻尖及负倒刃，提高分屑能力、断屑能力、钻孔性能和孔的加工精度；镶嵌模块式硬质（超硬）材料齿冠；油孔内冷却及大螺旋升角（小于或等于 40°）结构等。最近研制出了整体式细颗粒陶瓷（Si_3N_4）、Ti 基类金属陶瓷材料钻头。

（2）机夹式钻头。钻尖采用长方异形专用对称切削刃，用钻削力径向自成平衡的可转位刀片替代其他几何形状，以减小钻削振动，提高钻尖自定心性能、寿命和孔的加工精度。

10．铰刀

铰刀用于孔的精加工，采用大螺旋升角（小于或等于 45°）切削刃、无刃挤压铰削及油孔内冷却的结构是其总体发展方向，最大铰削孔径可达 ϕ400mm。

11．镗刀

镗刀用于孔的精加工。镗刀切削部分的几何角度和车刀、铣刀的切削部分基本相同。常用的有粗镗刀和精镗刀。如图 1-55 所示为精镗刀，主要由镗刀杆、调整螺母、刀头、刀片、刀片固定螺钉、止动销、垫圈、内六角紧固螺钉构成。调整时，先松开内六角紧固螺钉，然后转动带游标刻度的调整螺母，就能准确地调整镗刀尺寸，从而能微量改变孔直径尺寸。

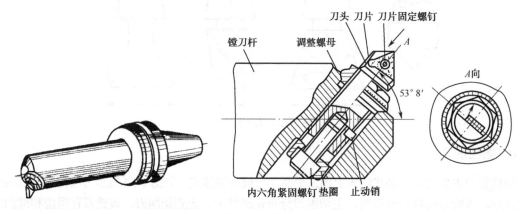

图 1-55　精镗刀

12. 丝锥

丝锥用于内螺纹的加工。与螺纹种类相适应，各种直径的螺纹又有粗、细牙之分。数控机床上使用的是机用丝锥，为了安全可靠，其直径一般在 M6～20 之间。

13. 复合（组合）孔加工数控刀具

集合了钻头、铰刀、扩孔刀及挤压刀具的新结构、新技术，整体式、机夹式、专用复合（组合）孔加工数控刀具研发速度很快。采用镶嵌模块式硬质（超硬）材料切削刃（含齿冠）及油孔内冷却、大螺旋槽等结构是其目前的发展趋势。如图 1-56 所示为几种复合刀具简图。

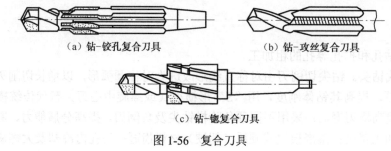

（a）钻-铰孔复合刀具　　　　　（b）钻-攻丝复合刀具

（c）钻-镗复合刀具

图 1-56　复合刀具

1.6.5　铣削刀具的选择

1. 立铣刀的选择

1）立铣刀头形的选择

立铣刀包括端面立铣刀、球头立铣刀和 R 角立铣刀三种，其头形分别是直角、球头和圆弧。直角头又可分为带小倒角直角头与完全直角头，如图 1-57 所示。直角头立铣刀主要用于加工槽（包括键槽）、侧平面、台阶面等。完全直角头用于薄壁加工时易产生振动，适合加工出

90°倾角时使用。带小倒角直角头可以有效避免直角头易破损（崩刃）现象，但若用它也发生破损，则需改用圆弧头立铣刀才能避免崩刃。

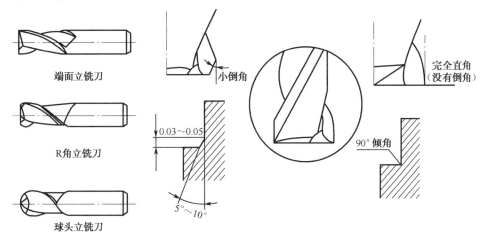

图 1-57　立铣刀的头形

球头立铣刀主要用于型腔、斜面、成型、仿形加工等。使用球头立铣刀时应注意：

（1）在高速加工机床上高速加工时，应使用夹紧力大、刚性好的铣削夹头。

（2）刀具的振动幅度应控制在 10μm 以内，高速加工时应在 3μm 以内。

（3）加工时立铣刀应尽量缩短伸出量（只伸出有效加工长度）。

（4）小背吃刀量（a_p）、大进给量对刀具寿命有利。

（5）尽可能用等高线加工方法加工零件，此方法不易损伤刀具。

对于凹形曲面，球头半径一定小于曲面的曲率半径。

2）立铣刀的周铣和端铣

周铣是利用分布在立铣刀圆柱面上的刀刃来铣削并形成加工面，如图 1-58（a）所示。用周铣方法加工平面的质量主要取决于铣刀的圆柱度，因此在精铣平面时，要保证铣刀的圆柱度。

端铣是利用分布在立铣刀端面上的刀刃来铣削并形成加工面，如图 1-58（b）所示。用端刃铣削方法加工平面的质量主要取决于铣床主轴轴线与进给方向的垂直度。若主轴轴线与进给方向垂直，则刀尖旋转时的轨迹（圆环）与进给方向平行，就能切出一个平面，刀纹呈网状。若主轴轴线与进给方向不垂直，则会切出一个弧形凹面，刀纹呈单向弧形，铣削时会发生单向拖刀现象。

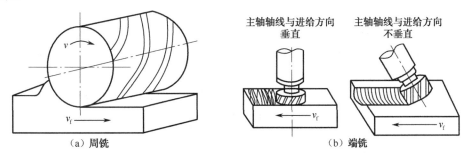

图 1-58　立铣刀的周铣与端铣

（1）端铣同时工作的刀齿比周铣多，切屑厚度变化小，故切削力波动小，工作比较平稳。

（2）端铣刀的刀轴一般比周铣短，故刚性好，能承受较大的铣削力。采用高速铣削时，生产效率高，加工质量好。

（3）端铣可采用较高的铣削速度和较大的进给量。周铣的铣削深度比端铣大。

（4）一般来说，在相同铣削用量的条件下，周铣比端铣获得的表面粗糙度值要小。

3）立铣刀刃齿数、螺旋角、分屑槽的选择

（1）齿数的选择。常用的立铣刀刃齿一般有 2 齿、3 齿、4 齿、6 齿。一般刃齿数多，容屑槽减小，心部实体直径增大，刚性更高，但排屑性渐差。一般刃齿数少的立铣刀用于粗加工、切槽，刃齿数多的立铣刀用于半精加工、精加工、切浅槽。

（2）螺旋角的选择。立铣刀的螺旋角 $\beta=0°$ 时，为直刃立铣刀；$\beta\neq0°$ 时，为螺旋刃立铣刀。

螺旋刃加工切入工件时，刀刃上某点的受力位置随刀具回转而变化，作用在刀刃上的切削力垂直于螺旋角方向，并分解为垂直分力与进给分力，使刀具弯曲的进给分力减小了，故侧壁面加工精度好。

螺旋角的选择与切削振动、磨损、加工精度有关，一般螺旋角大好些。其理由是螺旋角越大，参与切削的长度越长，切削力在长切刃上被分散。但是螺旋角过大，垂直于刀具的分力就大，就不适合加工刚性差的工件，并且切屑排出性也变差了。

碳素钢、合金钢、预硬钢、铸铁、铝合金、纯铜和塑料等加工首先推荐用 45° 螺旋角，其次推荐 30° 螺旋角。镍合金、不锈钢等难切削材料和高硬度钢加工推荐用 60° 螺旋角。

（3）分屑槽铣刀。如图 1-59 所示为带有分屑槽的粗加工立铣刀，由于切屑被碎断，切削力很低。这种刀具可以用高速钢、硬质合金等材料制造，刀刃可以用各种涂层处理。它通常是4～6 齿，螺旋角一般为 20°～30°，分屑节距有粗有细。还有特殊形状的，前角一般为 6°，可以加大背吃刀量，从而提高粗加工的切削效率。

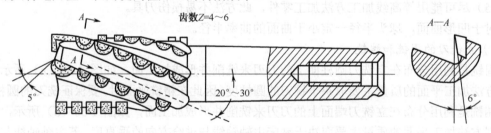

图 1-59 带分屑槽的粗加工立铣刀

这种刀具特别适用于工件刚性差（薄壁）、不能承受大夹紧力工件的加工，适用于机床刚性差，转速不能高，但想加大背吃刀量来提高效率的情况，也适用于铝、铜等材料的高效粗加工。

4）立铣刀直径和长度的选择

（1）铣内凹轮廓时，铣刀半径 R 应小于内凹轮廓面的最小曲率半径 ρ，一般取 $R=(0.8\sim0.9)\rho$；铣外凸轮廓时，铣刀半径尽量选得大些，以提高刀具的刚度和耐用度。同时，为保证刀具有足够的刚度，零件的加工厚度 $B\leqslant(1/4\sim1/8)R$。

（2）粗加工内凹轮廓面时，铣刀最大直径 $D_{粗}$ 可按式（1-2）进行估算，如图 1-60 所示。

$$D_{粗}=\frac{2(\delta\sin\varphi/2-\delta_1)}{1-\sin\varphi/2}+D \qquad (1-2)$$

式中　D——轮廓的最小圆角直径；

　　　δ——圆角邻边夹角等分线上最大的精加工余量；

　　　δ_1——单边精加工余量；

φ ——零件内壁的最小夹角。

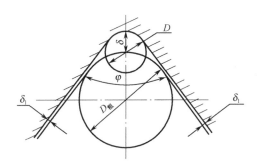

图 1-60　粗加工刀具直径计算

（3）对不通凹槽或孔的加工，选取刀具的 $l=H+$（5～10）mm，其中 l 为切削部分长度，H 为零件的加工厚度。

（4）对通槽或外形的加工，选取 $l=H+\gamma_\varepsilon+$（5～10）mm，其中 γ_ε 为刀尖圆角半径。

2. 面铣刀的选择

面铣刀广泛用于粗加工时的重切削和精加工时的高速切削。选择面铣刀时主要注意以下问题：

1）前角的选择

前角是刀具进入工件的切入角。通常，正前角可以降低切削力，减少切削热，应用广泛，尤其适用于小功率铣床。当铣削硬度较高的材料时，要求较高的切削刃强度，采用负前角类型的刀片更好，尤其适用于短屑铸铁件加工。

2）主偏角的选择

铣刀的主偏角是由刀片和刀体形成的，主偏角对径向切削力和切削深度影响很大。径向切削力的大小直接影响切削功率和刀具的抗震性能。铣刀的主偏角越小，其径向切削力越小，抗震性也越好，但切削深度也随之减小。可转位铣刀的主偏角有 90°、88°、75°、70°、60°、45° 等几种。

主偏角对切削力的影响如图 1-61 所示。90° 主偏角刀具适用于薄壁零件、装夹较差的零件或要求准确 90° 角成型的场合，由于该类刀具的径向切削力等于切削力，进给阻力大，易振动，因而要求机床具有较大的功率和足够的刚性；45° 主偏角刀具为一般加工首选，此类铣刀的径向切削力大幅减小，约等于轴向切削力，切削载荷分布在较长的切削刃上，具有很好的抗震性，适用于镗铣床主轴悬伸较长的加工场合。用该类刀具加工平面时，刀片破损率低，耐用度高，在加工铸铁件时，工件边缘不易产生崩刃。圆刀片刀具可多次转位，切削刃强度高，随切深不同，其主偏角和切削负载均会变化，切屑很薄，最适合加工耐热合金。

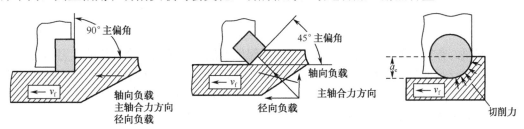

图 1-61　主偏角对切削力的影响

3）刀片形状与刀齿数量的选择

刀片形状根据切削要求可分为以下几种：

轻型切削槽型——具有锋利的正前角，用于切削平稳、低进给率、低机床功率、低切削力的场合。

普通槽型——具有用于混合加工（粗、精加工）的负前角，中等进给率。

重型槽型——用于高进给率加工，安全性能最高。

刀齿密度对操作稳定性具有低、中、高之分，在机床功率较小、小型机床、长时间加工时选用疏齿；普通铣削或混合加工优先选用密齿；对铸铁、耐热材料等工件为了获得最大的生产效率，可选用超密齿。

4）面铣刀直径的选择

（1）最佳面铣刀直径（D）。应根据工件切削宽度来选择，$D \approx (1.3 \sim 1.5)$WOC（切削宽度）。

（2）如果机床功率有限或工件太宽，应根据两次走刀或依据机床功率来选择面铣刀直径，当铣刀直径不够大时，选择适当的铣削加工位置也可获得良好的效果。一般可按 WOC=0.75D 选择，如图 1-62 所示。

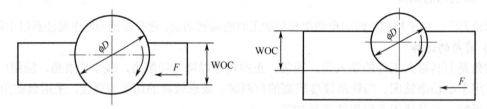

图 1-62　面铣刀直径的选择

在机床功率满足加工要求的前提下，可以根据工件尺寸（主要是工件宽度）来选择铣刀直径，同时也要考虑刀具加工位置和刀齿与工件接触类型等。一般来说，面铣刀的直径应比切削宽度大 20%～50%；如果是三面刃铣刀，推荐切深是最大切深的 40%，并尽量使用顺铣以利于提高刀具寿命。

1.6.6　数控铣削用工具系统

数控铣床或加工中心使用的刀具通过工具系统与主轴相连，工具系统通过拉钉和主轴内的拉紧装置固定在主轴上，由刀柄夹持刀具传递速度、扭矩。工具系统按结构不同可分为整体式和模块式两大类。

1. 刀柄外形与结构

如图 1-63 所示为常用的刀柄，与主轴孔的配合锥面一般采用 7：24 的锥度，这种锥柄不自锁，换刀方便，有较高的定心精度和刚度。为了保证刀柄与主轴的配合与连接，刀柄与拉钉的结构和尺寸均已标准化、系列化，在我国应用最为广泛的是 BT40 和 BT50 系列刀柄和拉钉。BT 表示采用日本标准 MAS403 的刀柄系列，其后数字 40 和 50 分别代表 7：24 锥度的大端直径（44.45mm 和 69.85mm），BT40 刀柄与拉钉尺寸如图 1-64 所示。

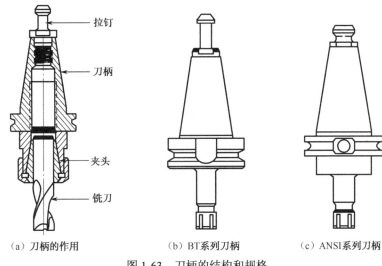

（a）刀柄的作用　　　　（b）BT系列刀柄　　　　（c）ANSI系列刀柄

图 1-63　刀柄的结构和规格

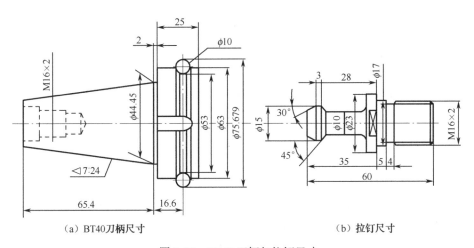

（a）BT40刀柄尺寸　　　　　　　　（b）拉钉尺寸

图 1-64　BT40 刀柄与拉钉尺寸

1）刀柄按刀具夹紧方式分类

如图 1-65 所示，按刀具夹紧方式不同，刀柄可分为以下几种：

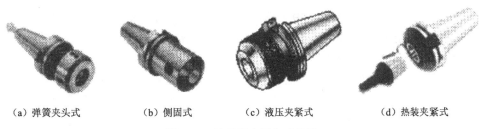

（a）弹簧夹头式　　　（b）侧固式　　　（c）液压夹紧式　　　（d）热装夹紧式

图 1-65　按刀具夹紧方式分类

（1）弹簧夹头式刀柄。弹簧夹头式刀柄采用 ER 型弹簧夹头，适用于夹持 20mm 以下直径的铣刀进行铣削加工；若采用 KM 型卡簧，则称为强力夹头刀柄，可以提供较大的夹紧力，适用于夹持 20mm 以上直径的铣刀进行强力铣削。

（2）侧固式刀柄。侧固式刀柄采用侧向螺钉夹紧，适用于切削力大的加工，但一种尺寸的刀具需对应配备一种刀柄，规格较多。

（3）液压夹紧式刀柄。液压夹紧式刀柄采用液压夹紧，可提供较大的夹紧力。

（4）热装夹紧式刀柄。热装夹紧式刀柄装刀时加热刀柄孔，靠冷缩夹紧刀具，使刀具和刀柄合二为一，在不经常换刀的场合使用。

2）刀柄按所夹持的刀具分类

如图1-66所示，按所夹持的刀具不同，刀柄可分为以下几种：

（a）圆柱铣刀刀柄　　　　　　（b）锥柄钻头刀柄　　　　　　（c）面铣刀刀柄

（d）直柄钻头刀柄　　　　　　（e）镗刀刀柄　　　　　　（f）丝锥刀柄

图1-66　按所夹持的刀具分类

（1）圆柱铣刀刀柄。内部通过弹簧夹头夹持圆柱铣刀。弹簧夹头刀柄因有自动定心、自动消除偏摆的优点，在夹持小规格的立柄工具时被广泛采用。在铣削加工过程中，有时可能出现立铣刀从刀夹中逐渐伸出，甚至完全掉落，致使工件报废的现象，其原因一般是因为刀夹内孔与立铣刀刀柄外径之间存在油膜，造成夹紧力不足所致。立铣刀出厂时通常都涂有防锈油，如果切削时使用非水溶性切削油，刀夹内孔也会附着一层雾状油膜，当刀柄和刀夹上都存在油膜时，刀夹很难牢固夹紧刀柄，在加工中立铣刀就容易松动掉落。所以在立铣刀装夹前，应先将立铣刀柄部和刀夹内孔用清洗液清洗干净，擦干后再进行装夹。当立铣刀的直径较大时，即使刀柄和刀夹都很清洁，还是可能发生掉刀事故，这时应选用带削平缺口的刀柄和相应的侧面锁紧方式。

（2）锥柄钻头和锥柄铣刀刀柄。用于夹持莫氏锥度刀杆的钻头、铰刀和铣刀等，装钻头和铰刀的刀柄带有扁尾槽及装卸槽；装铣刀的刀柄无扁尾槽，内部有拉紧刀具的螺钉。

（3）面铣刀刀柄。用于与面铣刀刀盘配套使用。

（4）直柄钻头刀柄。用于装夹直径在13mm以下的中心钻、直柄麻花钻等。

（5）镗刀刀柄。用于各种高精度孔的镗削加工，有单刃、双刃及重切削等类型。镗刀刀柄主要有倾斜微调镗刀刀柄系列、双刃镗刀刀柄系列、倾斜型粗镗刀刀柄系列、直角型粗镗刀刀柄系列和可调镗刀刀柄系列等。

（6）丝锥刀柄。用于自动攻丝时装夹丝锥，一般具有切削力限制功能。在加工中心攻螺纹时，需要考虑使用良好的丝锥浮动刀柄，尤其是加工盲孔时，刀柄必须能轴向浮动，否则丝锥可能因为主轴进给速度太快而折断，或因为主轴进给速度太慢而被拉出刀柄；另外，攻螺纹时，使用有安全扭矩设定的丝锥接头也很重要，这样当丝锥钝化时，切削力增大，超过设定的安全扭矩时，丝锥便会在刀柄间打滑，而不至于折断。

2．整体式与模块式工具系统

由于在加工中心上加工的零件比较复杂，使得加工中心刀具的品种、规格非常多。近年来发展起来的模块式工具系统能更好地适应多品种零件的加工，有利于工具的生产、使用和管理。配备完善的、先进的刀具系统，是用好加工中心的重要一环。

工具系统作为刀具与机床的接口，除包含刀具本身外，还包括实现刀具快换所必需的定位、夹紧、抓拿及刀具保护等机构。数控铣床与加工中心工具系统主要为镗铣类工具系统。工具系统从结构上可分为整体式与模块式两种。

整体式工具系统是指将刀柄与刀杆形成整体再与刃部组合，每把工具的柄部与夹持刀具的工作部分连成一体，不同品种和规格的工作部分都必须加工出一个能与机床相连接的柄部。整体式刀具由于不同品种和规格的刃部都必须与对应的柄部相连接，给生产、使用和管理带来诸多不便。

模块式工具系统克服了整体式的弱点，将刀柄与刀杆按功能进行分割，做成系列化的标准模块（如刀柄、刀杆、接长杆、接长套、刀夹、刀体、刀头、刀刃等），根据需要快速组装成不同用途的刀具，便于减少刀具储备，节省开支。但模块式刀具系统的刚性不如整体式刀具好，而且一次性投资偏高。

我国工具系统型号表示方法如下：

$$\text{JT（BT）40} \quad - \quad \text{XS16} \quad - \quad 20$$
$$\textcircled{1} \qquad\qquad \textcircled{2} \qquad\qquad \textcircled{3}$$

其中①、②、③项表示的含义分别是：

① 项表示柄部形式及尺寸。其中 JT 或 BT 表示采用国际标准 ISO7388/1（或日本标准 MAS-403）的加工中心机床用锥柄柄部（带机械手夹持槽），其后数字为相应的 ISO 锥度号，如 50 和 40 分别代表大端直径为 69.85mm 和 44.45mm 的 7∶24 锥度，刀柄大端直径越大，则刚性越好。

加工中心的主轴前端孔锥度多为不自锁的 7∶24 锥度，为了保证刀具与主轴同心和便于换刀，所选择的刀柄要与机床主轴孔的规格（30 号、40 号、45 号、50 号）相一致，刀柄抓拿部分要适应机械手的形态位置要求，拉钉的形状、尺寸要与主轴内部的拉紧机构相匹配。

加工中心上一般采用 7∶24 圆锥工具柄，并采用相应形式的拉钉拉紧结构。这种工具的锥柄部分及相应的拉钉已经标准化。我国刀柄结构标准（国家标准 GB 10944.1—2006）与国际标准 ISO 7388/1—1983 规定的结构几乎一致，拉钉的国家标准 GB 10945.1—2006 包括两种形式的拉钉：用于不带钢球的拉紧装置和带钢球的拉紧装置。

工具柄部的形式代号如表 1-7 所示。

表 1-7　工具柄部形式代号

代　　号	工具柄部形式	
JT	自动换刀机床用 7∶24 圆锥工具柄	GB/T 10944.1—2006
BT	自动换刀机床用 7∶24 圆锥 BT 型工具柄	JISB 6339—1998
ST	手动换刀机床用 7∶24 圆锥工具柄	GB/T 3837—2001
MT	带扁尾莫氏圆锥工具柄	GB/T 1443—1996
MW	无扁尾莫氏圆锥工具柄	GB/T 1443—1996
ZB	直柄工具柄	GB/T 6131.3—1996

② 项表示刀柄用途及主参数。XS 表示三面刃铣刀刀柄，用途后的数字表示工具的工作特性，其含义随工具不同而异，本例表示铣刀内孔直径。由于加工中心要适应多种形式零件不同部位的加工，故工具装夹部分的结构、形式、尺寸也是多种多样的。将通用性较强的几种装夹工具系列化、标准化就是通常说的工具系统。工具系统的用途代号及规格如表 1-8 所示。

表 1-8　工具系统的用途代号及规格

代　　号	用途或名称	规格参数表示的内容
G	攻丝夹头刀柄	最大攻螺纹规格——刀柄工作长度
J	直柄接杆刀柄	装接杆孔直径——刀柄工作长度
K	套式扩孔、铰刀刀柄	扩铰刀外径——刀柄工作长度
TF	浮动镗刀	镗刀直径——刀柄工作长度
M	有扁尾莫氏锥孔刀柄	莫氏锥柄号——刀柄工作长度
MD	短莫氏圆锥柄刀柄	莫氏锥柄号——刀柄工作长度
MW	无扁尾莫氏锥孔刀柄	莫氏锥柄号——刀柄工作长度
Q	弹簧夹头	最大夹持直径——刀柄工作长度
TF	复合镗刀	小孔直径/大孔直径——小孔工作长度/大孔工作长度
TK	可调镗头	装镗孔直径——刀柄工作长度
TQC	倾斜型粗镗刀	最小镗孔直径——刀柄工作长度
TQW	倾斜型微调镗刀	最小镗孔直径——刀柄工作长度
TS	双刃镗刀	最小镗孔直径——刀柄工作长度
TZC	直角型粗镗刀	最小镗孔直径——刀柄工作长度
XL	套式立铣刀刀柄	刀具内孔直径——刀柄工作长度
XM	套式面铣刀刀柄	刀具内孔直径——刀柄工作长度
XP	削平型直柄刀柄	装刀孔直径——刀柄工作长度
XS	三面刃铣刀刀柄	刀具内孔直径——刀柄工作长度
Z	钻夹头	莫氏短锥号——刀柄工作长度
ZJ	贾氏锥度钻夹头	贾氏锥柄号——刀柄工作长度

③ 项表示工作长度。同一类型的工具系统可以有多种工作长度。

1.6.7　高速铣削及其工具系统

高速铣削可以大幅度提高加工效率，也对加工环境提出了更高的要求。除了主轴和进给系统要适合高速加工外，还必须对刀具系统提出更高的要求。下面就高速加工对工具系统的要求做一简单分析。

高速加工要求确保高速下主轴与刀具的联结状态不能发生变化。但是，高速主轴的前端锥孔由于离心力的作用会膨胀，膨胀量的大小随着旋转半径与转速的增大而增大，而标准的 7∶24 实心刀柄尺寸不变，因此标准锥度联结的刚度会下降，在拉杆拉力的作用下，刀具的轴向位置会发生改变，如图 1-67 所示。主轴的膨胀还会引起刀具及夹紧机构质心的偏离，从而影响主轴的动平衡。要保证这种联结在高速下仍有可靠的轴向接触，需有很大的过盈量来抵消高速旋转时主轴轴端的膨胀。例如，标准 40 号锥孔初始过盈量为 15～20μm，再加上消除锥度配合公差带的过盈量（锥度公差带达 13μm），因此这个过盈量很大。这样大的过盈量需拉杆产生很大的拉力，拉杆产生这样大的拉力一般很难实现，对换刀也非常不利，还会使主轴端部膨胀，对主轴前轴承有不良影响。

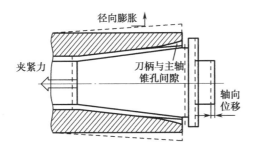

图 1-67　在高速离心力作用下主轴膨胀

1. HSK 刀柄

HSK（德文 Hohlschaftkegel 缩写）刀柄是德国阿亨（Aachen）工业大学机床研究所在 20 世纪 90 年代初开发的一种双面夹紧刀柄，这种结构是专为高速机床主轴开发的一种刀轴联结结构，已被 DIN 标准化。HSK 短锥刀柄采用 1 : 10 的锥度，锥柄部分采用薄壁结构，锥度配合的过盈量较小，对刀柄和主轴端部关键尺寸的公差要求特别严格。由于短锥严格的公差和具有弹性的薄壁，在拉杆轴向拉力的作用下，短锥有一定的收缩，所以刀柄的短锥和端面很容易与主轴相应结合面紧密接触，具有很高的联结精度和刚度。当主轴高速旋转时，尽管主轴端会产生扩张，但短锥的收缩得到部分伸张，仍能与主轴锥孔保持良好的接触，主轴转速对联结刚度影响小。拉杆通过楔形结构对刀柄施加轴向力，如图 1-68 所示。

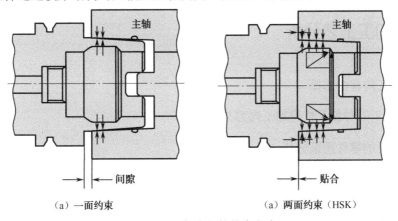

（a）一面约束　　　　　　　　　　（a）两面约束（HSK）

图 1-68　刀柄和主轴约束方式

HSK 的缺点：它与现在的主轴端面结构和刀柄不兼容；制造精度要求较高，结构复杂，成本较高（价格是普通标准 7 : 24 刀柄的 1.5～2 倍）；另外，解决高速刀具刀柄材料的问题也十分紧迫，如果刀柄材料热变形较大，会使刀柄装配精度低，造成不易装卸等问题。

2. 热装刀柄

热装刀柄工具系统的装夹原理是用感应加热等方法将刀柄加热，当温度达到 315～425℃

时，使负公差的刀柄内径充分扩大到刀具柄部能插入的程度，将刀具柄部插入内孔，然后冷却刀柄，靠刀柄冷却收缩以很大的夹紧力同心夹紧刀具。

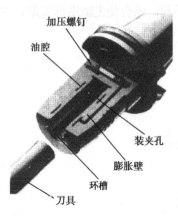

图1-69 液压刀柄

热装（热压配合）刀具具有径向跳动小、夹紧力大且稳定可靠、刚性好等优点，非常适合高精切削加工。使用热装刀具可获得高精度和表面粗糙度优良的产品，可延长刀具的使用寿命，显著提高加工效率，深受用户欢迎。但是，热装刀具要求使用专用装置。

3. 液压刀柄

油压夹头能够提供足够的刚性和动平衡，并能使刀具柄部与夹头的轴心成一直线。油压夹头的特点是，其内有较薄的套，此套在油压作用下传递压力并能实现刀具夹紧，如图1-69所示。带薄壁内套的油压夹头用于夹持焊接刀具有时会发生破损的情况，油压夹具只能夹持圆柄刀具，不适合夹持非圆柄刀具。

1.7 数控加工工艺分析与设计

数控加工工艺分析与设计是数控加工的前期工艺准备工作。数控加工工艺贯穿于数控加工程序中，数控加工工艺分析与设计合理与否，对程序的编写、机床的加工效率和零件的加工精度都有重要影响。

1.7.1 数控加工工艺分析

1. 数控加工内容的选择

选择数控加工的对象及数控加工内容见1.2.2节。

2. 数控加工的零件图纸分析

首先应分析零件在产品中的作用、位置、装配关系和工作条件，分析各项技术要求对零件装配质量和使用性能的影响，找出主要的和关键的技术要求，然后对零件图纸进行详细分析。

（1）零件图的完整性和正确性分析。确认零件的视图是否足够、正确，表达是否直观、清楚，绘制是否符合国家标准，尺寸、公差的标注是否齐全、合理等。

（2）零件的技术要求分析。对被加工零件的技术要求进行分析，是零件工艺性分析的重要内容。零件的技术要求主要包括：加工表面的尺寸精度；主要加工表面的形状精度；主要加工表面之间的相互位置精度；加工表面的粗糙度及表面质量方面的其他要求；热处理要求等。特别要分析主要表面的技术要求，因为主要表面的加工决定了零件工艺过程的大致轮廓。只有在分析零件技术要求的基础上，才能对加工方法、装夹方式、刀具及切削用量进行正确而合理的选择。要分析这些要求在保证使用性能的前提下是否经济合理，在现有生产条件下能否实现，过高的精度和表面粗糙度要求会使工艺过程复杂、加工困难、成本提高。

（3）零件材料分析。在满足使用性能的前提下，所选的零件材料应经济合理，切削性能好。要分析毛坯材质本身的机械性能和热处理状态，以及毛坯的铸造品质和被加工部位的材料硬度，了解其加工的难易程度，为选择刀具材料和切削用量提供依据。

（4）零件尺寸标注分析。零件图上的尺寸标注方法有局部分散标注法、集中标注法和坐标标注法等。在数控加工的零件图上尺寸标注方法要适应数控加工的特点，应采用同一基准标注尺寸或直接给出坐标尺寸，如图 1-70（a）所示。这种标注方法既便于编程，又有利于设计基准、工艺基准和编程原点的统一。零件设计人员在标注尺寸时，一般总是较多地考虑装配等使用特性，常采用如图 1-70（b）所示的局部分散的标注方法，这样就给工序安排和数控加工带来诸多不便。由于数控加工精度和重复定位精度都很高，不会因产生较大的累积误差而破坏零件的使用特性，因此，可将局部的分散标注法改为同一基准标注或直接标注坐标尺寸。

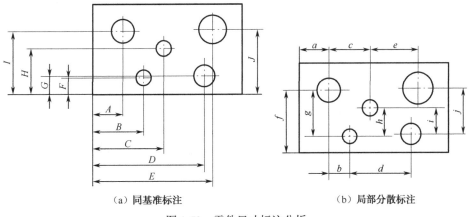

（a）同基准标注　　　　　　　　　　（b）局部分散标注

图 1-70　零件尺寸标注分析

（5）零件的结构工艺性分析。零件的结构工艺性是指零件在满足使用性能的前提下，其制造的可行性和加工的经济性。好的结构工艺性会使零件加工容易，节省工时、材料；差的结构工艺性会使加工困难，浪费工时、材料，甚至无法加工。零件的结构工艺性涉及的面很广，必须全面综合分析。如表 1-9 所示，列出了常见的零件机械加工结构工艺性对比的一些实例。

表 1-9　零件机械加工结构工艺性对照表

序号	零 件 结 构				备　注
	工 艺 性 差		工 艺 性 好		
1		接触面太大，既增加加工工时，浪费材料，又降低接触连接精度		减小了轴承座底面的加工面积，节省工时，保证配合面的接触质量	有利于减少加工劳动量
2		内表面的加工既不方便，又不便于测量和装配		外表面的加工要比内表面的加工方便、经济，又便于测量	尽量避免或简化内表面的加工

续表

序号	零件结构			备 注
	工艺性差		工艺性好	
3		不同尺寸的退刀槽需要不同尺寸的切槽刀	可使用同一把切槽刀，减少刀具种类和数量	零件的有关尺寸应力求一致，并能用标准刀具加工
4		不等高的两个加工面需二次调整刀具加工，生产率低	等高的两个凸台，可以一次调整刀具加工，生产率高	
5		因砂轮圆角不能清根	留有越程槽，减少了刀具（砂轮）的磨损	零件的结构应便于加工
6		孔与壁的距离太近，若用长钻头加工，容易折断	孔与壁的距离要大于钻头最大处的半径	

1.7.2 数控加工工艺设计

数控加工工艺设计主要包括定位与装夹方式的选择，表面加工方法的选择，工序的划分，加工顺序的安排，对刀点、换刀点、走刀路线、切削用量的确定等问题。加工工艺设计将直接影响整个零件的机械加工质量、生产率和经济性。目前主要采用在生产实践中总结出的一些带有经验性和综合性的原则，根据具体生产类型和生产条件，提出几个方案，通过比较来选择最佳的工艺路线。

1. 定位与装夹方式的选择

正确、合理地选择工件的定位与夹紧方式，是保证加工精度的必要条件。工件定位基准的选择与夹紧方案的确定详见 1.5.6～1.5.8 节，此外，还应注意下列三点：

（1）力求设计基准、工艺基准与编程原点统一，以减小基准不重合误差和降低数控编程中的计算工作量。

（2）设法减少装夹次数，以减小装夹误差，提高加工表面之间的相互位置精度，充分发挥数控机床的效率。

（3）避免采用占机人工调整方案，以免占机时间太多，影响加工效率。

2．表面加工方法的选择

在选择表面加工方法时，一般先根据加工表面的特点及精度和粗糙度要求选定最终加工方法，然后再确定精加工前准备工序的加工方法。由于获得同一精度和粗糙度的加工方法可以有几种，在选择时除了考虑生产率要求和经济效益外，还应根据零件的材料、结构形状、尺寸、生产类型及企业的具体生产条件等因素，选择相应的加工方法和加工方案。各种典型表面的加工方法和加工方案可查阅有关工艺手册。表 1-10～表 1-12 分别摘录了外圆柱面、内孔和平面的加工方案。

表 1-10　外圆柱面加工方案

序号	加 工 方 案	经济精度（以公差等级表示）	表面粗糙度 $Ra/\mu m$	适 用 范 围
1	粗车	IT11～IT13	12.5～50	适用于淬火钢以外的各种金属
2	粗车—半精车	IT8～IT10	3.2～6.3	
3	粗车—半精车—精车	IT7～IT8	0.8～1.6	
4	粗车—半精车—精车—滚压（或抛光）	IT7～IT8	0.025～0.2	
5	粗车—半精车—磨削	IT7～IT8	0.4～0.8	主要用于淬火钢，也可用于未淬火钢，但不宜加工有色金属
6	粗车—半精车—粗磨—精磨	IT6～IT7	0.1～0.4	
7	粗车—半精车—粗磨—精磨—超精加工（或轮式超精磨）	IT5	0.1～Rz 0.1	
8	粗车—半精车—精车—金刚车	IT6～IT7	0.025～0.4	主要用于要求较高的有色金属加工
9	粗车—半精车—粗磨—精磨—超精磨或镜面磨	IT5 以上	0.006～0.025	极高精度的外圆加工
10	粗车—半精车—粗磨—精磨—研磨	IT5 以上	0.006～0.1	

表 1-11　内孔加工方案

序号	加 工 方 案	经济精度（以公差等级表示）	表面粗糙度 $Ra/\mu m$	适 用 范 围
1	钻	IT11～IT13	12.5	加工未淬火钢及铸铁的实心毛坯，也可用于加工有色金属（孔径小于 15～20mm）
2	钻—铰	IT8	1.6～3.2	
3	钻—铰—精铰	IT7～IT8	0.8～1.6	
4	钻—扩	IT10～IT11	6.3～12.5	加工未淬火钢及铸铁的实心毛坯，也可用于加工有色金属（孔径大于 15～20mm）
5	钻—扩—铰	IT8～IT9	1.6～3.2	
6	钻—扩—粗铰—精铰	IT7	0.8～1.6	
7	钻—扩—机铰—手铰	IT6～IT7	0.1～0.4	
8	钻—扩—拉	IT7～IT9	0.1～1.6	大批量生产（精度视拉刀精度而定）
9	粗镗（或扩孔）	IT11～IT13	6.3～12.5	除淬火钢外各种材料，毛坯有铸出孔或锻出孔
10	粗镗（粗扩）—半精镗（精扩）	IT9～IT10	1.6～3.2	
11	粗镗（粗扩）—半精镗（精扩）—精镗（铰）	IT7～IT8	0.8～1.6	
12	粗镗（粗扩）—半精镗（精扩）—精镗—浮动镗刀精镗	IT6～IT7	0.4～0.8	

续表

序号	加工方案	经济精度（以公差等级表示）	表面粗糙度 Ra/μm	适用范围
13	粗镗（粗扩）—半精镗—磨孔	IT7～IT8	0.2～0.8	主要用于淬火钢，也可用于未淬火钢，但不宜用于有色金属
14	粗镗（粗扩）—半精镗—粗磨—精磨	IT6～IT7	0.1～0.2	
15	粗镗—半精镗—精镗—金钢镗	IT6～IT7	0.05～0.4	主要用于精度要求高的有色金属加工
16	钻—（扩）—粗铰—精铰—珩磨；钻—（扩）—拉—珩磨；粗镗—半精镗—精镗—珩磨	IT6～IT7	0.025～0.2	精度要求很高的孔
17	以研磨代替方案 16 中的珩磨	IT6 级以上	0.006～0.1	

表 1-12　平面加工方案

序号	加工方案	经济精度（以公差等级表示）	表面粗糙度 Ra/μm	适用范围
1	粗车—半精车	IT8～IT10	3.2～6.3	端面
2	粗车—半精车—精车	IT7～IT8	0.8～1.6	
3	粗车—半精车—磨削	IT8～IT9	0.2～0.8	
4	粗刨（或粗铣）—精刨（或精铣）	IT8～IT10	1.6～6.3	一般不淬硬平面（端铣表面粗糙度较小）
5	粗刨（或粗铣）—精刨（或精铣）—刮研	IT6～IT7	0.1～0.8	精度要求较高的不淬硬平面，批量较大时宜采用宽刃精刨方案
6	以宽刃刨削代替上述方案中的刮研	IT7	0.2～0.8	
7	粗刨（或粗铣）—精刨（或精铣）—磨削	IT7	0.2～0.8	精度要求高的淬硬平面或不淬硬平面
8	粗刨（或粗铣）—精刨（或精铣）—粗磨—精磨	IT6～IT7	0.02～0.4	
9	粗铣—拉	IT7～IT9	0.2～0.8	大量生产，较小的平面（精度视拉刀精度而定）
10	粗铣—精铣—磨削—研磨	IT6 级以上	0.006～0.1	高精度平面

3．工序的划分

机械加工工艺过程由一个或若干个顺序排列的工序组成。工序是组成工艺过程的基本单位，也是生产计划的基本单元，是工厂设计中的重要资料。

1）工序划分原则

工序的划分可以采用两种不同的原则，即工序集中原则和工序分散原则。它是设计工艺路线时确定工序数目（或工序内容多少）的不同原则，直接影响设备的选择。

（1）工序集中原则。将工件的加工集中在少数几道工序内完成，而每道工序的加工内容很多，工艺路线短。

工序集中的特点是：有利于采用高效的专用设备和数控机床，提高生产效率；减少了设备数量以及操作工人人数和生产面积，节省人力、物力；减少了工件安装次数及运输工作量，有利于保证表面间的位置精度，简化了生产计划工作，缩短了生产周期；但采用的设备结构复杂，机械化、自动化程度高，调整维修较困难，对工人的技术水平要求较高。

（2）工序分散原则。将工件的加工分散在较多的工序内进行，每道工序的加工内容很少。

工序分散的特点是：采用的机床和工艺装备比较简单，调整维修较容易，对工人的技术要求低，但所需设备和工艺装备的数目多，操作工人多，生产面积大。

工序集中和工序分散各有利弊。目前，随着数控机床的普及，从发展趋势来看倾向于工序集中。

工序划分主要考虑生产纲领、所用设备及零件本身的结构和技术要求等。随着现代数控技术的发展，特别是加工中心的应用，工艺路线的安排更多地趋于工序集中。单件小批量生产时，通常采用工序集中原则；成批生产时，视具体情况而定，若使用高效加工中心，可按工序集中原则，若在组合机床组成的自动线上加工，一般采用工序分散原则；对于尺寸和重量都很大的重型工件，应采用工序集中原则；对于刚性差、精度要求高的零件，采用工序分散原则。

2）工序划分方法

在数控机床上加工的零件，一般按工序集中原则划分工序，划分方法如下：

（1）按安装次数划分，即以一次安装完成的那一部分工艺过程为一道工序。这种方法适用于加工内容不多的工件，加工完成后就能达到待检状态。

（2）按所用刀具划分，即以同一把刀具完成的那一部分工艺过程为一道工序。这种方法适用于零件结构较复杂、工件的待加工表面较多、机床连续工作时间过长、加工程序的编写和检查难度较大等情况。在专用数控机床和加工中心常用这种方法划分工序。

（3）按加工部位划分，即以完成相同型面的那一部分工艺过程为一道工序。对于加工表面多而复杂的零件，可按其结构特点分成几个加工部分（如内形、外形、曲面和平面等），每一部分作为一道工序。

（4）按粗、精加工划分，即以粗加工中完成的那一部分工艺过程为一道工序，精加工中完成的那一部分工艺过程为一道工序。这种划分方法适用于加工后变形较大，精度要求较高，需粗、精加工分开的零件，如毛坯为铸件、焊接件或锻件。

4．加工顺序的安排

复杂零件的数控加工工艺路线一般包括切削加工、热处理和辅助工序。在设计工艺路线时，应合理安排好切削加工、热处理和辅助工序的顺序，否则会直接影响零件的加工质量、生产效率和加工成本。

1）切削加工顺序的安排原则

（1）先粗后精原则。对各个表面先安排粗加工，中间安排半精加工，最后安排精加工，这样才能逐步提高加工表面的精度和减小表面粗糙度。

（2）基面先行原则。选作精基准的表面要首先加工出来，为后续的加工提供定位基准。因为定位基准的表面越精确，装夹误差就越小，零件的质量越容易得到保证。例如，箱体类零件先加工定位用的平面和定位孔，再以平面和定位孔为精基准加工孔系和其他平面。

（3）先主后次原则。先加工主要表面（如零件上精度要求较高的工作表面及装配面），后加工次要表面（如自由表面、键槽、紧固用的螺孔和光孔等表面）。次要表面精度要求较低，加工量较少，加工方便，可穿插在各加工阶段进行，一般安排在主要表面半精加工后、最终精加工之前进行。

（4）先面后孔原则。对于箱体、支架等机体类零件，一般先加工作为定位的平面和孔的端面，后加工孔和其他尺寸。因为用加工过的平面定位，稳定可靠；另外，在加工过的平面上加工孔比较容易，更易于保证孔与平面的位置精度。

2）热处理工序的安排

（1）预备热处理。预备热处理的目的是改善材料的切削性能，消除毛坯制造时的残余应力，改善组织。其工序位置多在粗加工之前，目的是改善金属的加工性能，常用的有退火、正火等。对高碳钢零件需用退火降低其硬度，对低碳钢零件需用正火提高其硬度，来获得较好的切削性能，同时消除毛坯制造中的应力。

（2）消除残余应力热处理。由于毛坯在制造和机械加工过程中产生的内应力会引起工件变形，影响加工质量，因此要安排消除残余应力的时效处理。对于一般铸件，常在粗加工前或后安排一次时效处理；对于要求较高的零件，在半精加工后还需再安排一次时效处理；对于一些刚性较差、精度要求特别高的重要零件（如精密丝杠、主轴等），通常在每个加工阶段之间都安排一次时效处理。

调质是零件淬火后再高温回火，能消除内应力、改善切削性能并能获得较好的综合力学性能，一般安排在粗加工之后进行。对一些性能要求不高的零件，调质也常作为最终热处理。

（3）最终热处理。最终热处理的目的是提高零件的强度、硬度和耐磨性，应安排在精加工前、后。常用的方法有表面淬火、渗碳、渗氮。变形较大的热处理（如渗碳淬火）常安排在精加工（磨削）之前进行，以便在精加工中纠正热处理的变形；变形较小的热处理（如渗氮）由于热处理温度较低，零件变形很小，可以安排在半精磨之后、精磨之前。

3）辅助工序的安排

辅助工序的种类较多，如检验、去毛刺、倒棱、去磁、清洗、平衡、表面处理和包装等。辅助工序也是保证产品质量所必要的工序，若安排不当或缺少，将会给后续工序和装配工作带来困难，影响产品质量，甚至使机器不能使用。检验工序是主要的辅助工序，它是监控产品质量的主要措施，除在每道工序进行中由操作者自行检验外，还须在粗加工之后、精加工之前、零件转换车间时，以及重要工序之后和全部加工完毕、进库之前，一般都要安排检验工序。表面处理有电镀、涂覆、抛光、发蓝、氧化、酸洗、拉丝、渗碳、渗氮等，主要目的是提高表面的耐磨性、耐蚀性，使之美观，但渗碳和渗氮是改变表面的机械性能。

5. 对刀点和换刀点的确定

1）相关概念

（1）刀位点。刀位点为刀具的基准点，一般为刀具上的某一点。尖形车刀的刀位点是假想刀尖点，圆弧形车刀刀位点是圆弧中心。数控系统控制刀具的运动轨迹，其实是控制刀位点的运动轨迹。

（2）对刀点。又称"起刀点"，是数控加工时刀具相对零件运动的起点，也是程序运行的起点。对刀点选定后，便确定了机床坐标系和零件坐标系之间的相互位置关系。

（3）对刀基准。对刀基准是对刀时确定对刀点位置所依据的基准。它可以是点、线或面，可设在工件上、夹具上或机床上。

（4）换刀点。换刀点是为加工中心、数控车床在加工过程中自动换刀而设置的换刀位置。

2）对刀点的确定

在编制程序时，应首先考虑对刀点的位置选择。选定的原则是：

（1）选定的对刀点位置应使程序编制简单。

（2）对刀点在机床上找正容易。

（3）加工过程中检查方便。

（4）引起的加工误差小。

为提高零件的加工精度，减小对刀误差，对刀点应尽量选在零件的设计基准或工艺基准上。例如，以孔定位的零件，应将孔的中心作为对刀点。

对刀点可以设在被加工零件上，也可以设在夹具上，但是必须与零件的定位基准有一定的坐标尺寸联系，这样才能确定机床坐标系与零件坐标系的相互关系，如图1-71所示。

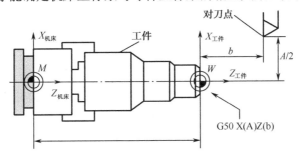

图1-71　对刀点的设定

3）换刀点的确定

数控机床在加工过程中如果要换刀，则需要预先设置换刀点并编入程序中。选择换刀点的位置应根据工序内容确定，要保证换刀时刀具及刀架不与工件、机床部件及工装夹具相碰。常用机床参考点作为换刀点。

6. 走刀路线的确定

在数控加工过程中，每道工序的走刀路线都直接影响零件的加工精度与表面粗糙度。刀具刀位点相对于零件运动的轨迹称为走刀路线，包括切削加工的路径和刀具切入、切出等空行程。在普通机床加工中，走刀路线由操作者靠工作经验直接把握，工序设计时无须考虑。但在数控加工中，走刀路线是由数控程序控制的，因此，工序设计时，必须拟定好刀具的走刀路线，并绘制走刀路线图，来指导数控程序的编写。

走刀路线的确定应遵循以下几点原则：

（1）走刀路线应保证被加工零件的精度和表面粗糙度。

（2）应使加工路线最短，来缩短数控加工程序，缩短空走刀时间，提高加工效率。

（3）要尽量简化数值计算，以减少编程工作量。

（4）当某段走刀路线重复使用时，为了简化编程，缩短程序长度，应使用子程序。

具体走刀路线设计详见第3章和第4章相关章节。

7. 切削用量的确定

切削用量包括切削速度（主轴转速）、背吃刀量、进给速度。选择切削用量，就是在保证零件加工精度和表面粗糙度的前提下，充分发挥机床性能和刀具切削性能，使切削效率最高，加工成本最低。

1）切削用量的选择原则

选择合理的切削用量就是选择切削用量三要素的最佳组合，在保持刀具合理寿命的前提下，获得最高的生产效率。因此，选择切削用量的基本原则是：粗加工时，一般以提高生产效率为主，但也应考虑经济性和加工成本；半精加工和精加工时，应在保证加工质量的前提下，兼顾切削效率、经济性和加工成本。具体数值应根据机床说明书、切削用量手册，并结合经验而定。

从刀具的耐用度出发，切削用量的选择顺序是：首先选取尽可能大的背吃刀量 a_p；其次根据机床动力和刚性限制条件或已加工表面粗糙度的要求，选取尽可能大的进给速度 v_f；最后利用切削用量手册选取或者用公式计算确定切削速度 v_c。

2）背吃刀量的选定

背吃刀量 a_p（mm）根据加工余量和工艺系统刚度来确定。在工艺系统刚性及机床功率允许的条件下，尽可能选择较大的背吃刀量。一般应遵循以下原则：

（1）粗加工时以提高加工效率为主要目标，尽可能一次走刀切除全部工序余量。在机床功率允许、工艺系统刚性较好时，a_p 可达 8～10mm。在下列情况下，可能需要分几次走刀：

① 余量太大，一次走刀会使机床功率不足或刀具强度不够。

② 工艺系统刚性不足或余量不均匀，以致引起很大振动，如加工细长轴或薄壁工件。

③ 断续切削有打刀危险时应按先多后少的不等背吃刀量来选取。

④ 在切削表层有硬皮或冷硬较严重的材料时，若分几次走刀，第一次走刀应使背吃刀量大于硬皮或冷硬层厚度。

（2）精加工和半精加工时以保证加工质量和表面质量为主要目标，一次走刀能保证质量时，尽可能采用一次走刀，否则应采取逐渐减小 a_p 的方法逐步达到要求。半精车余量一般为 0.5～0.8mm，精车余量一般为 0.1～0.5mm。

3）进给速度的确定

进给速度 v_f（mm/min）或进给量 f（mm/r）（其中 $v_f = nf$）主要根据零件的加工精度、表面粗糙度，以及刀具、工件的材料选取。最大进给速度受机床刚度和进给系统的性能限制。粗加工时，工件表面质量要求不高，但切削力往往很大，合理的进给量大小主要受机床进给机构强度、刀具的强度与刚性、工件的装夹刚度等因素的限制。精加工时，合理的进给量大小则主要受工件加工精度和表面粗糙度的限制。确定进给速度的原则如下：

（1）当工件的质量要求能够得到保证时，为提高生产效率，可选择较高的进给速度，一般在 100～200mm/min 范围内选取；粗车时对表面质量要求不高，进给量可选大些，一般为 0.3～0.8mm/r。

（2）在切断、加工深孔或用高速钢刀具加工时，宜选择较低的进给速度，一般在 20～50mm/min 范围内选取。

（3）当加工精度、表面粗糙度要求高时，进给速度应选小些，但过小反而会使表面粗糙，一般铣削进给速度在 20～50mm/min 范围内选取；精车进给量常取 0.1～0.3mm/r，切断时进给量常取 0.05～0.2mm/r。

（4）刀具空行程时，特别是远距离"回零"时，可以选择该机床数控系统设定的最高进给速度。

（5）切削时的进给速度应与主轴转速和背吃刀量相适应。

4）切削速度的选择

根据已经选定的背吃刀量、进给量及刀具耐用度选择切削速度。选择切削速度时，可根据生产实践经验在机床说明书允许的切削速度范围内查表选取。

切削速度的选取原则是：粗车时，因背吃刀量和进给量都较大，切削速度受刀具耐用度和机床功率的限制，应选较低的切削速度；精加工时，背吃刀量和进给量都较小，切削速度主要受工件加工质量和刀具耐用度的限制，一般应选较高的切削速度。

在选择切削速度时，还应考虑以下几点：

（1）工件材料的强度和硬度及切削加工性等因素，加工材料强度和硬度较高时，选较低的切削速度，反之取较高的切削速度；刀具材料的切削性能越好，切削速度越高。

（2）断续切削时，为减小冲击和热应力，要适当降低切削速度。

（3）在易发生振动的情况下，切削速度应避开自激振动的临界速度。

（4）加工大件、细长件和薄壁工件时，应选用较低的切削速度。

（5）加工带外皮的工件时，应适当降低切削速度。

（6）应尽量避开积屑瘤产生的区域。

切削速度确定后，可计算主轴转速 n，主轴转速应根据允许的切削速度和工件（或刀具）直径来计算。其计算公式为

$$n= 1000v_c/(\pi D) \tag{1-3}$$

式中　v_c——切削速度，单位为 m/min；

　　　n——主轴转速，单位为 r/min；

　　　D——工件或刀具直径，单位为 mm。

计算的主轴转速 n 最后要根据机床说明书选取机床具有的或较接近的转速。

1.7.3　数控加工工艺文件的编写

数控加工工艺文件既是数控加工和产品验收的依据，也是操作者遵守和执行的规程，同时还为企业零件重复生产积累了必要的工艺资料。技术文件是对数控加工的具体说明，目的是让操作者更明确加工程序的内容、装夹方式、各个加工部位所选用的刀具及其他技术问题。数控加工工艺文件主要有：数控加工工序卡片、数控加工刀具卡片、数控加工走刀路线图等。文件格式可根据企业实际情况自行设计，以下提供了常用的文件格式。

1. 数控加工工序卡片

数控加工工序卡片是按照每道工序所编写的一种工艺文件。一般具有工序简图（图上应标明定位基准、工序尺寸及公差、形位公差和表面粗糙度要求，用粗实线表示加工部位等），并详细说明该工序中每个工步的加工内容、工艺参数、操作要求及所用设备和工艺装备等。数控加工工序卡片与机械加工工序卡片很相似，所不同的是：工序简图中应注明编程原点与对刀点，要有编程说明（如程序编号、刀具半径补偿等），它是操作人员进行数控加工的主要指导性工艺资料，详见表 1-13。

2. 数控加工刀具卡片

数控加工刀具卡片主要反映刀具编号、规格名称、数量、刀片型号和材料、长度、加工表面等内容。表 1-14 为数控铣和加工中心刀具卡片，表 1-15 为数控车床刀具卡片。

3. 数控加工走刀路线图

在数控加工中，要防止刀具在运动过程中与夹具或工件发生意外碰撞，为此通过走刀路线图告诉操作者程序中的刀具运动路线（如从哪里下刀，在哪里抬刀，哪里是斜下刀等）。为简化走刀路线图，一般可采用统一约定的符号来表示。不同的机床可以采用不同的图例与格式，表 1-16 为一种常用格式的例子。

表 1-13 数控加工工序卡片

工厂	数控加工工序卡片	产品名称及型号		零件名称	零件图号	工序名称	工序号	第 页 共 页
					车间	工段	材料名称	材料牌号	机械性能
					同时加工零件数		技术等级	单件时间/min	准备终结时间/min
					设备名称	设备编号	夹具名称	夹具编号	冷却液
					数控系统型号	程序号	存储介质	编程原点	对刀点
								更改内容	

工步号	工步内容	切削用量				工时定额/min			刀具		量具	备注
		切削深度/mm	进给量/(mm/min)	转速/(r/min)	切削速度/(m/min)	基本时间	辅助时间	工作地点服务时间	刀号	规格名称	名称	

编制	校对	审核	会签

表 1-14　数控铣和加工中心刀具卡片

工　序　号		零 件 名 称		编　　制		审　核	
程　序　号				日　　期		日　期	
工步号	刀具号	刀 具 型 号	刀 柄 型 号	长度补偿	半径补偿	备　　注	

表 1-15　数控车床刀具卡片

工　序　号		零 件 名 称		编　　制		审　　核	
程　序　号				日　　期		日　　期	
工步号	刀具号	刀具名称及规格	数量	刀尖圆弧半径/mm	加工表面	备注

表 1-16 数控加工走刀路线图

数控加工走刀路线图		零件图号		工序号	工步号		程序号	0100
机床型号	XK5032	N10～N170	NC01	5	1	1	共 1 页	第 1 页
程序段号			加工内容	铣轮廓周边				

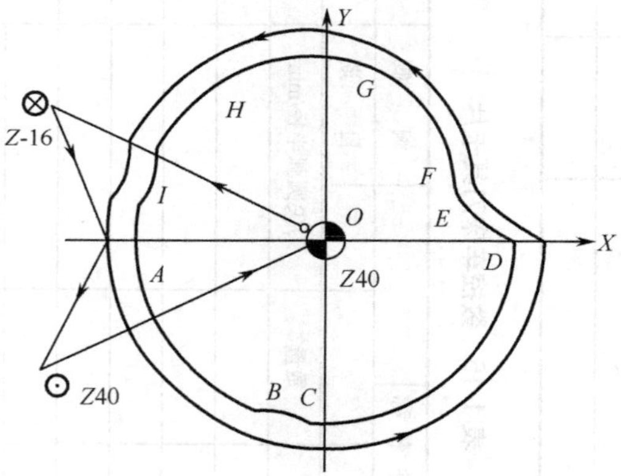

符号   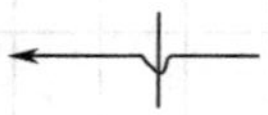  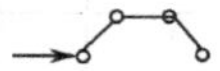 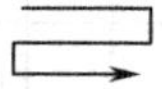	$\odot$	$\otimes$	$\bigoplus$	↗	↑	↗	$\vee$	⌐→
含义	抬刀	下刀	编程标点	起刀点	走刀方向	走刀线相交	爬斜坡	行切

编程
校对
审批

铰孔

复习思考题 1

1. 简述数控加工的特点。
2. 简述数控加工的步骤。
3. 试述影响机械加工精度的主要因素。
4. 机械零件的加工表面质量包括哪些主要内容？
5. 数控加工工艺的主要内容有哪些？
6. 试述应从哪些方面入手对零件图纸进行分析。
7. 通常零件的加工过程划分为哪几个加工阶段？各加工阶段的目的是什么？
8. 简述安排切削加工顺序的原则。
9. 何谓六点定位原理？不完全定位和欠定位有何区别？
10. 根据六点定位原理，分析图 1-72（a）～（c）各定位方案中定位元件所限制的自由度。

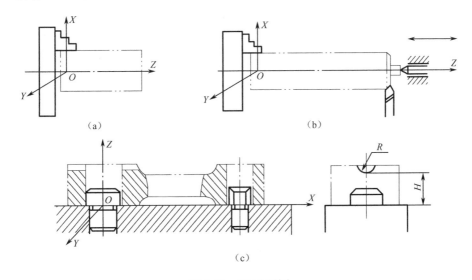

（a）　　　　　　　　　　　（b）

（c）

图 1-72　题 10 用图

11. 什么叫粗基准和精基准？试述它们的选择原则。
12. 数控加工确定走刀路线的原则是什么？
13. 加工余量如何确定？
14. 数控车削常用刀具有哪些类型？
15. 可转位刀片的形状有哪些类型？
16. 可转位刀片的法向后角有哪些数值？
17. 可转位刀片的精度是怎样描述的？
18. 车刀的型号是怎样描述的？
19. 在选择车刀时应考虑哪些因素？
20. 在数控铣床上使用的刀具主要有哪些类型？
21. 选择立铣刀时应考虑哪些因素？

22．选择面铣刀时应考虑哪些因素？

23．车削轴类零件常用的夹具有哪些类型？

24．车削盘套类零件常用的夹具有哪些类型？

25．在数控铣床和加工中心上使用的夹具有哪些类型？

26．在数控铣床和加工中心上常用的通用夹具有哪些类型？

第2章

数控编程基础

使用数控机床加工零件，应首先把机床所要完成的各个动作依次详细、准确地编制成数控系统能够识别的代码，然后以此代码控制机床完成加工操作。其中编排出正确的机床动作离不开加工工艺的正确分析，所以数控编程是指从零件图样分析开始，到获得数控机床加工所需的程序清单的整个过程。

2.1 数控程序编制内容与方法

2.1.1 数控程序编制内容

数控程序编制的内容一般包括：分析零件图样、制定数控加工工艺、数学处理、编制程序清单、程序输入数控系统、程序调试及首件试切。程序编制流程图如图 2-1 所示。

1. 分析零件图样

通过分析零件的形状、材料、热处理方法、技术要求等，确定该零件是否适合采用数控机床加工，明确具体的加工内容，并选择合适的数控机床。一般情况下，加工准备时间过长、加工对象形状比较规则、批量很大的零件都不适合在数控机床上加工。相反，那些批量小、形状复杂、精度要求很高的零件适合在数控机床上加工。另外，在选择时还要充分考虑企业本身的设备情况，尽量合理利用设备，不应让普通设备过度闲置，而让数控机床工作量太满。

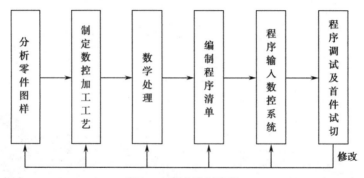

图 2-1　程序编制流程

2. 制定数控加工工艺

这一步骤应在充分分析零件图样的基础上进行，应用第 1 章学到的数控工艺知识来对零件的具体加工细节做出规划。具体要考虑以下几个方面：

（1）确定加工工艺规程。确定数控加工工艺规程应充分考虑数控加工与普通加工的不同特点。鉴于数控加工中安装对刀过程所需的时间较长，在制定工艺规程时应按照工艺集中原则，尽量减少装夹次数。在没有刀库和自动换刀装置的数控设备上加工零件还应减少换刀次数，同一刀具的加工内容要安排在一起，尽可能减少使用刀具的数量。

（2）刀具的选择。刀具的选择要充分考虑零件的材料特性、机床的类型和加工条件等影响因素。选择经济性好的常用数控加工刀具。

（3）夹具的选择。数控加工常选用通用夹具。当加工形状复杂、定位夹紧困难的零件时使用组合夹具。组合夹具的使用可减少零件加工的准备时间，夹具零件可以反复使用，经济性好。而专用夹具制造周期长、费用较高并且在更换零件后不能重复使用，对于批量小的生产情况会使成本增加过多，故数控加工中不常用专用夹具。

（4）正确选择编程坐标系。选择合适的编程坐标系可以使编写程序时的数学处理变得简单直观，不易出错，也能简化对刀找正过程，减小定位误差。

（5）选择合理的走刀路线。选择走刀路线是数控加工与普通加工的重要区别之一。编制程序时需安排出具体的刀具行进路线，刀具的每个动作都必须做到确切。路线选择的好坏将直接影响加工效率和质量。

3. 数学处理

根据零件图样上零件的几何尺寸及制定好的走刀路线等，计算刀具运动的各个坐标点数值。主要包含计算零件轮廓的基点和节点坐标等。

4. 编制程序清单

在做完上述编程的准备工作后，按照所用数控系统的编程规范把加工的逐个动作编写成零件加工程序单。编程人员应熟悉所用数控机床和数控系统的性能及编程规范，初次接触的数控设备可以通过查阅《使用手册》来获取相关信息。

5. 程序输入数控系统

编好的程序清单需要输入到数控系统中，有以下几种常见的方法：

（1）手动输入。数控设备都配有控制面板，用户可以通过手动数据输入（MDI）的方法，将编好的程序输入到数控系统中，同时可以通过系统的显示器（CRT）进行检查修改。对于不太复杂的程序用手动输入的方法较为方便和及时。

（2）通过介质输入。控制介质输入方式是将加工程序记录在穿孔纸带、磁带、磁盘等介质上，然后用输入装置读入数控系统。穿孔纸带是早期常用的数控程序记录形式，其制作和读入均需要专门的设备，并且纸带不易长期保存。软磁盘也曾经作为存储加工程序的介质。现在使用较为广泛的存储程序的介质是 U 盘。

（3）通信输入。编程人员利用 CAD/CAM 软件在计算机上编程，然后通过连接计算机与数控系统的 RS232 数据线或网线把编写好的加工程序通过 DNC 方式实时传输给数控系统，控制机床完成在线加工。这种方法在当今数控加工中经常使用，是实现网络化制造的重要基础。

6．程序调试及首件试切

数控程序在编制完成后，必须经过检验和调试。手工编写程序可以利用数控加工仿真软件在计算机上模拟出刀具运行的轨迹，也可以利用数控系统的图形模拟功能进行空运转检验，通过在数控系统屏幕上显示的刀具轨迹来检查程序的正确性。对于软件自动编程生成的程序，因为程序量太大，一般不利用数控系统的图形模拟功能来检查，而是在 VERICUT 等计算机仿真软件中做三维模拟加工来检查程序的正确性，合格后直接通过 DNC 方式输入到机床上加工。

但是，模拟仿真或空运转的检验方法不能确定是否能保证加工所需的精度，因而还需经过首件试切来检验加工的真实效果。

2.1.2　数控程序编制方法

编制程序的方法主要有手工编制程序和自动编制程序。

掌握手工编程技术是初学者首要学习的内容。手工编程在处理简单零件编程时，可以省略计算机建模等过程，编程速度甚至快于自动编程，并且数控机床操作人员必须具备手工编程的知识才能对程序进行修改调试。

1．手工编程

手工编程是指从零件图样分析开始到获得数控机床加工所需的程序清单的各个环节均由人工完成，手工编程是掌握数控编程技术的基础。一般对几何形状不太复杂的零件，所需的加工程序不长，计算比较简单，用手工编程比较合适。

手工编程的特点是：耗费时间较长，容易出现错误，无法胜任复杂形状零件的编程。据国外资料统计，当采用手工编程时，一段程序的编写时间与其在机床上运行加工的实际时间之比，平均约为 30∶1，而数控机床不能开动的原因中有 20%～30%是由于加工程序编制困难，编程时间较长。

手工编程有 ISO 格式编程和对话格式编程。ISO 格式也就是用 G 代码来编写，是常用的编程格式；对话格式编程是一种新技术，是非常易用的程序编写方法（如海德汉数控系统），它不用记忆各种功能代码，用数控系统面板上提供的功能键来调用相应的功能，交互式编程轮廓的每个加工步骤图形化地显示在屏幕上，编程完成后通过进行图形模拟检验程序，方便程序的编辑和修改。

2．自动编程

自动编程则是借助计算机处理技术，在编程人员设定好所需加工工艺参数后自动生成程序清单的方法。对于曲线轮廓、三维曲线等数学处理过程复杂的加工对象，使用自动编程方法具有较高的准确性和编程速度。

采用计算机自动编程时，数学处理、编写程序、检验程序等工作是由计算机自动完成的，由于计算机可自动绘制出刀具中心运动轨迹，使编程人员能及时检查程序是否正确，需要时可及时修改，以获得正确的程序。又由于计算机自动编程代替程序编制人员完成了烦琐的数值计算，可提高编程效率几十倍乃至上百倍，因此解决了手工编程无法解决的许多复杂零件的编程难题。因而，自动编程的特点就在于编程工作效率高，可解决复杂形状零件的编程难题。

目前，图形数控自动编程是使用最为广泛的自动编程方式。

2.2 数控机床坐标系

在数控编程时，为了描述机床的运动、简化程序编制的方法及保证记录数据的互换性，数控机床的坐标系和运动方向均已标准化，ISO 和我国都制定了命名的标准。

数控机床的坐标系在机床出厂前已经确定，用户可以通过机床使用说明书或机床标牌来了解。而编程人员设置的编程坐标系必须与机床坐标系相关联，所以熟悉和掌握数控机床坐标系的标示规则是编程的前提。

2.2.1 坐标系及运动方向规定

数控机床的标准坐标系采用笛卡儿直角坐标系。规定 X 轴、Y 轴、Z 轴相互正交，并且正方向的判别满足右手笛卡儿直角坐标判别方法。围绕 X 轴、Y 轴、Z 轴各轴的回转运动坐标分别为 A、B、C，其正向判别可用右手螺旋法则判定，如图 2-2 所示。

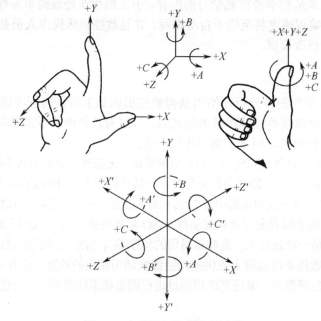

图 2-2　右手笛卡儿直角坐标系

为使编程简便，在数控机床上加工零件时，一律人为假设为工件静止，而刀具运动。这样编程人员在不考虑机床上工件与刀具具体运动的情况下，就可以依据零件图样，确定机床的加工过程。

2.2.2　坐标轴及方向规定

在确定机床坐标轴时，一般先确定 Z 轴。

1. Z 轴

Z 坐标的运动方向是由传递切削动力的主轴所决定的。平行于主轴轴线的坐标轴即为 Z 坐标，Z 坐标的正向为刀具远离工件的方向。如图 2-3 所示为数控车床的 Z 坐标。

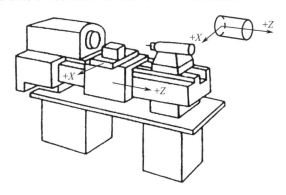

图 2-3　数控车床的坐标系

如果机床上有多个主轴、主轴能够摆动或无主轴，则选一个垂直于工件装夹平面的方向为 Z 坐标方向。例如，六轴加工中心机床的主轴可以摆动，其 Z 轴为图 2-4 所示方向；数控龙门铣床的主轴有多个，其 Z 轴为图 2-5 所示方向。

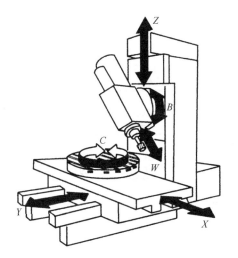

图 2-4　六轴加工中心机床的坐标系

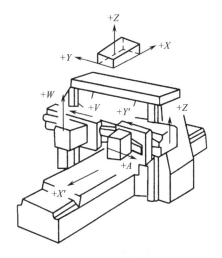

图 2-5　数控龙门铣床的坐标系

2. X轴

X轴与Z轴垂直，并位于水平面内，一般与工件的装夹平面平行。确定X轴的正方向时，分两种情况：

（1）如果工件做旋转运动，则刀具离开工件的方向为X坐标的正方向，如图2-3所示数控车床的X轴。

（2）如果刀具做旋转运动，则分为两种情况：Z坐标水平，沿刀具主轴向工件看时，+X运动方向指向右方，如图2-6所示；Z坐标垂直，观察者面对刀具主轴向立柱看时，+X运动方向指向右方，如图2-7所示。龙门式铣床具有双立柱，则从刀具主轴向左侧立柱看，+X运动方向指向右方，如图2-5所示。

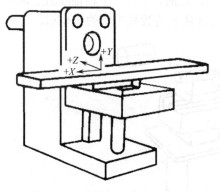

图2-6 卧式数控铣床的坐标系

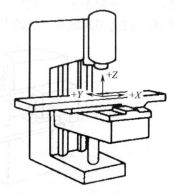

图2-7 立式数控铣床的坐标系

3. Y轴

在确定X、Z轴的正方向后，可以根据X和Z坐标的方向，按照右手笛卡儿直角坐标系来确定Y坐标的方向。

各坐标轴的确定方法如图2-8所示。

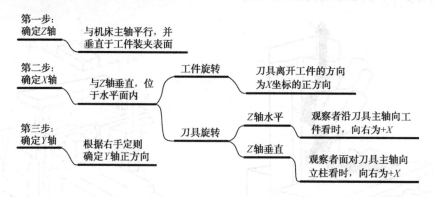

图2-8 各坐标轴的确定方法

2.2.3 工件坐标系

工件坐标系也称为编程坐标系，是编程人员根据零件图样，在充分考虑加工工艺需求和编程方便等因素后，用于确定零件图上各几何要素的形状、位置而建立的坐标系。工件坐标系中各轴的方向应该与所使用的数控机床相应的坐标轴方向一致。如图 2-9 所示为一齿轮坯的工件坐标系，工件坐标系也采用右手笛卡儿直角坐标系，并且装夹工件时须保证工件坐标系与机床坐标系是平行关系。

工件坐标系的原点称为工件原点或编程原点。编程人员应根据加工零件图样及加工工艺要求选定工件原点。工件原点位置的选取会对编程是否简便、加工精度是否易于保证等情况有深远的影响，应合理选择。

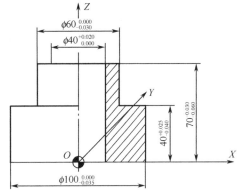

图 2-9　工件坐标系

工件原点的一般选用原则如下：

（1）原点应尽量选择位于零件的设计基准或工艺基准上。如图 2-10 所示为车削零件的工件原点设置位置方案，车削零件的轴向尺寸一般是以端面为基准的，选择端面的中心处为工件原点可以省去编程时的尺寸和公差换算，从而减少计算工作量，更易于保证加工精度；工件原点选择在进刀方向的一侧，在编程时涉及的 Z 向尺寸将均为同符号数值，易于避免出现书写错误。

（2）对于有对称几何特征的零件，工件原点一般选择在对称中心上，有利于利用数控系统提供的简便编程的指令，如旋转编程指令、对称编程指令等，减少编程工作量。

（3）工件原点应选择在方便对刀操作，便于工件装夹、测量和检验的位置，如图 2-11 所示为铣削零件的工件原点设置位置方案。

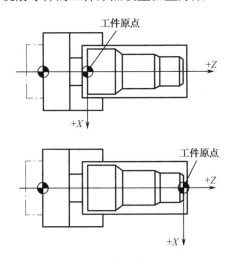

图 2-10　车削零件的工件原点

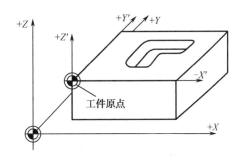

图 2-11　铣削零件的工件原点

2.2.4　坐标系的建立

1．机床坐标系的建立

机床坐标系是一个满足右手笛卡儿直角坐标系法则的坐标系，其各坐标轴的方向选取应根据前面讲述的规则来确定。那么要得到确定的机床坐标系就只需确定机床坐标系原点的位置。机床坐标系的原点称为机床原点。该点是机床上的一个固定点，位置是由机床设计和制造单位确定的，通常不允许用户改变。机床原点是工件坐标系原点、机床参考点的基准点。

常见的机床原点设置位置为：数控车床的机床原点设置在卡盘前端面或后端面的中心，如图 2-12 所示；数控铣床的机床原点，有的设置在机床工作台的中心，有的设置在各进给坐标的极限位置处，如图 2-13 所示。

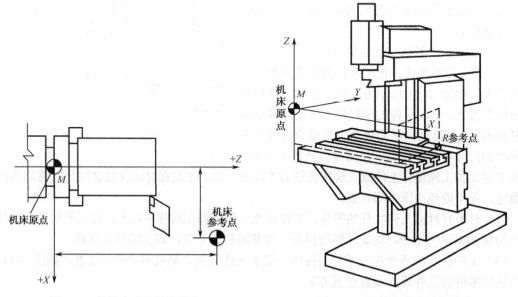

图 2-12　数控车床的机床原点　　　　　图 2-13　数控铣床的机床原点

每次机床接通电源时，都要求操作人员进行回零操作，又称为返回参考点操作。进行了该操作后，机床的坐标系才真正建立起来，此时机床的显示器会显示出机床参考点在机床坐标系中的坐标值，此操作可使机床重新核定基准，消除由于种种原因产生的基准偏差。

这里提到的机床参考点也和机床原点一样，是出厂前由厂家设置好的一个固定不变的点，用于对机床工作台、滑板与刀具相对运动的测量系统进行标定和控制。换句话说，机床参考点的设置目的就是用来校准机床运动部件位置，设计厂家通过记录一个初始的机床原点和机床参考点之间的距离，在加工零件之前通过让运动部件移到参考点，用一定的测量方法比较移动距离与原始记录距离之间的差别来校正机床的误差。机床参考点通常设置在各进给坐标轴靠近正向极限的位置，见图 2-12 和图 2-13。

2．工件坐标系与机床坐标系的统一

在加工程序中使用 G92（或 G50）指令设定工件原点，这种方法实际上是指定了刀具当前在工件坐标系中的位置。所以，在数控系统执行加工程序前，要求先将刀具移到 G92（或 G50）指定的位置，使机床坐标系与工件坐标系统一。

利用 G92（G50）设定的工件坐标系原点在机床关机后不能记忆，通常适用于单件加工时。

在加工程序中还可以用 G54～G59 建立多个工件坐标系，这种方法实际上是指定了工件坐标系在机床坐标系中的位置，使机床坐标系和工件坐标系统一。在执行加工程序前要求将 G54 工件坐标系原点与机床坐标系原点之间的距离输入数控系统的 G54 参数区中，将 G55～G59

工件坐标系原点与机床坐标系原点之间的距离输入数控系统的 G55～G59 参数区中。

G54～G59 的各个工件坐标系原点是固定不变的，它在机床坐标系建立后即生效，在程序中可以直接选用，不需要进行手动对基准点操作，原点精度高，且在机床关机后也能记忆，适合批量加工时使用。如图 2-14 所示为在一个零件上建立多个工件坐标系的示意图，编程时可以切换到不同的坐标系中，简化了零件几何位置点的坐标计算。

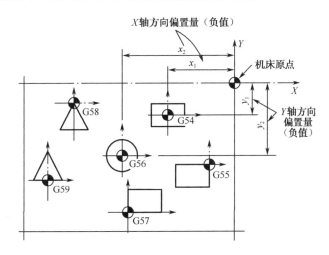

图 2-14 在一个零件上建立多个工件坐标系

2.2.5 绝对坐标编程与增量坐标编程

在加工程序中，各位置点坐标值有绝对尺寸指令和增量尺寸指令两种表达方法。

绝对尺寸指机床运动部件的目标位置坐标值是以编程坐标原点为基准确定的，如图 2-15（a）所示。增量尺寸指描述机床运动部件的目标位置坐标值是以前一位置的坐标值为依据确定的，如图 2-15（b）所示。

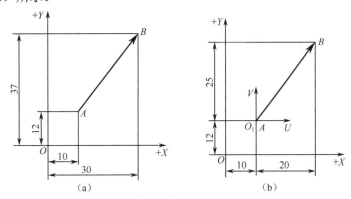

图 2-15 绝对坐标编程与增量坐标编程

编程时为方便编程要选用坐标类型。绝大多数数控系统支持单独使用其中一种坐标类型，也支持不同程序段之间交叉使用不同的坐标类型，甚至是同一程序段内混合使用两种坐标类型。

数控系统常用 G90 指令设定程序中 X、Y、Z 坐标值为绝对值，从 A 点到达 B 点的程序可以写为：

G90 G01 X30 Y37 F200;

用 G91 指令设定程序中 X、Y、Z 坐标值为增量值，从 A 点到达 B 点的程序可以写为：

G91 G01 X20 Y25 F200;

注意： 数控程序中没有出现 G90 或 G91 时，默认 X、Y、Z 坐标值为绝对值。

程序中也可以不用 G91 指令来指定增量坐标编程，当程序中出现 U、V、W 时，其后所跟的坐标数值是增量坐标。用 U、V、W 来表示增量的优势是可以实现同段程序中坐标类型的混用，例如，图 2-15（b）中从 A 点到达 B 点的程序可以写为：

G01 X30 V25 F200;

程序中指令 X 后面跟的数字是 B 点的 X 绝对坐标值，而用 V 代替 Y 坐标时，其后跟的是 B 点的 Y 增量坐标值。

2.3 数控编程中的数学处理

2.3.1 基点和节点的坐标计算

零件的轮廓是由许多不同的几何要素所组成的，如直线、圆弧、二次曲线等，各几何要素之间的交点或切点称为基点。基点坐标是编程中必需的重要数据。如图 2-16 所示的零件中，A、B、C、D、E 为基点。

数控系统一般只具有直线插补和圆弧插补功能。如果工件轮廓是非圆曲线，数控系统就无法直接实现插补，而需要通过一定的数学处理。数学处理的方法是：在允许的编程误差条件下（一般为零件公差的 1/10～1/5），用若干直线段或圆弧段去逼近非圆曲线，这些逼近线段与被加工曲线的交点或切点称为节点。如图 2-17 所示，对图中的曲线用直线逼近时，其交点 A、B、C、D、E、F 等即为节点。

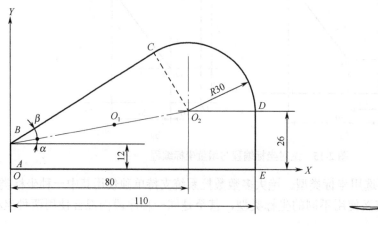

图 2-16　零件轮廓的基点

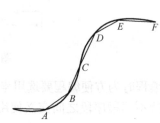

图 2-17　零件轮廓的节点

节点的确定方法有：等间距直线逼近法、等弦长直线逼近法、等误差直线逼近法及圆弧逼近法。选择逼近线段时，应该在保证精度的前提下，使节点数目尽量少，这样不仅计算简单，程序段数目也少。一般对于曲率半径大的曲线用直线逼近较为有利，曲率半径较小时则用圆弧逼近较为合理。

2.3.2 刀位点轨迹计算

刀位点的坐标是标志刀具所处位置的坐标点。数控系统从对刀点开始控制刀具刀位点运动，并由刀具的切削刃加工出所要求的零件轮廓。

对于具有刀具补偿功能的数控机床，只要在编写程序时写入建立刀具补偿的有关指令，就可以保证在加工过程中使刀位点按一定的规则自动偏离编程轨迹，实现正确加工的目的。此时，可以直接按零件轮廓形状计算各基点和节点坐标，并作为编程时的坐标数据。

对于没有刀具半径补偿功能的数控机床，编程时需按刀具的刀位点轨迹计算基点和节点坐标值作为编程时的坐标数据，按零件轮廓的等距线编程。

2.4 程序结构与格式

2.4.1 程序的组成与格式

数控程序是由一系列机床数控装置能辨识的指令有序结合而构成的，可分为程序名、程序段和程序结束三部分。如图 2-18 所示，假设刀具当前位于 O 点，编制数控程序使刀具沿轮廓 $OABCDEFGO$ 轨迹运动加工。

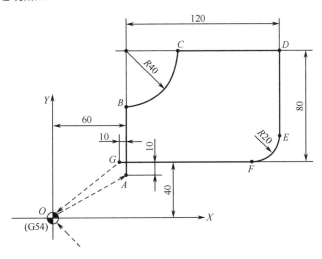

图 2-18 编程零件图

程序代码：

| O0001 | （程序名称） |

```
N01 G17 G90 G54 G00 X0 Y0 S500 M03;
N02 Z5;
N03 G41 X60 Y30 D01;
N04 G01 Z-27 F2000;
N05 Y80 F120;
N06 G03 X100 Y120 R40;
N07 G01 X180;
N08 Y60;
N09 G02 X160 Y40 R20;
N10 G01 X50;
N11 G00 Z5;
N12 G40 X0 Y0 M05;
N13 G91 G28 Z0;
N14 M30;                              （程序结束）
```

程序中第 1 行为程序号，最后一行为程序结束，中间部分为程序主体。程序中的每一行都称作一个程序段，每个程序段至少由一个程序字组成，而程序字由一个地址字和数字组成。

1. 程序号

程序号必须位于程序的开头，它一般由字母 O 后缀若干位数字（1～9999 范围内的任意数字）组成，有时也可以由字符%（如 SIEMENS 数控系统）或字母 P 后缀若干位数字组成。程序号是加工程序的识别标记，不同程序号对应着不同的零件加工程序。程序号编写时应注意以下两点：

（1）程序号必须写在程序的最前面，并占一单独的程序段。

（2）在同一数控机床中，程序号不可以重复使用。

2. 程序结束标记

程序结束标记用 M 代码表示，它必须写在程序的最后，通常要求单独占一程序段。可以作为程序结束标记的 M 代码有 M02 和 M30，它们代表零件加工主程序的结束。使用 M02 结束，程序运行结束后光标停在程序结束处；而用 M30 结束，程序运行结束后光标和屏幕显示能自动返回到程序开头处，按下启动按钮可以再次运行程序。此外，M99、M17（SIEMENS 常用）也可以用作程序结束标记，但它们代表的是子程序的结束。

3. 程序的格式

常规加工程序由开始符（单列一段）、程序名（单列一段）、程序主体和程序结束指令（一般单列一段）组成。程序的末尾还有一个程序结束符。程序开始符与程序结束符是同一个字符：在 ISO 代码中是%，在 EIA 代码中是 EOR。

程序名位于程序主体之前、程序开始符之后，一般独占一行。程序名有两种形式：一种是以规定的英文字母（多用 O）打头、后面紧跟若干位数字组成，数字的最多允许位数由说明书规定，常见的是两位和四位两种；另一种形式是程序名由英文字母、数字或英文字母和数字混合组成，中间还可以加入"-"号。这种形式命名程序比较灵活，例如，在 LC30 型数控车床上加工零件图号为 200 的法兰第三道工序的程序，可命名为 LC30-FIANGE-200-3，给使用、存储和检索等带来很大方便。程序名用哪种形式是由数控系统决定的。

2.4.2　程序段的组成与格式

程序段由地址字、符号等组成。例如：

> N10 G01 X40 Z0 F200;

其中，N、G、X、Z、F 均为地址字，各代表不同功能。例如，N 表示程序段号，G 代表准备功能，X、Z 表示目标点坐标，F 代表进给量功能。

地址字后面紧跟着表示相应数值的数字，在每段程序段最后还有结束符 ";"。

一个完整的加工程序段，除程序段号、程序段结束标记 ";" 外，其主体部分应具备如下六个要素，即必须在程序段中明确以下几点：

- *移动的目标是哪里？*
- *沿什么样的轨迹移动？*
- *移动速度要多快？*
- *刀具的切削速度是多少？*
- *选择哪一把刀移动？*
- *机床还需要哪些辅助动作？*

以上六点称为程序段的六要素。例如，对于程序段

> N10　G90　G01　X100　Y100　F100　S300　T01　M03;

其六要素的定义如下：

- *移动目标: X100、Y100（终点坐标值）;*
- *移动轨迹: G01（直线插补）;*
- *刀具移动速度: F100;*
- *主轴转速: S300（对应切削速度）;*
- *选择的刀具: T01（1 号刀）;*
- *机床辅助动作: M03（主轴正转）。*

以上加工程序段是具备 "六要素" 的基本程序段，在实际加工程序中（如圆弧插补、刀具补偿、固定循环等程序段）有时还需要更多的参数，这些参数一般都应编写在坐标值指令 X、Y、Z 之后，F、S、T、M 之前。例如：

> N5　G91　G02　X100　Y100　I50　J0　F100　S300　T1　M03;

2.4.3　程序字的格式

程序字由地址字、符号和数字组成，例如：

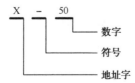

地址字可分为尺寸字和非尺寸字两类。常用表示尺寸字的有 X、Y、Z、U、V、W、P、Q、

I、J、K、A、B、C、D、E、R、H 共 18 个字母；常用表示非尺寸字的有 N、G、F、S、T、M、L、O 共 8 个字母。地址字的含义如表 2-1 所示。

表 2-1 地址字含义表

地 址 字	含 义
O、P	程序名称
N	程序段号
G	准备功能
F	进给速度
S	主轴转速
T	刀具功能
M、B	辅助功能
X、Y、Z	坐标轴的移动指令
U、V、W	坐标轴的增量移动指令
A、B、C	附加坐标轴的移动指令
I、J、K	圆弧圆心坐标
H、D	刀具补偿指令号
P、X	暂定时间指定
L	子程序及固定循环的重复次数
R	指定圆弧加工的半径值

程序字还包含一些符号，如 "；"、"."、"-"、"+"、"/"，另外在宏程序中还会用到很多数学和逻辑表达式的符号。

2.4.4 主程序、子程序与用户宏程序

为了简化编程，数控程序有着不同的形式，最为常见的有主程序、子程序和用户宏程序三类。

如图 2-19 所示，零件的加工内容可以看作是重复地在零件外圆上切槽，编写程序时会有很多重复的语句，这时可以把相同的部分写成子程序。再通过主程序来多次调用，就可简化编程，降低程序的出错率。具体编写和调用子程序的格式将在第 4 章中详细介绍。

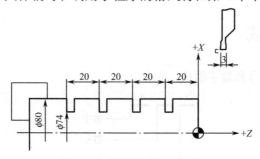

图 2-19 子程序应用零件图

用户宏程序是用户根据自己的需求把程序中的具体数值用变量来代替,从而使同一个程序在改变对变量的赋值时可以完成不同零件的加工。宏程序的概念和编制方法在第 5 章中详细介绍。

2.5　基本指令功能

2.5.1　模态代码、单段有效代码

程序中的代码按其起作用的范围可分为两类:一类是模态代码,另一类是单段有效代码。

模态代码是指该代码自出现的程序段开始一直持续起作用,该代码所表示的动作将持续进行,直到被同组的代码替代或者程序结束,例如,下面程序中的 G01 代码。

```
%0001
N01 G01 X10 Y10;
N02 X20;
N03 M30;
```

程序中 N02 句虽没有出现 G01 指令但仍然执行直线插补动作,直到 N03 句出现程序结束符号时停止。

单段有效代码是指该代码只在当前程序段中起作用,动作指令不能延续到后面的程序段中。例如,G04 指令代表暂停,仅在所出现的程序段内有作用。

2.5.2　尺寸字

尺寸字也称尺寸指令,主要用来指示机床的刀具运动到达的坐标位置。尺寸字由规定的地址符及后续的带正、负号或者带正、负号又有小数点的多位十进制数组成。地址符用得较多的有三组:第一组是 X、Y、Z、U、V、W、P、Q、R,主要用来指示到达点坐标值或距离;第二组是 A、B、C、D、E,主要用来指示到达点的角度坐标值;第三组是 I、J、K,主要用来指示零件圆弧轮廓圆心点的坐标尺寸。

编程时,尺寸字可以使用公制或英制。在公制最小输入单位是 0.001mm 时,若选择英制尺寸,系统的最小输入单位可以自动变为 0.001in(即 0.025 4mm)。在数控机床上,为了方便程序编制,通常都具备公/英制选择与转换功能,它由 G 代码指令实现。根据不同的代码体系,可以使用 G70/G71 或 G20/G21 指令进行公/英制选择。其中 G70(或 G20)选择的是英制尺寸,G71(或 G21)选择的是公制尺寸。公/英制选择指令对于旋转轴无效,旋转轴的单位总是度(°)。

数控编程中,小数点具有特殊的作用,它可以改变坐标尺寸、进给速度和时间的单位。

在通常的小数点输入方式下,不带小数点的值是以数控机床的最小设定单位作为输入单位的,而带小数点的值则以基本单位制单位(公制:mm;英制:in;回转轴:°)作为输入单位。例如,对于最小输入单位为 0.001mm(0.001in、0.001°)的机床,X10 代表 0.01mm(或 0.01in、0.01°),X10.则代表了 10mm(或 10in、10°)。

数控机床的小数点输入方式可以通过机床参数进行设定和选择。不带小数点和带小数点的值在程序中可以混用。

为了保证程序的正确性，不论采用何种输入方式，在实际程序编制与输入时，最好对全部输入值都加上小数点进行表示。为了文字编辑方便，在本书列举的全部程序中均采用计算机小数点输入方式进行编写。

2.5.3 准备功能

准备功能由 G 代码表示，使机床建立起（或准备好）某种工作方式的指令。目前，不同数控系统的 G 代码功能并非完全一致，因此编程人员必须熟悉所用机床及数控系统的规定。国际上广泛应用 ISO 1056—1975E 标准规定的代码，我国根据 ISO 标准制定了 JB/T 3208—1999 标准。节选部分代码如表 2-2 所示。

表 2-2　常用准备功能 G 代码

代　码		功　　能	是否为模态代码	代　码		功　　能	是否为模态代码
01	G00	快速点定位	是	05	G56	Z 向直线偏移	是
	G01	直线插补	是		G57	XY 向直线偏移	是
	G02	顺时针圆弧插补	是		G58	XZ 向直线偏移	是
	G03	逆时针圆弧插补	是		G59	YZ 向直线偏移	是
	G06	抛物线插补	是	06	G60	准确定位 1（精）	是
	G33	等螺距螺纹切削	是		G61	准确定位 2（中）	是
	G34	增螺距螺纹切削	是		G62	快速定位（粗）	是
	G35	减螺距螺纹切削	是	07	G63	攻螺纹	否
02	G04	暂停	否	08	G80	注销固定循环	是
03	G17	选择 XY 平面	是		G81~G89	固定循环	是
	G18	选择 XZ 平面	是	09	G90	绝对尺寸	是
	G19	选择 YZ 平面	是		G91	增量尺寸	是
04	G40	注销刀具半径补偿	是	10	G92	预置寄存	否
	G41	刀具半径左补偿	是		G93	时间倒数，进给率	是
	G42	刀具半径右补偿	是	11	G94	每分钟进给	是
05	G53	注销直线偏移	是		G95	主轴每转进给	是
	G54	X 向直线偏移	是	12	G96	恒线速	是
	G55	Y 向直线偏移	是		G97	恒转速	是

表 2-2 中节选了部分常用 G 代码，序号相同的为一组，同组的任意两个 G 代码不能同时出现在一个程序段中。模态代码一经在一个程序段中指定，便保持到以后程序段中直到出现同组的另一代码时才失效；非模态代码只在所出现的程序段有效。

2.5.4 进给功能

进给功能由 F 代码表示，用来指定机床移动部件移动的进给速度，有每转进给和每分进给两种单位，用 G 代码指定单位。G94 F150 即表示进给速度为 150mm/min。F 代码为续效代码，一经设定后若未被重新指定，则表示先前所设定的进给速度持续有效。F 代码指令值若超出制造厂商设定的范围，则按厂商设定的极限值作为实际进给速度。

2.5.5　主轴转速功能

主轴转速功能由 S 代码表示，用来指定主轴转速，其表示方法有恒转速和恒线速两种。当程序段中出现 G96 时，S 代码后所跟数字的单位为 m/min；当程序段中没有指定 G96，或直接指定了 G97 时，S 代码后所跟数字的单位为 r/min。

S 代码只设定主轴转速的大小，并不会使主轴回转，必须通过 M03（主轴正转）或 M04（主轴反转）指令才能使主轴开始旋转。当 S 代码后所跟数值超出机床设定的转速极限时，系统将按制造厂商设定好的极限值使主轴旋转。

2.5.6　刀具功能

刀具功能由 T 代码表示，用于选择加工所需刀具，数控铣床和数控车床的刀具功能是不同的。在数控车床等不带刀库和自动换刀装置的机床上，T 指令直接选取刀具，并使刀具处于加工位置。

数控车床的 T 指令的使用格式为 T 字母后面跟 4 位数字或跟两位数字。例如，T0101 表示选择 01 号刀具并调用 01 号刀补参数。

在加工中心等带有刀库和自动换刀装置的机床上，由于有专门用来指定刀具补偿号的字，所以在 T 字母后边无指定刀补号的参数，T 指令仅执行把所需刀具移到换刀位置上的动作（即选刀），还需使用 M06 指令把所选刀具与加工工位上的刀具进行交换。

2.5.7　辅助功能

辅助功能由 M 代码表示，用于指定与数控系统插补运算无关，而是根据操作机床的需要予以规定的工艺指令。例如，主轴的旋转方向、主轴启动/停止、冷却液的开关、刀具或工件的夹紧和松开，以及刀具更换、程序暂停、结束、调用子程序等功能。常用的辅助功能 M 代码如表 2-3 所示。

表 2-3　常用的辅助功能 M 代码

代　码	功　能	功能开始时间		是　否　续　效	
		与程序段指令运动同时开始	在程序段指令运动完成后开始	功能保持到被注销或被其他同类程序指令代替	功能仅在所出现程序段内有效
M00	程序停止		√		√
M01	计划停止		√		√
M02	程序结束		√		√
M03	主轴顺时针旋转	√		√	

代 码	功 能	功能开始时间		是 否 续 效	
		与程序段指令运动同时开始	在程序段指令运动完成后开始	功能保持到被注销或被其他同类程序指令代替	功能仅在所出现程序段内有效
M04	主轴逆时针旋转	√		√	
M05	主轴停止		√	√	
M06	换刀	#	#		√
M07	2 号切削液开	√		√	
M08	1 号切削液开	√		√	
M09	切削液关		√	√	
M10	夹紧	#	#		
M11	松开	#	#	√	
M13	主轴顺时针旋转，切削液开	√		√	
M14	主轴逆时针旋转，切削液开	√		√	
M15	正运动	√			√
M16	负运动	√			√
M19	主轴定向停止		√	√	
M30	纸带结束		√		√
M31	互锁旁路	#	#		√
M36	进给范围 1	√		√	
M37	进给范围 2	√		√	
M38	主轴速度范围 1	√		√	
M39	主轴速度范围 2	√		√	
M48	注销 M49		√	√	
M49	进给率修正旁路	√		√	
M50	3 号切削液开	√		√	
M51	4 号切削液开	√		√	
M55	刀具直线位移，位置 1	√		√	
M56	刀具直线位移，位置 2	√		√	
M60	更换工作		√		√
M61	刀具直线位移，位置 1	√		√	
M62	刀具直线位移，位置 2	√		√	
M71	刀具角度位移，位置 1	√		√	
M72	刀具角度位移，位置 2	√		√	

注：#表示如选作特殊用途，必须在程序说明中说明。

复习思考题 2

1．什么是数控编程？简述数控机床加工程序编制的一般步骤。

2．简述数控机床的坐标系判定方法。

3．什么是机床原点和机床参考点？请说明数控车床和数控铣床常用的机床原点和机床参考点的设置位置。

4．请描述绝对坐标编程和增量坐标编程的区别，并举例说明适用场合。

5．在程序中用小数点方式表示坐标字时应注意哪些问题？X50.0 和 X50 两个坐标字有何不同？

6．什么叫基点？什么叫节点？零件轮廓上的节点是如何确定的？

7．G 指令和 M 指令的基本功能是什么？

8．模态 G 代码和非模态 G 代码有何区别？请各举三例说明。

9．什么是 F、S、T 功能？简述 F、S 功能的编程格式，并说明 F、S 代码后所跟数值的单位。

10．请列举出 M 功能中与停止有关的指令，并说明其中的差别。

Chapter 3

第 3 章

数控车削工艺与编程

3.1 数控车床的工艺特点

数控车削是数控加工中用得最多的加工方法之一。数控车削加工工艺和普通车削加工工艺相比较，遵循的基本原则和使用方法大致相同，但数控车削加工的整个过程是自动进行的，且数控车床具有加工精度高、能做直线和圆弧插补，以及在加工过程中能自动变速的特点，因此，其工艺范围较普通机床宽得多。

3.1.1 数控车床的分类

数控车床的品种繁多，规格不一，可按以下几种方法进行分类。

1. 按车床主轴布局分类

（1）立式数控车床。其主轴轴线垂直于水平面，并有一个直径很大的圆形工作台，供装夹工件用。这类机床主要用于加工径向尺寸大、轴向尺寸相对较小的大型复杂零件。

（2）卧式数控车床。其主轴轴线平行于水平面，卧式数控车床又分为数控水平导轨卧式车床和数控倾斜导轨卧式车床。其中倾斜导轨结构可以使车床具有更大的刚性，并易于排除切屑。

2．按加工零件的基本类型分类

（1）卡盘式数控车床。这类数控车床未设置尾座，适合车削盘类（含短轴类）零件。其夹紧方式多为电动或液动控制，卡盘结构多具有可调卡爪或不淬火卡爪（即软卡爪）。

（2）顶尖式数控车床。这类数控车床配有普通尾座或数控尾座，适合车削较长的轴类零件及直径不太大的盘类零件。

3．按刀架数量分类

（1）单刀架数控车床。这类数控车床一般都配置各种形式的单刀架，如四工位卧式自动转位刀架或多工位转塔式自动转位刀架。

（2）双刀架数控车床。这类数控车床的双刀架配置（即移动导轨分布）形式有相互平行、相互垂直及同轴结构等。

4．按功能水平分类

（1）简易数控车床。这是一种低档数控车床，一般用单板机或单片机进行控制。单板机不能存储程序，所以切断一次电源就得重新输入程序，且抗干扰能力差，不便于扩展功能，目前已少采用。

（2）经济型数控车床。这是中档数控车床，一般具有单色的 CRT、程序储存和编辑功能。它的缺点是没有恒线速切削功能，刀尖圆弧半径自动补偿不是它的基本功能，而属于选择功能范围。

（3）多功能数控车床。这是较高档次的数控车床，这类机床一般具备刀尖圆弧半径自动补偿、恒线速切削、倒角、固定循环、螺纹切削、图形显示、用户宏程序等功能。

（4）车削中心。车削中心的主体是数控车床，配有刀库和机械手，与数控车床单机相比，自动选择和使用的刀具数量大大增加。卧式车削中心还具备如下两种功能：一种是动力刀具功能，即刀架上某一刀位或所有刀位可使用回转刀具，如铣刀和钻头；另一种是 C 轴位置控制功能，该功能能达到很高的角度定位分辨率（一般为 $0.001°$），还能使主轴和卡盘按进给脉冲做任意低速的回转，这样车床就具有 X、Z 和 C 三坐标，可实现三坐标两联动控制。例如，圆柱铣刀轴向安装，X—C 坐标联动就可以铣削零件端面；圆柱铣刀径向安装，Z—C 坐标联动，就可以在工件外圆上铣削。可见车削中心能铣削凸轮槽和螺旋槽。近年出现的双轴车削中心，在一个主轴加工结束后，无须停机，零件被移至另一主轴加工另一端，加工完毕后，零件除了去毛刺以外，不需要其他的补充加工。

5．其他分类方法

按数控系统的不同控制方式等指标，数控车床可以分为很多种类，如直线控制数控车床、两主轴控制数控车床等；按特殊或专门工艺性能，可分为螺纹数控车床、活塞数控车床、曲轴数控车床等。

3.1.2　数控车床的结构特点

从总体上看数控车床的外形与普通车床相似，即由床身、主轴箱、刀架、进给系统、液压系统、冷却和润滑系统等部分组成。数控车床的进给系统与普通车床有本质的区别，它没有传统的进给箱和交换齿轮架，而是直接用伺服电动机通过滚珠丝杠驱动溜板和刀架，实现进给运动，因而进给系统的结构大大简化，一般还有自动润滑和自动排屑装置。数控车床的机械结构特点如下：

（1）由于采用了高性能的主轴及主轴部件，具有传递功率大、刚度高、抗震性好及热变形小的特点。

（2）进给传动采用高效传动件，具有传动链短、结构简单、传动精度高等特点。一般采用滚珠丝杠螺母副、直线滚动导轨副等。

（3）主、进给传动分离，各自有独立的伺服电动机，使传动链简单、可靠。同时，各伺服电动机既可单独运动，也可实现多轴联动。

（4）采用了全封闭或半封闭的防护装置，可防止切屑或切削液飞出给操作者带来伤害。

（5）主轴转速高，工件装夹安全可靠。数控车床大多采用液压卡盘，夹紧力调整方便可靠，同时也降低了操作工人的劳动强度。

（6）数控车床都采用自动回转刀架，在加工过程中可自动换刀，连续完成多道工序的加工，提高了加工精度和加工效率。

（7）机床本体具有较高的动、静刚度。

3.1.3　数控车削加工的工艺特点

数控车削加工工艺和普通车削加工工艺相比较，遵循的基本原则和使用方法大致相同，但数控车削加工的整个过程是自动进行的，因而形成了下列特点：

（1）数控车削加工的工序内容比普通车削加工的工序内容复杂。数控车床上通常安排较复杂的工序，而且部分工序在普通车床上难以完成。

（2）数控车削加工工艺内容要求详细。在普通车床上加工时由操作者在加工中灵活掌握，并可通过适时调整来处理的工艺问题，如工序内工步的安排，刀具尺寸、加工余量、切削用量、走刀路线的确定等，在数控车削加工时必须事先详细设计和安排。

3.2　数控车削加工工艺分析

3.2.1　数控车削加工的主要对象

数控车床主要用于轴类和盘类回转体工件的加工，能自动完成内外圆面、柱面、锥面、圆弧、螺纹等工序的切削加工，并能进行切槽、钻、扩、铰孔等加工，适合复杂形状工件的加工。由于数控车床具有加工精度高、能做直线和圆弧插补，以及在加工过程中能自动变速的特点，因此，其工艺范围较普通车床宽得多。凡是能在普通车床上装夹的回转体零件都能在数控车床上加工。针对数控车床的特点，下列几类零件最适合数控车削加工。

1．精度要求高的回转体零件

由于数控车床刚性好、制造和对刀精度高，以及能方便和精确地进行人工补偿和自动补偿，所以，能加工尺寸精度要求较高的零件。在有些场合可以以车代磨。此外，数控车削的刀具运动是通过高精度插补运算和伺服驱动来实现的，再加上机床的刚性好和制造精度高，所以，它能加工对母线直线度、圆度、圆柱度等形状精度要求高的零件。对于圆弧及其他曲线轮廓，加工出的形状与图纸上所要求的几何形状的接近程度比用仿形车床要高得多。数控车削对提高位置精度还特别有效。不少位置精度要求高的零件用普通车床车削时，因普通机床制造精度低，工件装夹次数多，而达不到要求，只能在车削后用磨削或其他方法弥补。

2．表面粗糙度要求高的回转体零件

数控车床具有恒线速切削功能，能加工出表面粗糙度值小而均匀的零件。在材质、精车余量和刀具已定的情况下，表面粗糙度取决于进给量和切削速度。在普通车床上车削锥面和端面时，由于转速恒定不变，车削线速度不断变化，致使车削后的表面粗糙度不一致，只有某一直径处的表面粗糙度值最小。使用数控车床的恒线速切削功能，就可选用最佳线速度来切削锥面和端面，使车削后的表面粗糙度值小且一致。数控车削还适合于车削各部位表面粗糙度要求不同的零件，粗糙度值要求大的部位选用大的进给量，粗糙度值要求小的部位选用小的进给量。

3．表面形状复杂的回转体零件

由于数控车床具有直线和圆弧插补功能，所以，可以车削由任意直线和曲线组成的形状复杂的回转体零件。如图 3-1 所示为壳体零件封闭内腔成型面，在普通车床上是无法加工的，而在数控车床上则很容易加工出来。

4．带特殊螺纹的回转体零件

普通车床所能车削的螺纹相当有限，它只能车等导程的直面、锥面和公、英制螺纹，而且一台车床只能限定加工若干种导程。数控车床不但能车削任何等导程的直面、锥面和端面螺纹，而且能车增导程、减导程，以及要求等导程与变导程之间平滑过渡的螺纹。数控车床车削螺纹时主轴转向不必像普通车床那样交替变换，它可以一刀又一刀不停顿地循环，直到

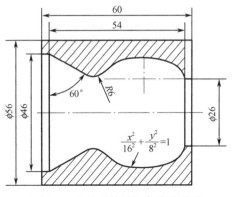

图 3-1　壳体零件封闭内腔成型面

完成，所以数控车床车螺纹的效率很高。数控车床可以配备精密螺纹车削功能，再加上采用硬质合金成型刀片及较高的转速，所以，车削出来的螺纹精度高、表面粗糙度小。

5．淬硬工件的加工

在大型模具加工中，有不少尺寸大而形状复杂的零件。这些零件热处理后的变形量较大，磨削加工困难，可以用陶瓷车刀在数控车床上对淬硬后的零件进行车削加工，以车代磨，提高加工效率。

3.2.2　数控车削进给路线的确定

加工路线的确定首先必须保持被加工零件的尺寸精度和表面质量，其次考虑数值计算简单、走刀路线尽量短、效率较高等问题。因精加工的进给路线基本上都是沿其零件轮廓顺序进

行的，因此确定进给路线的工作重点是确定粗加工及空行程的进给路线。

1. 加工路线与加工余量的关系

在数控车床还未达到普及使用的情况下，一般应把毛坯件上过多的余量，特别是含有锻、铸硬皮层的余量安排在普通车床上加工。当必须用数控车床加工时，则要注意程序的灵活安排，可安排一些子程序对余量过多的部位先做一定的切削加工。

（1）对大余量毛坯进行阶梯切削时的加工路线。如图 3-2 所示为车削大余量工件的两种加工路线，图 3-2（a）是错误的阶梯切削路线，图 3-2（b）按 1→5 的顺序切削，每次切削所留余量相等，是正确的阶梯切削路线。因为在同样背吃刀量的条件下，按图 3-2（a）方式加工所剩的余量过多。

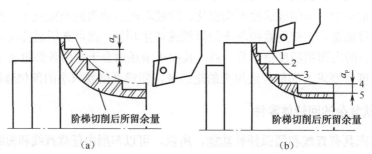

图 3-2 车削大余量毛坯的阶梯路线

根据数控加工的特点，还可以放弃常用的阶梯车削法，改用依次从轴向和径向进刀、顺工件毛坯轮廓走刀的路线，如图 3-3 所示。

（2）分层切削时刀具的终止位置。当某表面的余量较多需分层多次走刀切削时，从第二刀开始就要注意防止走刀到终点时切削深度的猛增。如图 3-4 所示，设以 90° 主偏角刀分层车削外圆，合理的安排应是每一刀的切削终点依次提前一小段距离 e（如可取 $e=0.05\text{mm}$）。如果 $e=0$，则每一刀都终止在同一轴向位置上，主切削刃就可能受到瞬时的重负荷冲击。当刀具的主偏角大于 90°，但仍然接近 90° 时，也宜做出层层递退的安排，经验表明，这对延长粗加工刀具的寿命是有利的。

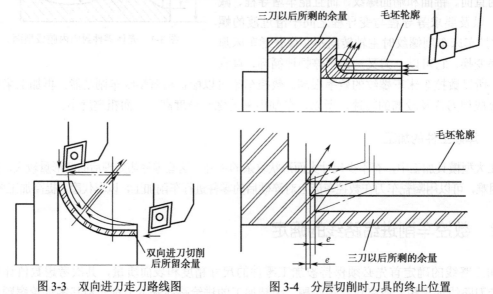

图 3-3 双向进刀走刀路线图   图 3-4 分层切削时刀具的终止位置

2. 刀具的切入/切出

在数控机床上进行加工时，要安排好刀具的切入/切出路线，尽量使刀具沿轮廓的切线方向切入/切出。尤其是车螺纹时，必须设置升速段 δ_1 和降速段 δ_2，如图 3-5 所示，这样可避免因车刀升降而影响螺距的稳定。

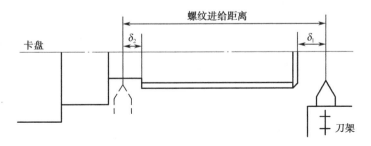

图 3-5　车螺纹时的升速段和降速段

3. 确定最短的走刀路线

确定最短的走刀路线，除了依靠大量的实践经验外，还应善于分析，必要时辅以一些简单计算。现将实践中的部分设计方法或思路介绍如下。

（1）巧用对刀点。图 3-6（a）为采用矩形循环方式进行粗车的一般情况示例。其起刀点 A 的设定是考虑到精车等加工过程中需方便地换刀，故设置在离坯料较远的位置处，同时将起刀点与其对刀点重合在一起，按三刀粗车的走刀路线安排如下：

第一刀为 $A \rightarrow B \rightarrow C \rightarrow D \rightarrow A$

第二刀为 $A \rightarrow E \rightarrow F \rightarrow G \rightarrow A$

第三刀为 $A \rightarrow H \rightarrow I \rightarrow J \rightarrow A$

图 3-6（b）则是将起刀点与对刀点分离，并设于 B 点位置，仍按相同的切削用量进行三刀粗车，起刀点与对刀点分离的空行程为 $A \rightarrow B$。

第一刀为 $B \rightarrow C \rightarrow D \rightarrow E \rightarrow B$

第二刀为 $B \rightarrow F \rightarrow G \rightarrow H \rightarrow B$

第三刀为 $B \rightarrow I \rightarrow J \rightarrow K \rightarrow B$

显然，图 3-6（b）所示的走刀路线短。

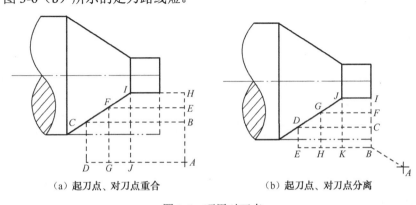

（a）起刀点、对刀点重合　　　　　　（b）起刀点、对刀点分离

图 3-6　巧用对刀点

（2）巧设换刀点。为了考虑换（转）刀的方便和安全，有时将换（转）刀点也设置在离坯件较远的位置处（如图 3-6 中的 A 点），那么，当换第二把车刀后，进行精车时的空行程路线必然也较长；如果将第二把车刀的换刀点也设置在图 3-6（b）中的 B 点位置上，则可缩短空行程距离。

（3）合理安排"回零"路线。在手工编制较复杂轮廓的加工程序时，为使其计算过程尽量简化，既不易出错，又便于校核，编程者（特别是初学者）有时将每一刀加工完后的刀具终点通过执行"回零"（即返回对刀点）指令，使其全都返回到对刀点位置，然后再进行后续程序。这样会增加走刀路线的距离，从而大大降低生产效率。因此，在合理安排"回零"路线时，应使其前一刀终点与后一刀起点间的距离尽量缩短，或者为零，即可满足走刀路线最短的要求。

4．确定最短的切削进给路线

切削进给路线短，可有效地提高生产效率，降低刀具损耗等。在安排粗加工或半精加工的切削进给路线时，应同时兼顾到被加工零件的刚性及加工的工艺性等要求，不要顾此失彼。

1）常用的粗车走刀路线

如图 3-7 所示为粗车工件时几种不同切削进给路线的安排示例。其中，图 3-7（a）表示利用数控系统具有的封闭式复合循环功能而控制车刀沿着工件轮廓进行走刀的路线；图 3-7（b）为利用其程序循环功能安排的"三角形"走刀路线；图 3-7（c）为利用其矩形循环功能而安排的"矩形"走刀路线。

|（a）沿工件轮廓走刀|（b）"三角形"走刀|（c）"矩形"走刀|

图 3-7　走刀路线示例

2）车圆锥走刀路线

车圆锥有三种加工路线，如图 3-8 所示。图 3-8（a）需要计算终刀距 S（由相似三角形可算出），这种走刀路线较短。图 3-8（b）不需要计算 S，只要确定背吃刀量 a_p 即可，此种方式编程方便，但在每次切削中背吃刀量是变化的，而且刀具切削路线较长。图 3-8（c）走阶梯路线，假设先粗车两刀，最后精车一刀，两刀粗车的终刀距 S 要做精确计算，此种加工路线粗车时背吃刀量相同，而精车时背吃刀量不同，不过刀具的切削运动路线最短。

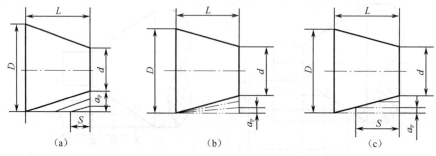

|（a）|（b）|（c）|

图 3-8　车圆锥的走刀路线

3）车圆弧走刀路线

在粗加工圆弧时，因其切削余量大而且不均匀，若一刀把圆弧切出来，很容易打刀，必须多刀切削，先将大部分余量去除，最后车得圆弧轮廓。图 3-9 所示为车圆弧常用的走刀路线。图 3-9（a）为车圆法，即用不同半径的圆来多刀车削圆弧。该方法在确定了每次背吃刀量 a_p 后，对 90º 圆弧的起点、终点比较容易确定，编程方便，常用来加工复杂圆弧，但加工凸圆弧时空行程较长。图 3-9（b）为车矩形法，即先粗车成阶梯，最后一刀精车圆弧，该方法在确定了背吃刀量 a_p 后，需要精确计算出粗车的终刀距 S。该法刀具走刀路线较短，但数值计算烦琐。图 3-9（c）为车锥法，即先车一个圆锥，再车圆弧。要注意车锥时的起点和终点的确定必须合理，否则可能会损坏圆弧表面，也可能将余量留得过大。该法计算较烦琐，但刀具切削路线最短。

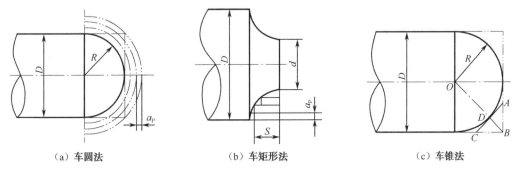

| （a）车圆法 | （b）车矩形法 | （c）车锥法 |

图 3-9 车圆弧的走刀路线

4）车槽走刀路线

（1）对于宽度较窄、深度不大且精度要求不高的槽，可采用与槽等宽的刀具，采用直进法一次进给成型加工，如图 3-10（a）所示。刀具切入到槽底后可利用进给暂停指令使刀具短暂停留，以修整槽底圆度，提升槽壁的表面质量，退出过程中可采用工进速度。

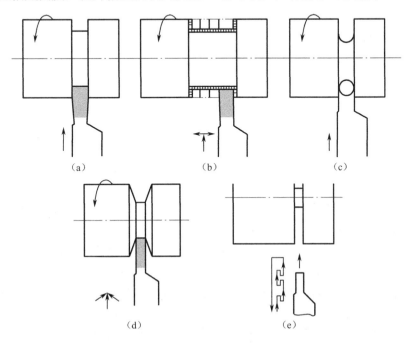

图 3-10 车槽的进给路线

（2）对于宽槽的切削，一般宽度、深度的精度及表面质量要求相对较高，在切宽槽时采用排刀的方式，选择小于槽宽的切槽刀进行粗切，在槽的两侧和槽底留有精加工余量，再用精切槽刀沿槽的一侧切至槽底，精加工槽底至槽的另一侧，再沿侧面退出，如图3-10（b）所示。

（3）车较小的圆弧槽时，一般用成型刀车削，如图3-10（c）所示。

（4）车较小的梯形槽时，一般用成型刀直进车削完成；车较大的梯形槽时，通常先车直槽，再用梯形刀直进法或者左右切削法完成，如图3-10（d）所示。

（5）对于深槽，宽度值不大但较深，为避免切槽过程中由于排屑不畅，出现扎刀或折断刀具的现象，应采用分次进刀的方式。刀具在切入工件一定深度后，停止进刀并退回一段距离，达到排屑和断屑的目的，如图3-10（e）所示。

5．精车进给路线的确定

（1）最终轮廓的进给路线。在安排一刀或多刀进行的精加工进给路线时，其最终轮廓应由最后一刀连续加工而成，并且加工刀具的进刀、退刀位置要考虑妥当，尽量不要在连续的轮廓中切入和切出或换刀及停顿，以免因切削力突然变化而造成零件弹性变形，致使光滑连接轮廓上产生表面划伤、形状突变或滞留刀痕等缺陷。

（2）各部位精度要求不一致的精加工进给路线。若各部位精度相差不是很大，则应以最严的精度为准，连续走刀加工所有部位；若各部位精度相差很大，则精度接近的表面安排在同一把刀走刀路线内加工，并先加工精度较低的部位，最后再单独安排精度高的部位的走刀路线。

3.3　数控车削加工中的对刀

3.3.1　对刀方法

在数控加工生产实践中，常用的对刀方法有找正法对刀、机外对刀仪对刀和自动对刀三大类。

1．找正法对刀

找正法对刀是采用通用量具通过直接或间接的方法来找到刀具相对工件的正确位置。实践中具体方法有多种：

（1）用量具（如游标卡尺等）直接测量刀具与工件定位基准之间的尺寸，确定刀具相对工件的位置。这种方法简单易行，但对刀精度较低。

（2）首先把刀具刀位点与夹具定位元件的工作面（工件定位基准）对齐，然后移开刀具至对刀尺寸，其对刀精度直接取决于刀位点与工件定位基准对齐的精度。

（3）将工件加工面先试切一刀，测出工件尺寸，间接算出对刀尺寸，然后将刀具移至对刀尺寸位置，这种方法对刀精度相对较高。

（4）多把刀具对刀时只对基准刀具，然后测出其余刀具的刀位点与基准刀具之间的偏差，并作为该刀具的刀补值，其余刀具不需对刀。找正法对刀效率低，对刀精度受人为因素的影响较大，但方法简单，不需要专用辅助设备，因此被广泛应用于低档数控机床的对刀。

2．机外对刀仪对刀

机外对刀的本质是测量出刀具假想刀尖点到刀具台基准之间 X 及 Z 方向的距离。利用机外对刀仪可将刀具预先在机床外校对好，以便装上机床后将对刀长度输入相应刀具补偿号即可以使用。这种方法需要专用的对刀仪，如图 3-11 所示，并且数控车床刀架配有专用的刀夹，成本较高，装卸刀具费力，但可提高对刀的效率和对刀的精度，一般用于高档数控机床的对刀。

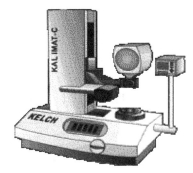

图 3-11　机外对刀仪对刀

3．自动对刀

自动对刀是指利用 CNC 装置的刀具检测功能，自动精确地测出刀具各坐标方向的长度，自动修正刀具补偿值，并且不用停顿就能直接加工工件。这种方法对刀精度和效率非常高，但需自动对刀系统，并且 CNC 装置应具有刀具自动检测辅助功能，成本高，一般只用于高档数控机床的对刀。

3.3.2　对刀实例

1．用 G50 指令设定坐标系的对刀

编程时，编程人员通过 G50 指令确定 1 号车刀刀尖在工件坐标系 XOZ 中的起点位置 P_0（100，200），如图 3-12 所示。加工时，可用试切法快速、简便地找到 P_0 点的位置。其调整步骤如下：

（1）启动主轴旋转，摇动手摇脉冲发生器，接通进给轴（X 或 Z 轴），刀具趋向工件，车外圆一刀，刀具再沿+Z 方向退出（X 向不动），记下 X 方向的坐标值，标记为 A。

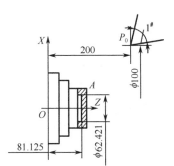

图 3-12　对刀点的确定

（2）刀具再趋向工件，车端面一刀，刀具再沿+X 方向退到 A 坐标处（Z 向不动）。

（3）按操作面板上的软键"相对"键，显示器上"X、Z"变为"U、W"，再分别按"U"键、"CAN"键和"W"键、"CAN"键，将 U 值和 W 值清零。

（4）主轴停转，用千分尺测量工件，测得工件直径为 ϕ62.421mm，长度为 81.125mm。

（5）计算差值：100−62.421=37.579mm，200−81.125=118.875mm。

（6）摇动手摇脉冲发生器，刀具移动，观察 CRT 显示器，直至显示 U=37.579，W=118.875 为止。

此时，刀具刀位点调到距工件坐标系原点 O 的距离为（100，200）的 P_0 点。在加工程序中运动指令之前使用"G50 X100. Z200.;"程序段完成坐标系设置。

2．用 G54 指令设定坐标系的对刀

编程时，编程人员通过 G54 指令确定 1 号车刀刀尖在工件坐标系 XOZ 中的起点位置 P_0（100，200），如图 3-12 所示。加工时，可用试切法快速、简便地找到 P_0 点的位置。其调整步骤如下：

（1）启动主轴旋转，摇动手摇脉冲发生器，接通进给轴（X 或 Z 轴），刀具趋向工件，车外圆一刀，刀具再沿+Z 方向退出（X 向不动），此时标记为 A 点，记下 X 方向的坐标值。

（2）刀具再趋向工件，车端面一刀，刀具再沿+X 方向退到 A 点（Z 向不动）。

（3）按操作面板上的软键"相对"键，显示器上"X、Z"变为"U、W"，再分别按"U"键、"CAN"键和"W"键、"CAN"键，将 U 值和 W 值清零。

（4）主轴停转，用千分尺测量工件，测得工件直径为 $\phi 62.421$mm，长度为 81.125mm。

（5）将上述方法得到的值（直径 $\phi 62.421$mm、长度 81.125mm）输入 G54 所对应的寄存器中，用系统的"测量"键自动填写对刀结果，如输入"X62.421"按"测量"软键，再输入"Z81.125"按"测量"软键。在建立工件坐标系时直接执行 G54 指令即可。

此时，刀具刀位点调到距工件坐标系原点 O 的距离为（100，200）的 P_0 点。在加工程序中运动指令之前使用"G54 G00 X100. Z200.；"程序段完成坐标系设置并移动到 P_0 点。

3．直接试切对刀

此种方法是将每把刀具分别对刀，将得到的刀偏输入到相应的刀具偏置寄存器中，在程序中通过调用刀补来找到工件原点位置。具体步骤如下：

步骤（1）～（4）同上，然后打开偏置寄存器找到相应刀具对应的形状补偿界面，输入"X62.421"按"测量"软键，再输入"Z81.125"按"测量"软键。此时，系统自动计算出该刀具刀尖点在工件原点时的机床坐标系坐标值，也即该刀具的刀偏值。

其他刀具的对刀方法相同。此种方法不用设置基准刀具，适用于多把刀具的加工。

当采用 G50 指令建立工件坐标系时，对刀点与起刀点重合。当采用 G54～G59 指令建立工件坐标系时，对刀点是工件坐标系原点。以 G54～G59 方式建立的工件坐标系与刀具的当前位置无关。程序开始运行时对刀具的起始位置无特殊要求，对刀点与起刀点可不重合。因此，对刀点与起刀点是两个不同的概念，虽然在编程中它们常常是同一点，但有时对刀点是不能作为起刀点的。

3.4 数控车床程序编制

3.4.1 G 功能代码

G 功能也叫准备功能。G 功能代码是使机床或数控系统建立某种加工方式的指令，包括坐标系设定、刀具补偿、运动方式等多种加工操作，为数控系统的插补运算做好准备。

目前国际上广泛使用 ISO 标准，我国根据 ISO 标准制定了 JB 3208—83《数控机床穿孔带程序段格式中的准备功能 G 和辅助功能 M 的代码》。但由于新型数控系统和数控机床的不断出现，许多新型数控系统已超出 ISO 制定的通用国际标准，其指令代码更加丰富。此外，不同厂家的同一数控系统采用的指令代码和指令格式也有很大差别，甚至同一厂家的新旧数控系统的指令代码也不尽相同。因此，用户编程时必须仔细阅读数控机床附带的数控系统及机床操作说明书。如表 3-1 所示为目前比较流行的 FANUC 0i-TA 数控系统的常用 G 功能代码表。

表 3-1　FANUC 0i-TA 数控系统的常用 G 功能代码表

G 代码			组	功　能
▼G00	▼G00	▼G00		定位（快速）
G01	G01	G01	01	直线插补（切削进给）
G02	G02	G02		顺时针圆弧插补
G03	G03	G03		逆时针圆弧插补
G04	G04	G04	00	暂停
G17	G17	G17		选择 $X_P Y_P$ 平面
▼G18	▼G18	▼G18	16	选择 $Z_P X_P$ 平面
G19	G19	G19		选择 $Y_P Z_P$ 平面
G20	G20	G70	06	英寸输入
G21	G21	G71		毫米输入
▼G27	▼G27	▼G27		返回参考点检测
G28	G28	G28	00	返回参考位置
G30	G30	G30		返回第 2、3、4 参考点
G32	G33	G33	01	螺纹切削
G34	G34	G34		变螺距螺纹切削
▼G40	▼G40	▼G40		刀尖半径补偿取消
G41	G41	G41	07	刀尖半径补偿左
G42	G42	G42		刀尖半径补偿右
G50	G92	G92		坐标系设定或最大主轴速度设定
G52	G52	G52	00	局部坐标系设定
G53	G53	G53		机床坐标系设定
▼G54	▼G54	▼G54		选择工件坐标系 1
G55	G55	G55		选择工件坐标系 2
G56	G56	G56	14	选择工件坐标系 3
G57	G57	G57		选择工件坐标系 4
G58	G58	G58		选择工件坐标系 5
G59	G59	G59		选择工件坐标系 6
G65	G65	G65	00	宏程序调用
G66	G66	G66	12	宏程序模态调用
▼G67	▼G67	▼G67		宏程序模态调用取消

续表

G 代 码			组	功 能
G70	G70	G72		精加工循环
G71	G71	G73		粗车外圆循环
G72	G72	G74		粗车端面循环
G73	G73	G75	00	多重车削循环
G74	G74	G76		排屑钻端面孔
G75	G75	G77		外径/内径钻孔
G76	G76	G78		多头螺纹循环
G90	G77	G20		外径/内径车削循环
G92	G78	G21	01	螺纹切削循环
G94	G79	G24		端面车削循环
G96	G96	G96	02	恒表面切削速度控制
▼G97	▼G97	▼G97		恒表面切削速度控制取消
G98	G94	G94	05	每分进给
▼G99	▼G95	▼G95		每转进给
—	G90	G90	03	绝对值编程
—	G91	G91		增量值编程
—	G98	G98	11	返回到起始平面
—	G99	G99		返回到 R 平面

注：① 表格中带符号"▼"的代码为默认代码。

② "00"组的 G 代码为非模态代码。

③ 同组的 G 代码出现在一个程序段中，则最后一个有效。

④ "09"组代码遇到"01"组代码固定循环被自动取消。

G 代码按功能保持时间的不同分为模态代码（又称续效代码）和非模态代码。模态代码表示该代码一经在一个程序段中指定，直到出现同组的另一个 G 代码时才失效，因此又叫续效代码。非模态代码只在本程序段中有效，下一程序段需要时必须重写，所以又称为非续效代码。

G 代码按功能类别不同分为若干组，同组的任意两个代码不能同时出现在一个程序段中，若在一个程序段中出现了同组的多个 G 代码，则最后一个有效。不同组的 G 代码根据需要可以在一个程序段中出现。

3.4.2 M 功能代码

M 功能也叫辅助功能，主要用来指定数控机床加工过程中的相关辅助动作和机床状态，控制主轴的启动、停止、正/反转、换刀、尾架或卡盘的夹紧或松开、程序结束等。因为大多是控制某一电器的开关状态，所以又称为开关功能。

M 功能代码由字母 M 和其后的两位数字组成（M00～M99）。M 指令也分为模态和非模态两种。M 功能与 G 功能在一个程序段中同时出现时起作用的时间不同，即分为前指令码（W）和后指令码（A）。前指令码在同一程序段中的移动指令（G 功能）前执行，后指令码在同一程序段的移动指令（G 功能）后执行。与 G 指令一样，同一程序段中只允许出现一个 M 指令，若同时出现两个或两个以上，则最后一个 M 指令有效。

1．程序停止控制

程序停止控制均为前指令码。

（1）M00（程序停止）：完成该程序段其他指令后，用以停止主轴转动、进给和关闭切削液，以便执行某一手动操作，如工件测量、手动变速、手动换刀等。此后需重新启动才能继续执行以下程序段。

（2）M01（选择停止）：与 M00 相似，但必须经操作员预先按下机床操作面板上的选择停止按钮这个指令才生效，否则该指令不起作用，继续执行下一个程序段。

（3）M02、M30（程序结束）：在最后一条程序段中，用以表示加工结束。它使主轴、进给、冷却都停止，并使数控系统处于复位状态，还可以使程序返回至开始位置。

在先前的以穿孔纸带为程序介质的时代，M30 除了与 M02 代码作用相同外，还可以使穿孔纸带倒带，返回到程序开始位置，而在目前以磁盘为存储介质，M02 与 M30 完全相同，但人们还习惯使用 M30 作为程序结束标志。

2．主轴旋转控制

（1）M03（主轴正转）：指令为前指令码，使主轴正转，从主轴往正 Z 方向看去，主轴顺时针方向旋转。

（2）M04（主轴反转）：指令为前指令码，使主轴反转，从主轴往正 Z 方向看去，主轴逆时针方向旋转。

（3）M05（主轴停转）：指令为后指令码，使主轴停止转动。

3．切削液控制

（1）M08（切削液开）：打开冷却液。
（2）M09（切削液关）：关闭冷却液。

4．程序控制

（1）M98（调用子程序）：去执行该指令中给出的子程序，详见子程序调用。
（2）M99（子程序结束返回）：回到父程序中，继续执行调用子程序后的主程序。

3.4.3　数控车床的编程特点

（1）在一个程序段中，根据图纸标注尺寸，可以是绝对坐标值或增量坐标值编程，也可以是两者的混合编程。

（2）由于图纸尺寸的测量都是直径值，因此，为了提高径向尺寸精度和便于编程与测量，X 向脉冲当量取为 Z 向的一半，故直径方向用绝对值编程时，常以直径值表示；用增量编程时，以径向实际位移量的 2 倍编程，并附上方向符号（正向省略）。

（3）由于毛坯常用棒料或铸锻件，加工余量较大，所以数控车床常具备不同形式的固定循环功能，可进行多次重复循环切削。

（4）为了提高刀具的使用寿命和降低表面粗糙度，车刀刀尖常磨成半径较小的圆弧，因此当编制圆头车刀程序时需要对刀具半径进行补偿。对具备 G41、G42 自动补偿功能的数控车床，可直接按轮廓尺寸进行编程；对不具备刀具自动补偿功能的机床，编程时需要人工计算补偿量。

3.4.4　F、S、T 功能代码

1．进给功能

进给功能（F）用于指定加工中的刀具进给速度，可以是每分钟的进给量（mm/min），也可以是主轴每转的进给量（mm/r），即 F 后数字的单位取决于进给速度的指定方式。

1）G99（每转进给模式）

指令格式：G99 F_；

该指令字母 F 后的数值为主轴转一转时刀具的进给量，单位是 mm/r。数控装置上电后，初始状态为 G99 状态，要取消 G99 状态，必须重新指定 G98。每转进给模式在数控车床上应用较多。

2）G98（每分钟进给模式）

指令格式：G98 F_；

该指令字母 F 后的数值为刀具每分钟的进给量，单位是 mm/min。G98 被执行后，系统将保持 G98 状态，直至系统又执行了含有 G99 的程序段，此时，G98 便被否定，而 G99 将产生作用。

加工程序的第一个切削进给（G01、G02 或 G03）指令中或之前必须编入 F 指令后的数值，其实际执行值可通过 CNC 操作面板上的进给倍率旋钮来调整。当执行螺纹加工时，进给倍率开关无效。在螺纹的程序段中，F 指令表示螺纹的导程。

2．主轴转速功能

主轴功能（S）主要用于指定主轴转速，它用来指定机床主轴转速或线速度。S 指令的单位有 m/min 和 r/min 两种，分别由 G96 和 G97 指令设定。

1）G97（主轴恒转速控制）

指令格式：G97 S_；

其中，G97 为恒转速控制指令；S 后面指定的数值为主轴每分钟的转数。例如，"G97 S200；"表示主轴每分钟转 200 转。数控车床开机时的初始状态是 G97。通常在车削螺纹或工件直径变化不大时用恒转速控制。

2）G96（主轴恒线速度控制）

指令格式：G96 S_；

其中，G96 为恒线速度控制指令；S 后面的数值为切削点处工件的线速度，即切削速度。例如，"G96 S200；"表示切削点线速度为 200m/min。通常为保证表面粗糙度的要求，在工件直径变化较大时使用恒线速度控制。

3）G50（主轴最高转速限制）

指令格式：G50 S_；

其中，G50 为主轴最高转速控制指令；S 后面指定的数值为主轴最高转速，单位为 r/min。

主轴允许的最高转速由机床、机床的安装方式和工件装夹方式等诸多因素决定。

当车削的工件直径变化较大时，特别是加工端面，由于刀具离工件回转中心越近，主轴转速越高，工件有飞出的可能，为防止事故的发生，就必须限制主轴的最高转速。例如：

N10 G50 S2000；表示主轴最高转速不得大于 2000r/min。

N20 G96 S200；表示切削速度为 200m/min，但主轴转速最高不能超过 2000r/min。

注意：G50 指令有两种格式，要注意区别它们的用途。

G50 S_；	设定主轴最高转速
G50 X_ Z_；	设定工件坐标系

3. 刀具功能

数控车床的刀具功能（T）用来换刀和指定刀具补偿号。FANUC 车床数控系统的 T 功能由 T 和其后的 4 位数字组成。前两位数字表示选择的刀具号，后两位数字为此刀具的补偿号。后两位为 00 时表示取消刀具补偿。

指令格式：T□□□□

例如，T0101，前两位数字指定为 1 号刀，后两位数字指定为 1 号刀具补偿值。

刀具补偿包括两方面的补偿值，一是刀具位置补偿，二是刀尖圆弧半径补偿。数控装置中设有专门的寄存器用于存储刀具补偿值。

3.4.5　坐标系设定

1. 机械原点、机床坐标系

机械原点是数控机床上一个固定的点，不同类型的车床其机械原点的位置不尽相同。卧式车床的机械原点常设置在主轴回转中心与卡盘后端面的交点，如图 3-13 中的 O 点。

机床坐标系是以机床机械原点为坐标原点建立起来的 X—Z 笛卡儿直角坐标系。如图 3-13 所示为数控车床坐标系，以工件径向为 X 轴方向，纵向为 Z 轴方向。规定刀具远离工件的方向为各轴的正向。机床坐标系是机床安装、调整的基础，也是设置工件坐标系的依据。机床坐标系在出厂前已由机床制造厂调整好，一般不允许用户随意调整。

2. 参考点

数控车床的刀架一般不能移动到机床原点上，一般在车床上设置一个参考点，使该点与机床原点有一个固定不变的值，机床上电后的第一个操作是回参考点，回参考点后系统建立机床坐标系，此时的坐标原点为机械原点。

3. 工件坐标系

工件坐标系也称编程坐标系，是以工件（或夹具）上的某一个点为坐标原点（也称工件原点）建立起来的 X—Z 笛卡儿直角坐标系。为计算方便、简化编程，通常是把工件坐标系的原点选在工件的回转轴线上，具体位置可考虑设置在工件的左端面或右端面上，尽量使编程基准与设计、安装基准重合，如图 3-14 所示。

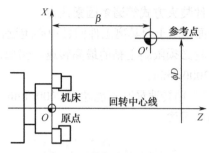
图 3-13　数控车床坐标系

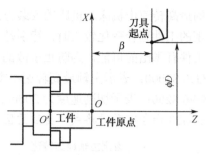
图 3-14　数控车床工件坐标系

4．工件坐标系的设定（G50）

在图 3-14 中，若刀具起点相对工件坐标系的坐标值为（α，β），则工件坐标系可用 G50 设定。

格式：G50 Xα Zβ；

指令中的α和β值的确定方法见 3.3.2 节对刀实例。

G50 指令不会使机床产生运动，只是以刀具的当前位置作为指令中的坐标位置，实际上确定的是坐标原点。

5．坐标系的偏置（G54～G59）

如果在一个零件上设置几个坐标系，可以使用坐标系偏置。坐标系偏置命令为 G54～G59。

格式：G54 G00 X α Z β；

α和β值为刀具在偏置后的坐标系中的坐标值。使用该方法时要先将偏置后的坐标原点与机床原点的差值输入 G54 的参数中。输入方法见 3.3.2 节对刀实例。

使用 G54～G59 指令使机床产生运动，运动的终点是偏置后的坐标原点与指令中的α和β值的代数和。如果在加工过程中突然停电，上电后重新回参考点，然后可以直接运行程序。而使用 G50 定义坐标系时，要先将刀具调整至指令给出的坐标位置，然后再运行程序。如果加工过程中停电，上电后必须重新调整刀具位置才能执行加工程序，从这点看 G54～G59 比 G50 方便。

3.4.6　绝对尺寸与增量尺寸输入方式

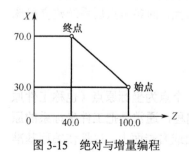
图 3-15　绝对与增量编程

数控车床的绝对、增量坐标值的表示方法除了可用 G90、G91 表示外，有的系统还可以用 X、Z 表示绝对坐标值，用 U、W 表示增量坐标值。在程序段中，还可混合使用绝对坐标值（X、Z）和相对值坐标值（U、W）进行编程。以如图 3-15 所示的移动过程为例，三种编程方式如下：

绝对坐标编程　　　X140.0 Z40.0

相对坐标编程　　　U80.0 W-60.0

混合坐标编程　　　X140.0 W-60.0（或 U80.0 Z40.0）

3.4.7　参考点返回（G28、G30）

1. 自动返回参考点（G28）

指令格式：G28 X（U）__ Z（W）__ ;
其中，X、Z 指令后的数值——中间点的绝对坐标；
　　　　U、W 指令后的数值——中间点的增量坐标。

该指令使指令轴以快速定位进给速度经由指定的中间点返回机床参考点，中间点的指定既可以是绝对值方式也可以是增量值方式，这取决于当前的模态。一般来说，该指令用于整个加工程序结束后使刀具移出加工区，以便卸下加工完毕的零件和装夹新的零件。

在使用 G28 指令时，必须先取消刀具半径补偿，而不必先取消刀具长度补偿，因为 G28 指令包含刀具长度补偿取消、主轴停止、切削液关闭等功能。

2. 返回第 2、第 3、第 4 参考点（G30）

指令格式：G30 P2 X（U）__ Z（W）__ ;　自动返回第 2 参考点，P2 可省略
　　　　　　G30 P3 X（U）__ Z（W）__ ;　自动返回第 3 参考点
　　　　　　G30 P4 X（U）__ Z（W）__ ;　自动返回第 4 参考点
其中，X、Z 指令后的数值——中间点的绝对坐标；
　　　　U、W 指令后的数值——中间点的增量坐标。

该指令使指令轴以快速定位进给速度经由指定的中间点返回机床第 2、第 3、第 4 参考点，中间点的指定既可以是绝对值方式也可以是增量值方式，这取决于当前的模态。一般来说，该指令用于加工程序中换刀。

3.4.8　坐标运动与进给（G00～G04）

1. 快速点定位（G00）

指令格式：G00 X（U）__ Z（W）__ ;
其中，X、Z 指令后的数值——目标点的绝对坐标；
　　　　U、W 指令后的数值——目标点的增量坐标。

该指令为快速运动，指令中不能指定运动速度，运动速度由系统参数设定。但其运动速度可以由机床操作面板上的倍率开关调整，调整的倍率为 0%、25%、50%、100%。由于速度很快，运动过程中不能切削。

G00 的运动轨迹如图 3-16 所示，有两种形式：一种为非直线插补形式，其轨迹多为折线；另一种为直线插补形式，其轨迹为直线，由 FANUC 系统参数的第 1 位决定其轨迹形式。

2. 直线插补运动（G01）

指令格式：G01 X（U）__ Z（W）__ F__ ;
其中，X、Z 指令后的数值——终点的绝对坐标；

U、W 指令后的数值——终点的增量坐标；

F 指令后的数值——运动速度（mm/r 或 mm/min）。

加工如图 3-17 所示的锥面的指令如下：

每分进给：G98 G01 X45.0　Z-40.0　F150.0；

每转进给：G99 G01 X45.0　Z-40.0　F0.3；

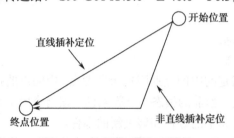

图 3-16　G00 的两种运动轨迹

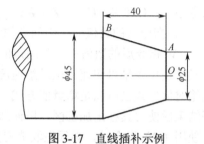

图 3-17　直线插补示例

【例 3-1】　编制如图 3-18 所示零件的轮廓加工程序，毛坯为 ϕ30mm 铝棒。

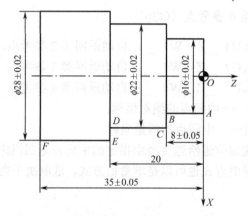

图 3-18　简单轴车削

以 O 点为编程原点，建立 XOZ 工件坐标系。X、Z 向的精加工余量都是 0.3mm，粗加工背吃刀量为 3mm，进给量为 0.2mm/r，主轴转速为 500r/min；精加工进给量为 0.08mm/r，主轴转速为 800r/min。

计算各基点坐标：A(16,0)、B(16, -8)、C(22, -8)、D(22, -20)、E(28, -20)、F(28, -35)。

参考程序如下：

O3001	
N10 T0101 S500 M03；	换 1 号刀，以主轴转速 500 r/min 启动主轴正转
N20 G00 X50 Z50 M08；	快速移动到换刀点的位置，开冷却液
N30 X31 Z1；	快速定位到起刀点位置
N40 G01 X28.6 F2；	直线插补，以 2mm/r 的速度移动到粗加工起点处
N50 Z-38 F0.2；	粗加工 ϕ28mm 外圆
N60 G0 X30；	X 向退刀
N70 Z1；	Z 向退刀
N80 X22.6；	X 向进刀到 ϕ22mm 外圆粗加工起点处
N90 G01 Z-19.7 F0.2；	粗加工 ϕ22mm 外圆
N100 G0 X30；	X 向退刀
N110 Z1；	Z 向退刀

N120 X16.6；	X 向进刀到 ∅16mm 外圆粗加工起点处
N130 G01 Z-7.7 F0.2；	粗加工 ∅16mm 外圆
N140 G0 X30；	X 向退刀
N150 Z1 M01；	Z 向退刀，选择暂停，测量以修改刀补
N160 S800；	主轴转速 800r/min
N170 G01 Z-8 F0.08；	精加工 ∅16mm 外圆
N180 X22；	精加工台阶面
N190 Z-20；	精加工 ∅22mm 外圆
N200 X28；	精加工台阶面
N210 Z-38；	精加工 ∅28mm 外圆
N220 G0 X50 Z50 M09；	快速移动到换刀点的位置，关冷却液
N230 M05；	主轴停
N240 M30；	程序结束

3．圆弧插补运动（G02、G03）

指令格式：$\begin{Bmatrix} G02 \\ G03 \end{Bmatrix}$ X（U）__ Z（W）__ $\begin{Bmatrix} I\_ K\_ \\ R \end{Bmatrix}$ F__；

其中，G02、G03——顺时针圆弧、逆时针圆弧；

　　　X、Z 指令后的数值——圆弧终点的绝对坐标；

　　　U、W 指令后的数值——圆弧终点的增量坐标；

　　　I 指令后的数值——圆心相对于圆弧起点在 X 方向的投影增量值；

　　　K 指令后的数值——圆心相对于圆弧起点在 Z 方向的投影增量值；

　　　R 指令后的数值——圆弧的半径值，圆弧不能是整圆，圆心角小于 180°的圆弧为正值，

　　　　　　　　　　　圆心角大于或等于 180°的圆弧为负值；

　　　F 指令后的数值——切向运动速度，运动速度可以由机床操作面板上的倍率开关调整，

　　　　　　　　　　　该指令用于切削运动。

数控车削加工中对于 G02 和 G03 的判断方法如图 3-19 所示。无论是前置刀架还是后置刀架，都可以用后置刀架判断，图 3-19（a）为 G02（顺时针圆弧），图 3-19（b）为 G03（逆时针圆弧）。

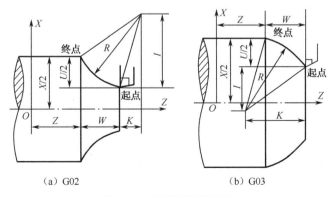

（a）G02　　　　　　　　　　　　（b）G03

图 3-19　圆弧顺逆的判断

【例 3-2】 编制如图 3-20 所示零件的精加工程序，零件材料为中碳钢，刀具材料为 YT15。基点 A、B 坐标如下：A(30, -15)、B(22, -27)，其余略。

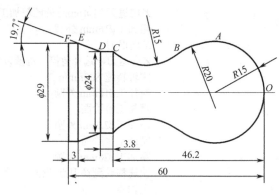

图 3-20　直线圆弧示例

程序如下：

```
O3002
T0101;                      设定工件坐标系
G00 X35 Z5 M03;             刀具快速移动接近工件，主轴正转
G50 S1500;                  限定最高转速
G96 S100;                   恒线速度 100m/min
G01 X0 F0.05;               移到 X 轴中心
G01 Z0.;                    Z 向进刀到右端面中心
G3 X30. Z-15 R15;           切 OA 圆弧
G3 X22 Z-27. R20;           切 AB 圆弧
G2 X24 Z-46.2 R15.;         切 BC 圆弧
G1 W-3.8;                   走直线 CD
G1 X29 Z-57.;               走直线 DE
G1 Z-60.;                   走直线 EF
G0 X50. Z5.;                快速回起点
M30;                        程序结束
```

4. 程序暂停（G04）

该指令可使刀具做短时间的停顿，停止时间为被指令的时间，非模态。

指令格式：G04 X（U）_；或 G04 P_；

其中，X（U）或 P——指定暂停时间；

　　　　X（U）——后面的数字允许带小数点，单位为 s；

　　　　P——后面的数字必须为整数，单位为 ms。

该指令主要用于：

（1）在车削沟槽或钻孔时，为使槽底或孔底得到准确的尺寸精度及较好的表面质量，在加工到槽底或孔底时，应暂停一会儿，使工件回转一周以上。

（2）使用 G96 车削工件轮廓后，再改为使用 G97 车削螺纹时，应先暂停一段时间，使主轴转速稳定后再车削螺纹，以保证螺纹加工的精度要求。

（3）用于拐角轨迹控制。由于系统的自动加、减速作用，刀具在拐角处的轨迹并不是直线，如果拐角处的精度要求很严格，其轨迹必须是直线时，可在拐角处使用暂停指令。

例如，要暂停 2.5s，程序段为：

```
G04 X2.5；或 G04 U2.5；或 G04 P2500；
```

3.4.9　螺纹加工（G32、G34）

1. 单行程螺纹车削（G32）

指令格式：G32 X（U）__Z（W）__F__；

其中，X、Z 指令后的数值——所切螺纹终点的绝对坐标；

　　　 U、W 指令后的数值——所切螺纹终点的相对坐标；

　　　 F 指令后的数值——螺纹导程。

G32 指令可用于切削固定导程的圆柱螺纹、圆锥螺纹及端面螺纹，如图 3-21 所示。

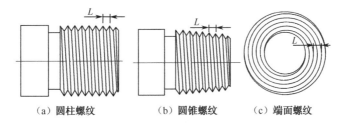

图 3-21　切削螺纹种类

圆柱螺纹　G32 Z（W）__F__；

圆锥螺纹　G32 X（U）__Z（W）__F__；

端面螺纹　G32 X（U）__F__；

在数控车床上加工螺纹时，沿螺距方向进给速度与主轴转速有严格的匹配关系，为避免在进给机构加、减速过程中切削，要求加工螺纹时应留有一定的切入与切出距离。如图 3-22 所示，δ_1 为切入量，δ_2 为切出量，其数值与进给系统的动态特性和螺纹精度及螺距有关。

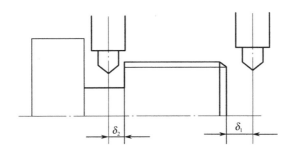

图 3-22　螺纹加工切入与切出距离的确定

一般 δ_1=2～5mm，δ_2=（1/4～1/2）δ_1。当螺纹收尾处没有退刀槽时，可按 45°退刀收尾。

车削螺纹前零件螺纹部分的直径尺寸要符合尺寸偏差值（外螺纹为负偏差，内螺纹为正偏差），再根据螺纹的螺距确定车螺纹的走刀次数和每次走刀时的背吃刀量。对于三角螺纹，不同螺距的走刀次数和每次走刀时的背吃刀量如表 3-2 所示。

表 3-2　普通螺纹切削深度及走刀次数参考表

普通螺纹		牙深=0.6495P		P=螺距		
螺　距	1	1.5	2	2.5	3	3.5	4
牙　深	0.649	0.974	1.299	1.624	1.949	2.273	2.598
切削深度及走刀次数 1 次	0.7	0.8	0.9	1.0	1.2	1.5	1.5
2 次	0.4	0.6	0.6	0.7	0.7	0.7	0.8
3 次	0.2	0.4	0.6	0.6	0.6	0.6	0.6
4 次		0.16	0.4	0.4	0.4	0.6	0.6
5 次			0.1	0.4	0.4	0.4	0.4
6 次				0.15	0.4	0.4	0.4
7 次					0.2	0.2	0.4
8 次						0.15	0.3
9 次							0.2

注：① 牙深以公称直径为基准计算，牙深=（公称直径-螺纹小径）/2。

　　② 切削深度值是指用直径编程。

【例 3-3】 如图 3-23 所示，已知圆锥螺纹切削参数为：螺纹导程 L=1mm，引入量 a=2mm，超越量 b=1mm，分三次切削，背吃刀量和走刀次数按表 3-2 确定。试用 G32 指令编写螺纹切削部分程序。

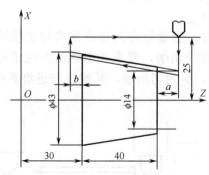

图 3-23　切削圆锥螺纹

部分程序如下：

```
……
G00 X13.3 Z72.0;          进入螺纹起点
G32 X42.3 Z29.0 F1.;      切第一刀
G00 X50.0;                X 向退刀
Z72.0;                    Z 向退刀
X12.9;                    X 向进刀
G32 X41.9 Z29.0 F1.;      切第二刀
G00 X50.0;                X 向退刀
Z72.0;                    Z 向退刀
X12.7                     X 向进刀
G32 X41.7 Z29.0 F1.;      切第三刀
G00 X50.0;                X 向退刀
```

Z72.0;	*Z* 向退刀
……	

执行螺纹切削时需要注意以下事项：

（1）进给速度倍率在螺纹切削中无效，进给速度被限制在 100%。

（2）进给暂停在螺纹切削中无效。

（3）主轴的指令转速一定是 G97。切削螺纹时，为车削至螺纹底径，*X* 轴的直径值是变化的，若使用切削速度一定的 G96 指令使主轴回转，则工件转速将随工件直径的变化而变化，从而使切削速度产生变动而造成乱牙现象。

（4）不论之前指定的是 G99 还是 G98，都按照 G99 运行。因为每转进给时主轴上的编码器处于工作状态，在车削螺纹时使多次进给的下刀点 *Z* 向一致，不会乱扣。

（5）车削螺纹前后，必须有适当的引入量和超越量。因为数控车床的螺纹刀具是靠伺服电动机驱动的，伺服电动机由静止状态必须先加速再到等速移动，在此段时间内所移动的距离会切削出非定值导程螺纹，应避免这种情况发生，此即为引入量。同理，伺服电动机等速回转后须先减速再达到静止，故仍需有超越量。

2．变导程螺纹车削（G34）

指令格式：G34 X（U）＿Z（W）＿K＿F＿；

其中，X、Z、U、W、F 指令后的数值——含义与 G32 中相同；

　　　　K 指令后的数值——指定所切螺纹每导程的增量或减量，如图 3-24 所示，其取值范围公制为 0.0001～100.000mm/r，英制为 0.000 001～1.000 000in/r。

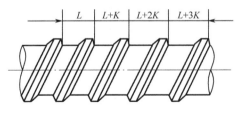

图 3-24　变导程螺纹

3.4.10　刀具补偿

1．刀具位置偏置补偿

刀具位置偏置补偿是对编程时假想刀具（一般为基准刀具）与实际加工使用刀具位置的差别进行补偿的功能，分为刀具形状补偿和刀具磨损补偿。前者是对刀具形状及刀具安装误差的补偿，后者是对刀尖磨损量的补偿。

刀具补偿功能由程序中指定的 T 代码来实现。T 代码由字母 T 后面跟 4 位数字组成，指令格式如下：

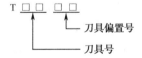

例如，T0101，其中前两位数字为刀具号，后两位数字为刀具偏置号。刀具偏置号实际上是刀具补偿寄存器的地址号。

如图3-25所示，由于各刀具装夹在刀架的 X、Z 方向的伸长和位置不同，当非基准刀转位到加工位置时，刀尖位置 B 点相对于 A 点就有偏置。此外，每把刀具在使用过程中还会出现不同程度的磨损，因此各刀的刀具偏置和磨损值需要进行补偿。刀补移动的效果便是令转位后的刀尖移动到上一基准刀尖所在位置上，新、老刀尖重合，它在工件坐标系中的坐标值就不发生改变。

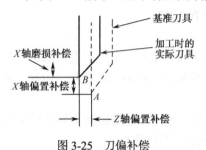

图3-25　刀偏补偿

获得每个刀具偏置的基本原理是：各刀均对准工件上某一基准点，由于 CRT 显示的机床坐标不同，因此将非基准刀具在该点处的机床坐标通过人工计算或系统软件计算减去基准刀具在同样点的机床坐标，就得到了各非基准刀具的偏置值。将偏置值预先用 MDI（手动数据输入）操作在偏置存储器中设定，若刀具偏置号为0，则表示偏置值为0，即取消补偿功能。

2. 刀具半径补偿

1）刀具半径补偿的目的

数控车床按刀尖对刀，但车刀的刀尖总有一段小圆弧，所以对刀时刀尖的位置是假想刀尖 P，如图3-26所示。编程时按假想刀尖轨迹编程（即工件的轮廓与假想刀尖 P 重合），而车削时实际起作用的切削刃是圆弧切点 A、B，这样就会引起加工表面的形状误差。

用假想刀尖点编程，加工端面和外圆没有切削残留。如图3-27所示，在切削外圆时，刀具与工件的接触点为 A，而 A 与 P 在 X 向上的坐标是一样的。同样，在切削端面时，刀具与工件的接触点为 B，而 B 与 P 在 Z 向上的坐标是一样的，两者均不会产生加工表面的形状误差。

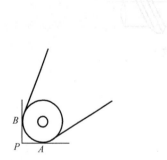

图3-26　刀具半径与假想刀尖

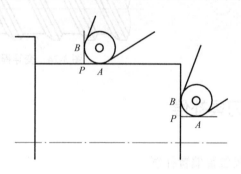

图3-27　圆头刀具车圆柱面和端面

但若用假想刀尖点编程加工斜面，由于编程点 P 的轨迹为 CD，而刀具的实际轨迹与 C、D 的连线有误差，在加工中出现 $CDdc$ 部分的残留，如图3-28所示。同样，用假想刀尖点编程加工圆弧时，用刀位点 P 来编程，在加工中也会出现部分残留，如图3-29所示，这样就会引起加工表面的形状误差。

在实际生产中，若工件加工精度要求不高或留有精加工余量时可忽略此误差，否则应考虑刀尖圆弧半径对工件形状的影响，采用刀具半径补偿功能。其后可按工件的轮廓线编程，数控系统会自动计算刀心轨迹并按刀心轨迹运动，从而消除刀尖圆弧半径对工件形状的影响。

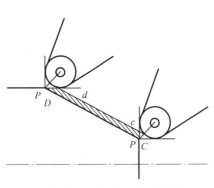

图 3-28　圆头刀具切锥面

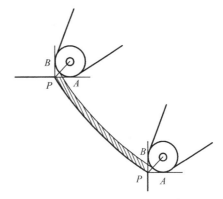

图 3-29　圆头刀具切圆弧面

2）刀具半径补偿的方法

刀具半径补偿可通过从键盘输入刀具参数，并在程序中采用刀具半径补偿指令实现。刀具参数包括刀尖半径、刀尖号（假想刀尖圆弧位置），必须将这些参数输入刀具偏置寄存器中。

如图 3-30 所示为 9 种假想刀尖位置。在设置刀具半径补偿参数时，要根据刀具使用情况将刀位号输入系统中。其中刀尖号 1 用于加工内孔反向走刀，2 用于加工内孔正向走刀，3 用于加工外圆正向走刀，4 用于加工外圆反向走刀，5 用于加工左端面，6 用于加工内孔沟槽，7 用于加工右端面，8 用于加工外螺纹，0 和 9 用于 G17 和 G19 平面。

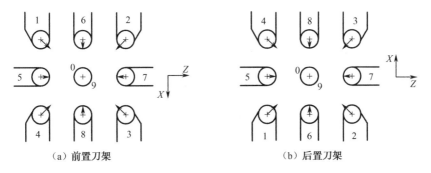

（a）前置刀架　　　　　　　　　　（b）后置刀架

图 3-30　数控车床所用刀具的假想刀尖位置

指令格式：$\begin{Bmatrix} G41 \\ G42 \\ G40 \end{Bmatrix} \begin{Bmatrix} G01 \\ G00 \end{Bmatrix}$ X（U）__ Z（W）__;

其中，G41——刀具半径左补偿，刀具后置时，沿着刀具前进的方向看，刀具在工件的左边，刀具内置时，沿着刀具前进的方向看，刀具在工件的右边；

　　　　G42——刀具半径右补偿，刀具后置时，沿着刀具前进的方向看，刀具在工件的右边，刀具内置时，沿着刀具前进的方向看，刀具在工件的左边；

　　　　G40——取消刀具半径补偿；

　　　　G01、G00——G41、G42、G40 指令只能与 G01 或 G00 指令联合使用，通过直线运动建立或取消刀补；

　　　　X（U）、Z（W）指令后的数值——建立或取消刀补段中刀具移动的终点坐标。

刀具半径补偿应当在切削进程启动之前完成，同样，要在切削进程之后取消。G41、G42、

G40 均为模态指令。

【例 3-4】 车削如图 3-31 所示零件，采用刀具半径补偿指令编程。

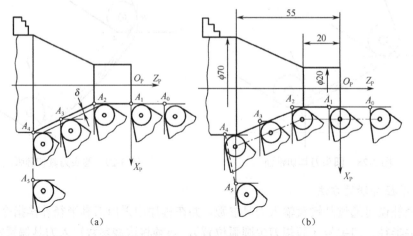

图 3-31　刀具半径补偿的应用

如图 3-31（a）所示，未采用刀具半径补偿指令时，刀具以假想刀尖轨迹运动，圆锥面产生误差 δ。如图 3-31（b）所示，采用刀具半径补偿指令后，系统自动计算刀心轨迹，使刀具按刀尖圆弧中心轨迹运动，无表面形状误差。

程序如下：

```
……
N0040 G00 X20.0   Z2.0;          快进至 A₀ 点
N0050 G42 G01 X20.0 Z0;          刀具右补偿，A₀→A₁
N0060 Z-20.0;                    车φ20mm 外圆，A₁→A₂
N0070 X70.0 Z-55.0;              车锥面，A₂→A₄
N0080 G40 G01 X80.0 Z-55.0;      退刀并取消刀补，A₄→A₅
……
```

3.4.11　固定循环（G90、G92、G94、G70～G73、G76）

一个固定循环指令可以实现多个动作。车削加工余量较大的表面，采取循环指令编程，可以缩短程序长度，节省编程时间。

1．单一形状固定循环（G90、G92、G94）

当材料轴向切除量比径向长时，使用 G90 轴向循环车削指令；当材料径向切除量比轴向长时，使用 G94 径向循环车削指令；而 G92 是用于切削螺纹的循环指令。使用循环切削指令，刀具必须先定位至循环起点，再下循环切削指令，且完成一循环切削后，刀具仍回到此循环起点。循环切削指令皆为模态码。

1）轴向车削循环（G90）

（1）圆柱面切削循环的指令格式。

G90 X(U)_ Z(W)_ F_;

其中，X、Z 指令后的数值——切削终点的绝对坐标；

U、W 指令后的数值——切削终点的增量坐标；

F 指令后的数值——进给速度。

如图 3-32 所示，图中 R 表示快速进给，F 为按指定速度进给。单程序段加工时，执行一次循环可执行 1、2、3、4 的轨迹操作。

（2）圆锥面切削循环的指令格式。

> G90 X(U)_ Z(W)_ R_ F_ ；

其中，X、Z、U、W、F 指令后的数值——意义同圆柱面切削循环；

R 指令后的数值——切削起点与切削终点的半径差值。

如图 3-33 所示为圆锥面切削循环。

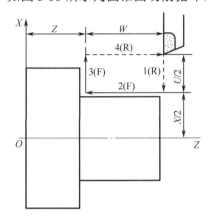

图 3-32　外径、内径车削循环

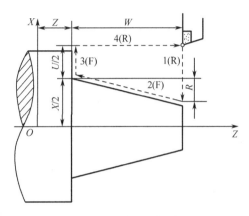

图 3-33　圆锥面切削循环

2）螺纹车削循环（G92）

指令格式：G92 X(U)_ Z(W)_ R_ F_ ；

其中，X、Z 指令后的数值——切削终点的绝对坐标；

U、W 指令后的数值——切削终点的增量坐标；

F 指令后的数值——螺纹导程。

如图 3-34（a）所示为圆锥螺纹切削循环图。刀具从循环起点 A 开始，按 A—B—C—D—A 路径进行自动循环，图中虚线表示刀具按 R 快速移动，实线表示按 F 指定的工作速度移动。X、Z 为螺纹终点（C 点）的坐标值，U、W 为终点坐标的增量值，R 为螺纹切削起点半径与切削终点半径的差值。当 R=0 时，为圆柱螺纹，此时将指令中的 R 省略。图 3-34（b）为圆柱螺纹切削循环图。

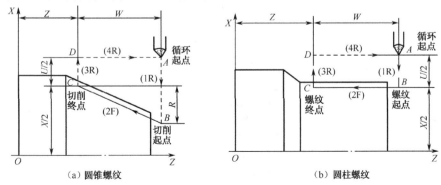

（a）圆锥螺纹　　　　　　　　　　　（b）圆柱螺纹

图 3-34　螺纹切削循环

车削螺纹时，G32 指令需要 4 个程序段才能完成一次螺纹切削循环；而 G92 指令则只需一个程序段便可完成一次螺纹切削循环，而且条理清晰。

【例 3-5】 车削如图 3-35 所示的螺母零件，材料为 $\phi35mm\times35mm$ 的硬铝，进行工艺分析并编制数控加工程序。

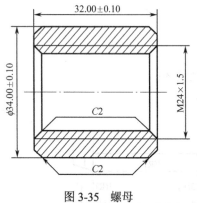

图 3-35 螺母

选择夹具、刀具、量具：选用三爪卡盘；选用 4 把刀具，1 号为端面车刀，2 号为内孔车刀，3 号为内螺纹车刀，4 号为 4mm 切断刀。外圆用外径千分尺测量，长度、内孔用游标卡尺测量，内螺纹用螺纹塞规检测。

确定加工路线：先粗、精车右端面、外圆到尺寸 $\phi34mm$（采用试切法对刀，对刀的同时把端面与外圆加工出来）；用 $\phi3mm$ 中心钻钻中心孔深 3mm，$\phi18mm$ 钻头钻螺纹底孔深 40mm（中心钻、钻头等装夹在尾座上用手工操作钻螺纹底孔）；车内孔到尺寸，内孔和外圆倒角，再加工螺纹，测量尺寸符合要求后，按长度尺寸要求切断（留 0.5mm，即 32.5mm）；掉头装夹，用百分表校正，车平端面、倒角到尺寸。

确定切削用量：加工材料为硬铝，硬度较低，切削力较小，切削性能好，各工序切削用量如表 3-3 所示。

表 3-3 各工序切削用量

加工工序	刀具号	刀具类型	主轴转速 n	进给速度 f	切削深度 a_p	备 注
粗车外圆与端面	T01	端面车刀	500r/min	80mm/min	0.5mm	手动
钻内螺纹底孔		中心钻、钻头	600r/min	30mm/min		手动
车内螺纹底孔	T02	内孔车刀	400r/min	60mm/min	0.3mm	自动
车螺纹	T03	内螺纹车刀	250r/min	1.5mm/r	由深到浅	自动
切断	T04	切断刀	300r/min	25mm/min	4mm	手动

以加工件右端面轴心线为工件编程坐标原点建立工件坐标系，加工内孔及内螺纹的程序如下：

O3005	
T0202；	建立工件坐标系，调用 2 号内孔车刀
G0 X70 Z50；	快速定位到换刀点位置
S600 M03；	主轴以 600r/min 正转
G00 X16.0 Z1.0；	定位到起刀点
G01 X21.5 F60；	刀具沿 X 向进刀
Z-36；	车内孔
X18；	沿 X 向退刀
Z1.0；	沿 Z 向退刀
X22.43；	X 向进刀到螺纹底孔尺寸，即为内螺纹公称直径减去螺距的 1.05 倍
Z-36 F50；	精车内孔
X18；	沿 X 向退刀
Z50.0；	沿 Z 向退刀
X70；	刀具退到换刀点位置
T0303；	换 3 号内螺纹车刀

G0 X20.0 Z4.0 F250；	定位到循环起点，转速为250r/min
G92 X23.2 Z-32 F1.5；	内螺纹单一加工循环开始（第一刀）粗车螺纹
X23.8；	第二刀粗车螺纹
X23.92；	第三刀粗车螺纹
X24；	第四刀精车螺纹
G0 X70 Z80；	刀具退到安全位置
M05；	主轴停转
M30；	程序结束并返回程序头

3）径向车削循环（G94）

径向车削循环包括直端面车削循环和锥端面车削循环。

直端面车削循环指令格式（见图3-36）：G94 X（U）_Z（W）_F___；

锥端面车削循环指令格式（见图3-37）：G94 X（U）_Z（W）_R_F___；

各地址代码的用法同G90，其 R 值的正负判定为：刀具 Z 向往正向移动时，R<0；往负向移动时，R>0。图3-37 中 R<0。

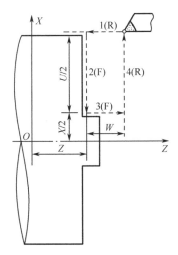

图3-36　直端面车削循环

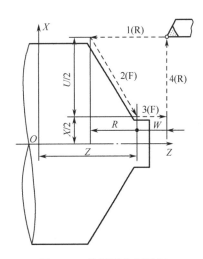

图3-37　锥端面车削循环

2. 复合形状循环切削（G70～G73、G76）

当工件的形状较复杂，如有阶梯、锥度、圆弧等时，若使用基本切削指令或单一外形固定循环切削指令，粗车时为了考虑精车余量，粗车的坐标点确定会很繁杂和不易计算。使用复循环切削指令，只需依指令格式设定粗车时每次的背吃刀量、精车余量、进给速度等，在接着的程序段中描述精车时的加工路径，则 CNC 控制器即可自动计算出粗切削的刀具路径，自动进行粗切削加工，方便程序的编制。

1）精车复合循环指令（G70）

使用复合循环粗切削指令 G71、G72、G73 后，必须使用 G70 指令执行精车，使工件达到所要求的尺寸公差及表面粗糙度。

指令格式：G70 P(ns) Q (nf)；

其中，ns——精加工第一个程序段的顺序号；

nf——精加工最后一个程序段的顺序号。

使用 G70 时应注意下列事项：

（1）必须先使用 G71、G72 或 G73 指令，才可使用 G70 指令。

（2）G70 指令中指定 P~Q 间精车削的程序段里不能调用子程序。

（3）P~Q 间精车削的程序段里 F 及 S 指令是给 G70 精车削时使用的。

2）轴向粗车复合循环指令（G71）

指令格式：

```
G71 U(△d)R(e);
G71 P(ns)Q(nf)U(△u)W(△w)F(△f)S(△s)T(t);
N(ns)……;
……S(s)F(f);
……
N(nf)……;
```

指令中各项参数意义如下：

△d——粗加工每次的背吃刀量，以半径值表示，一定为正值，该值是模态值；

e——每次粗切削结束时的退刀量，该值是模态值；

ns——精加工第一个程序段的顺序号；

nf——精加工最后一个程序段的顺序号；

△u——X 轴方向的精加工余量，以直径值表示；

△w——Z 轴方向的精加工余量；

△f——粗加工时的进给速度（大多于 G71 之前已指定，故大多省略）；

△s——粗加工时的主轴机能（大多于 G71 之前已指定，故大多省略）；

t——粗加工时的刀具机能（大多于 G71 之前已指定，故大多省略）；

s——精加工时的主轴转速；

f——精加工时的进给速度。

G71 指令适用于圆柱毛坯粗车外圆和圆筒毛坯粗车内孔。刀具循环路径如图 3-38 所示。在 G71 指令的下一程序段给予精车削加工指令，描述 $A{\rightarrow}B$ 间的工件轮廓，并在 G71 指令中给予精车预留量△u、△w 及粗加工背吃刀量△d，系统即自动计算粗车的加工路径并进行粗车，且最后会沿着粗车轮廓 $A'{\rightarrow}B'$ 车削一次再退回至循环起点 C 完成粗车削循环。

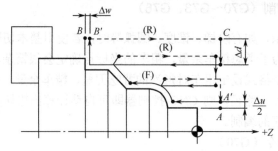

图 3-38　轴向粗车复合循环 G71 路径

使用 G71 时注意以下几点：

（1）由循环起点 C 到 A 之间只能使用 G00 或 G01 指令，并且不能使 Z 轴运动。

（2）在 ns 和 nf 之间的程序段中不能调用子程序。

（3）ns 和 nf 之间的 F、S 和 T 功能在粗加工 G71 中无效。

（4）ns 和 nf 之间的 G96、G97 功能在粗加工 G71 中无效，而在 G71 以前指定的 G96、G97

中有效。

（5）ns 和 nf 之间的 X 值和 Z 值必须逐渐增大或减小。

【例 3-6】　车削如图 3-39 所示的工件。粗车刀 1 号，精车刀 2 号，刀尖半径为 0.6mm。精车预留量 X 向为 0.2mm，Z 向为 0.05mm。粗车主轴转速为 500r/min，精车为 800r/min。粗车的进给速率为 0.2mm/r，精车为 0.07mm/r。粗车时每次切削深度为 3mm。设零件毛坯为 $\phi80$mm 的棒料。

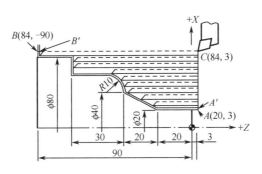

图 3-39　粗、精车实例

粗、精加工程序如下：

O3006	
T0101;	建立工件坐标系
M04 S500;	粗车时的主轴转速为 500r/min，反转，因为刀架后置
G00 X84. Z3.M08;	快速定位至循环起点 C（84，3），冷却液开
G71 U3. R1.;	粗车每次切削深度为 3mm，退刀量为 1mm
G71 P10 Q20 U0.2 W0.05 F0.2;	粗车的进给速率为 0.2mm/r，X 向的精加工余量为 0.2mm，Z 向为 0.05mm
N10 G00 G42 X20.;	启动刀尖半径补正 G42。由 C 快速定位至 A。开始精车程序段，不可有 Z 向指令
G01 Z-20. F0.07 S800;	车圆柱面长度为 20mm，进给速率为 0.07mm/r，主轴转速为 800r/min
X40. W-20.;	车圆锥面
G03 X60. W-10. R10.;	车圆弧面，圆弧半径为 10mm
G01 Z-70.;	车圆柱面
X80.;	车台阶平面
Z-90.;	车圆柱面
N20 G40 X84.;	取消刀尖半径补正 G40，X 向退刀
G00 X100. Z100.;	快速退至换刀点（100，100），准备换精车刀 2 号
M05;	主轴停
M01;	程序选择暂停，需要时进行测量，修改精车刀 2 号刀补
T0202;	换 2 号刀，2 号刀偏
G00 X84. Z3;	快速定位至循环起点 C（84，3）
G70 P10 Q20;	精加工
G00 X100. Z100.;	回换刀点
M30;	程序结束

3）径向粗车复合循环指令（G72）

指令格式：

```
G72 W(Δd)R(e);
G72 P(ns)Q(nf)U(Δμ)W(Δw)F(Δf)S(Δs)T(t);
N(ns)……;
```

......S(s)F(f);
......
N(nf)......;

G72 指令适用于圆柱毛坯料端面方向的加工，指令中各项的意义与 G71 相同，其刀具刀路如图 3-40 所示。

要注意的问题与 G71 的注意事项相同，同时由循环起点 C 到 A 之间只能使用 G00 或 G01 指令，并且不能使 X 轴运动。

【例 3-7】 如图 3-41 所示零件，材料为 45 钢，试编制零件加工程序。粗加工切削深度为 1mm，退刀量为 0.2mm，进给量为 0.3mm/r，主轴转速为 800r/min，精加工余量 X 向为 0.5mm。

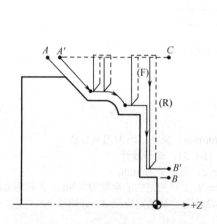

图 3-40 径向粗车复合循环 G72 路径

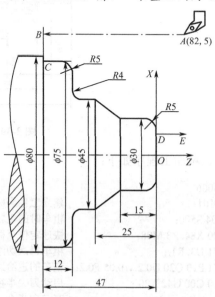

图 3-41 径向粗车复合循环 G72 示例

参考程序如下：

O3007	
N5 G40 G97 G99 T0101;	初始化，建立工件坐标系
N10 M04 S800;	主轴反转，因为刀架后置，转速为 800r/min
N15 G00 X82. Z5.;	运动到循环起点
N20 G72 W1.0 R0.2;	背吃刀量为 2mm，退刀量为 0.5mm
N25 G72 P30 Q80 U0.5 W0 F0.3;	N30～N65 循环，直径精加工余量为 0.5mm，Z 向加工余量为 0mm，进给量为 0.3mm
N30 G00 Z-47.;	快速进刀至 B 点
N35 G01 X75.0 F0.1;	工作进给至 C 点，以下为精加工轮廓描述
N40 W7.;	
N45 G2 X65 W5 R5.;	
N50 G1 X53.;	
N55 G3 X45. W4.R4;	
N60 G1 Z-25.;	
N65 X30.0 Z-15;	
N70 Z-5.;	
N75 G2 X20 Z0 R5;	加工右端面圆弧至 D 点
N80 G1 Z5;	沿 Z 向退刀至 E 点

```
N85 G0 X100 Z100;
N90 M05;
N95 M00;
N100 M04 S1200;
N100 G41 G0 X82.Z5.;        快速移至循环起点并建立左刀补
N105 G70 P30 Q80 ;          执行精加工循环
N110 G40 G00 X100 Z100;     回起刀点，取消刀补
N115 M30;                   程序结束
```

4）轮廓粗车复合循环指令（G73）

G71 和 G72 指令针对的工件毛坯为棒料。若工件毛坯是已成型的铸件或锻件，则应使用 G73 指令切削，若仍使用 G71 或 G72 指令，则会有许多无效切削而浪费加工时间。

指令格式：

```
G73 U(Δi)W(Δk)R(d);
G73 P(ns)Q(nf)U(Δu)W(Δw)F(Δf)S(Δs)T(t);
N(ns)……;
……S(s)F(f);
……
N(nf)……;
```

指令中各项参数意义如下：

Δi——X 轴方向退刀量，以半径值表示，该值是模态值；

Δk——Z 轴方向退刀量，该值是模态值；

d——粗切重复次数。

其余各项含义与 G71 相同，如图 3-42 所示为 G73 的刀具刀路。

【例 3-8】　如图 3-43 所示零件，已知毛坯为铸件，X 向单边最大切削深度为 8.5mm，Z 向最大切削深度为 5.5mm，设定刀具背吃刀量为 1.5mm，粗加工在 X 向预留的精加工余量为 1mm，在 Z 向精加工余量为 0mm。试编制零件加工程序。

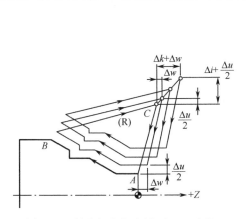

图 3-42　轮廓粗车复合循环 G73 路径

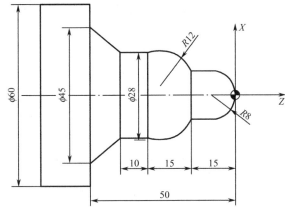

图 3-43　轮廓粗车复合循环 G73 示例

分析：铸件毛坯，毛坯轮廓与零件轮廓基本相仿，因而用仿形加工循环指令 G73，加工次数根据 X 向最大切深与背吃刀量算得 8.5/1.5≈6，循环起点设为（62,10）。

参考程序如下：

T0101；	设置工件坐标系 1 号刀，1 号刀补
G50 S2000;	设定主轴最高转速为 2000r/min
G96 S120 M04;	主轴反转，恒线速切削，切削速度为 120m/min
G00 X62. Z10. M08;	快速定位至循环起点，开切削液
G73 U8.5 W5.5 R6.;	Δi=8.5mm，Δk=5.5mm，d=6 次
G73 P10 Q20 U1 W0 F0.3;	X 向加工余量为 1mm，Z 向余量为 0mm，粗车的进给量为 0.3mm/r
N10 G00 X0.;	快速移动至零件回转中心位置
G01 Z0. F0.15;	进给至圆弧起点，设置精车进给量为 0.15mm/r
G3 X16. Z-8. R8;	车 $R8$ 圆弧
G1 Z-15.;	车圆柱
G03 X28. W-15. R12.;	车 $R12$ 圆弧
G01 W-10.;	车圆柱
X45. Z-50.;	车圆锥
N20 X62.;	完成精车程序段，并沿径向退刀
G00 X100. Z100.;	快速退至安全点，准备换 2 号精车刀
M05;	主轴停
M00;	程序暂停
T0202 M04 S150;	换 2 号精车刀，建立刀具补偿，设置精车切削速度
G42 G0 X62. Z10.;	快速定位至循环起点，同时建立右刀补
G70 P10 Q20;	精车循环
G40 G00 X100. Z100.;	回换刀点，取消刀补
M30;	程序结束

5）螺纹切削复合循环指令（G76）

G76 螺纹切削复合循环指令较 G32、G92 指令简捷，可节省程序设计与计算时间，其切削路径及进刀方法如图 3-44 所示。

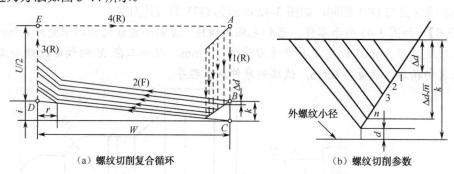

（a）螺纹切削复合循环　　　　　　（b）螺纹切削参数

图 3-44　螺纹切削复合循环指令

指令格式：

G76 P(m)(r) (a)Q(Δd min)R(d);
G76 X(U)__Z(W)__ R(i)P(k)Q(Δd)F(L);

指令中各项参数意义如下：

m——精加工重复次数（1～99）；

r——螺纹根部的倒角量（对于无退刀槽螺纹很重要），在 0.0L～9.9L 之间，单位为 0.1L（L 为螺纹导程），所以该值为 00～99；

a——刀尖角度，可为 80°、60°、55°、30°、29°和 0°六种中的一种，由两位数规定；

$\Delta d_{\min}$——最小切深（用半径值指定）；

d——精加工余量，单位为 mm；

i——螺纹半径差，如果 i=0mm，则为圆柱螺纹；

k——螺纹的牙型高度（X 方向的距离指定），用半径值指定，单位为μm；

Δd——第一刀切深，用半径值指定，单位为μm；

L——螺纹导程。

用 G76 编制螺纹加工程序应注意：在数控车床上加工螺纹时，沿螺距方向（Z 向）进给速度与主轴转速有严格的匹配关系，为避免在进给机构加、减速过程中切削，要求加工螺纹时应留有一定的切入与切出距离。

6）螺纹加工走刀次数与切削余量的确定

加工螺距较大、牙型较深的螺纹时，通常采用多次走刀、分层切入的办法进行加工。数控车床加工螺纹的进刀方式有直进式和斜进式两种，如图 3-45 所示。用 G76 指令加工螺纹时，进刀方式为斜进式。G76 切削循环采用斜进式，每次粗切余量是按递减规律自动分配的，由于单侧刀刃切削工件，刀刃容易损伤和磨损，使加工的螺纹面不直，刀尖角发生变化，从而影响牙型精度。但刀具负载较小，排屑容易。因此，此加工方法一般适用于大螺距低精度螺纹的加工。

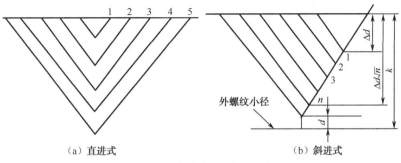

（a）直进式　　　　　　　　（b）斜进式

图 3-45　螺纹加工进刀方式

【例 3-9】　在如图 3-46 所示零件上加工一段直螺纹，螺纹高度为 2.598mm，螺纹导程为 4mm，螺纹尾端倒角为 1.0L，刀尖角为 60°，第一次车削深度为 1mm，最小切深为 0.2mm，精车余量为 0.15mm。试用 G76 指令编写该螺纹加工程序。

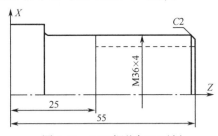

图 3-46　G76 螺纹加工示例

参考程序如下：

O3009	
N10 G54 G00 X100. Z100.；	设定工件坐标系
N20 G97 S500 T0202 M03 M08；	恒转速，主轴正转转速为 500r/min，2 号刀，冷却液开
N30 G00 X38. Z60.；	刀具进入循环起点
N40 G76 P011060 Q200 R0.15；	精加工次数 1，根部倒角 4mm，牙型角 60°，最小切深 0.2mm，精加工余量 0.15mm
N50 G76 X30.8 Z25. P2598 Q1000 F4.；	牙深 2.598mm，第一次切深 1mm，导程 4mm
N60 G00 X100. Z100.；	回起刀点

N10 M30；	程序结束，自动关闭冷却液，主轴停

3.5 数控车床编程实例

1. 编程实例一

【例 3-10】 加工如图 3-47 所示零件，材料为 $\phi30mm$ 硬铝。要求设计工艺并编写程序。

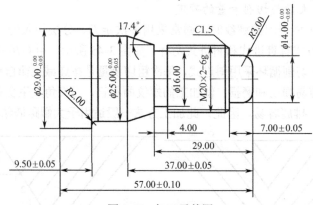

图 3-47 加工零件图

1）工艺分析

不同的零件在数控加工中一般都有其工序卡，工、量、刃具清单，程序单等，这些是数控加工时最重要的文件资料，也是加工工艺实践积累必不可少的资料。在加工中正确选用工具、量具、刃具及合理安排加工顺序对零件质量及加工效率有很大的影响。

（1）选择工、量、刃具。本例选择的工、量、刃具清单如表 3-4 所示。

表 3-4 工、量、刃具清单

工、量、刃具清单					图 号		图 3-47	
种　　类	序号	名　　称	规　　格	精　　度	单　　位		数　　量	
工具	1	三爪自定心卡盘			个		1	
	2	卡盘扳手、刀架扳手			个		各 1	
	3	垫刀片			个		若干	
量具	1	游标卡尺	0～150mm	0.02mm	把		1	
	2	千分尺	0～25mm、25～50mm	0.01	把		各 1	
	3	R 规	$R1\sim6.5mm$		个		1	
	4	螺纹环规	M20×2		个		1	
刀具	序号	刀具号	刀具名称	加工面	型号	材质		数量
	1	T01	90° 外圆粗车刀	粗加工外轮廓	16×16	高速钢		1
	2	T02	35° 外圆精车刀	精加工外轮廓	镶刀片	硬质合金		1
	3	T03	切槽刀	切槽、切断	刀头宽 4mm	高速钢		1
	4	T04	三角形螺纹车刀	车螺纹	牙型角 60°	硬质合金		1

（2）确定工艺路线及切削用量。工艺路线的确定根据先粗后精、先近后远、先里后外的原则，本例用 1 号刀采用 G71 粗车复合循环加工外轮廓，用 2 号刀采用 G70 精车循环加工外轮廓，用 3 号刀加工退刀槽，用 4 号刀加工螺纹，停转主轴，检测尺寸合格后，再选 3 号刀手动切断工件。数控车削工序卡如表 3-5 所示。

表 3-5　数控车削工序卡

材料	45 钢		零件图号	图 3-47	系　统	FANUC 0i	程序号	O3010
工步	使用设备	CK6132	夹具	三爪卡盘	切削用量			备注
	工步内容（走刀路线）		刀具	量具	主轴转速 /（r/min）	进给速度 /（mm/min）	背吃刀量 /mm	
1	粗车外轮廓留精车余量 0.2mm		T01	游标卡尺	500	80	2	自动
2	精车外圆表面至尺寸要求		T02	千分尺	800	60	0.2	自动
3	切削 ϕ16 退刀槽		T03	游标卡尺	250	40		自动
4	切 M20×2 螺纹		T04	螺纹环规	300	2mm/r	多次递减	自动
5	切断工件		T03	游标卡尺	250	30		手动

（3）数值计算。一般零件的生产加工，为便于控制零件轮廓尺寸精度要求，编程时都取极限尺寸的平均值作为编程尺寸，即编程尺寸=基本尺寸+（上偏差+下偏差）/2；或者直接以基本尺寸编程，通过精加工前测量后修改刀补来获得尺寸精度。

螺纹大径：$D_{大}=D_{公称}-0.1×$螺距$=20-0.1×2=19.8$mm

螺纹小径：$D_{小}=D_{公称}-1.3×$螺距$=20-1.3×2=17.4$mm

螺纹加工引入量=3mm，超越量=2mm

2）数控编程

以工件右端面轴心线为工件坐标原点，车削加工程序如下：

O3010	程序号
N010 G98 T0101;	调 1 号刀及刀补，建立工件坐标系
N020 G0 X32. Z60.;	快速到换刀位
N030 M3 S500;	启动主轴
N040 X31.Z2.;	快速定位到循环起点
N050 G71 U2.R1.;	粗车循环
N060 G71 P70Q170U0.4W0.2F80;	精加工余量为 0.2mm，粗加工进给速度为 80mm/min
N070 G1 X8 F60;	X 向进刀到 R3 圆弧起点，精加工进给速度为 60mm/min
N080 Z0;	Z 向进刀到 R3 圆弧起点
N090 G3X14.Z-3R3.;	加工 R3 圆弧
N100 G1Z-7.;	加工 ϕ14 外圆
N120 X19.8 Z-8.5;	加工 C1.5 倒角
N130 Z-29;	加工螺纹外径到锥面起点处
N140 G01 X25.0 Z37.0;	加工锥面
N150 Z-45.5;	加工 ϕ25 外圆到 R2 起点处
N160 G02 X29 Z -47.5 R2.0;	顺圆弧插补加工 R2 弧面
N170 G01 Z-57;	加工 ϕ29 外圆
N180 G0 X50 Z50M01M05;	快速移动到安全换刀位，选择停止，主轴停
N190 T0202;	选择 2 号精车刀，调用 2 号刀补
N200 G0 X31 Z1 S800M03;	快速定位到精车加工循环起点，主轴转速为 800r/min，正转
N210 G70 P70 Q170;	精车加工外轮廓

```
N220 G0 X50 Z50；                快速移动到安全换刀位
N230 T0303；                     选择3号精车刀，调用3号刀
N240 G0 X21 Z-29 S250；          快速定位到切槽起点，主轴转速为250r/min
N250 G01 X16.0 F40.0；           切削φ16退刀槽，进给速度为40mm/min
N260 G04 X2；                    在槽底暂停2s
N270 G01 X22 F100；              刀具+X向退出
N280 G0 X50 Z50；                刀具快速移动到安全位置
N290 T0404；                     换4号螺纹车刀
N300 G0 X21 Z-4 S300；           快进到G92起点，主轴转速为300 r/min
N310 G92 X19.0 Z-27 F2；         加工螺纹，第一刀进刀1.0 mm，进给速度为2mm/r
N320 X18.3；                     第二刀进刀0.7 mm
N330 X17.8；                     第三刀进刀0.5 mm
N340 X17.5；                     第四刀进刀0.3 mm
N350 X17.4；                     第五刀进刀0.1 mm
N360 G0 X50 Z50；                刀具快速移动到安全位置
N370 M05；                       停转主轴
N380 M30；                       程序结束并返回程序头
```

2．编程实例二

【**例 3-11**】 编制如图 3-48 所示零件的加工程序。毛坯为 φ55mm 的棒料，已加工毛坯孔 φ20mm，材料为 45 钢。

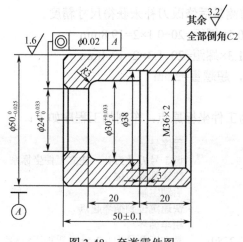

图 3-48　套类零件图

1）分析零件图样

零件图包括内外圆柱面、端面、内圆角、倒角、内沟槽、切断等加工。精度要求较高的尺寸有外圆 φ50$_{-0.025}^{0}$、内孔 φ24$_{0}^{+0.033}$、φ30$_{0}^{+0.033}$、长度 50±0.1 等。加工后外圆 φ50$_{-0.025}^{0}$ 表面粗糙度要求为 Ra 1.6μm，其他表面粗糙度为 Ra 3.2μm。

2）工艺分析

（1）确定装夹方案、起刀点、换刀点、编程原点及加工方案。由于毛坯为棒料，采用三爪卡盘夹紧定位。为了加工路径清晰，加工起点和换刀点可以设为同一点，放在工件坐标系中（X100, Z100）的位置。编程原点设在零件右端面中心。本例采用配备 FANUC 0i 数控系统的数控车床加工。

（2）刀具选用。采用 5 把刀具，刀片材料均选硬质合金。数控加工刀具卡见表 3-6。

表 3-6　数控加工刀具卡

产品名称或代号			零件名称	套类零件	零件图号	图 3-48
序号	刀具号	刀具名称及规格	刀尖半径/mm	数量	加工表面	刀具材料
1	T0101	93°外圆车刀	0.4	1	端面、外圆柱面	YT15
2	T0202	镗孔刀	0.4	1	内孔	YT5
3	T0303	内槽刀	$B=3$	1	内槽	YT5
4	T0404	切断刀	$B=3$	1	切断	YT5
5	T0505	60°内螺纹刀	0.2	1	内螺纹	YT5

（3）确定加工参数。

主轴转速 n：根据切削速度参考表查硬质合金刀具材料切削中碳钢零件时，切削速度 v 取 60～120m/min，根据公式 $n=1000v/\pi D$ 及加工经验并结合实际情况，粗加工时主轴转速选用 500r/min，精加工时选用 700r/min，切内槽及切断时选取 300r/min，切内螺纹时选取 400r/min。

进给速度 f：粗加工可选择较高的进给速度，一般取为 0.3～0.8mm/r，精加工为保证零件加工精度，常取 0.1～0.3mm/r，切断时宜取 0.05～0.2mm/r。本例粗加工外圆时选取 0.3mm/r，精加工外圆时选取 0.1mm/r，切槽及切断时取 0.08mm/r。

背吃刀量 a_p：粗加工时选取 1.5mm，精加工时选取 0.2mm。

（4）轮廓基点坐标计算（略）。

（5）制定加工工艺。本零件划分为两道工序，每次安装为一道工序，套类零件工艺卡见表 3-7。

表 3-7　套类零件工艺卡

材料	45 号钢	零件号	图 3-48	系统	FANUC 0i	
工步	工步内容 （走刀路线）	刀具	切削用量			
			主轴转速 /（r/min）	进给速度 /（mm/r）	背吃刀量 /mm	
Ⅰ	手动夹住棒料一端，留出长度大约为 70mm，调用主程序 O3011 加工					
1	车端面	T0101	500	0.3	—	
2	粗车外圆表面	T0101	500	0.3	1.5	
3	自右向左粗镗内孔	T0202	600	0.3	1.5	
4	精车外圆表面	T0101	700	0.1	0.2	
5	自右向左精镗内孔	T0202	900	0.1	0.2	
6	切内沟槽	T0303	300	0.08	—	
7	切内螺纹	T0505	400	—	—	
8	切断	T0404	300	0.08	—	
9	检验、校核					
Ⅱ	掉头垫铜皮夹持 φ50 外圆，找正夹紧，调用主程序 O3111 加工					
1	车端面、倒角	T0101	700	0.1	0.2	
2	车孔口倒角	T0202	900	0.1	0.5	
3	检验、校核					

3）编写加工程序

工序Ⅰ加工程序如下：

O3011	程序名
N010 T0101;	建立工件坐标系
N020 M03 S500 G99;	主轴正转，转速为 500r/min，进给速度单位设为 mm/r
N030 G00 X60.0 Z2.0;;	快速定位到端面循环起点
N040 G94 X18.0 Z0.5 F0.3	切端面循环指令加工端面
N050Z0 F0.1 ;	精车端面
N060 G90 X50.4 Z-53.0 F0.3;	粗车 φ50 外圆，留 0.2mm 余量
N070 G00 X100.0 Z100.0 ;	返回起刀点
N080 M05;	主轴停
N090 M01;	选择停止，以便检测工件
N100 M03 S600 T0202 ;	换镗孔刀
N110 G00 X18.0 Z2.0;	快速定位到内孔循环起点
N120 G71 U1.5 R0.5;	G71 内孔循环
N130 G71 P140 Q210 U-0.4 W0.2 F0.3;	
N140 G00 X42.0;	快速定位至（42，2）
N150 G01 X34.0 Z-2.0 F0.1;	加工内倒角
N160 Z-20.0;	加工 M36 内孔至 φ34
N170 X30.0;	加工台阶面
N180 W-17.0;	加工 φ30 内孔
N190 G03.X24.0 W-3.0 R3.0;	加工 R3 圆弧
N200 G01 Z-53.0;	加工 φ24 内孔
N210 X18.0;	径向退刀
N220 G00 Z100.0 X100.0;	返回起刀点
N230 M05 ;	
N240 M01;	
N250 M03 S700 T0101;	选 1 号外圆刀
N260 G00 X42.0 Z2.0;	快速定位至（42，2）
N270 G01 X50.0 Z-2.0 F0.1;	加工外倒角
N280 Z-53.0;	精车 φ50 外圆
N290 G00 X100.0 Z100.0 ;	退刀
N300 M05;	
N310 M01;	
N320 M03 S900 T0202;	选 2 号镗孔刀
N330 G00 X18.0 Z2.0;	快速定位到内孔循环起点
N340 G70 P140 Q210;	精镗内孔
N350 G00 X100.0 Z100.0 ;	退刀
N360 M05;	
N370 M01;	
N380 M03 S300 T0303;	换 3 号切内槽刀
N390 G00 X28.0 Z2.0;	快速定位
N400 Z-20.0;	快速靠近槽，准备切槽
N410 G01 X38.0 F0.08;	切槽
N420 G04 X1.0;	槽底暂停 1s
N430 G00 X28.0;	快速退出
N440 Z2.0;	
N450 G00 X100.0 Z100.0;	
N460 M05;	
N470 M01;	
N480 M03 S400 T0505;	换 5 号内螺纹刀

N490 G00 X28.0 Z5.0;	快速定位至螺纹加工循环起点
N500 G92 X34.3 Z-18.5 F2.0;	切螺纹第一刀
N510 X34.9;	第二刀
N520 X35.5;	第三刀
N530 X35.9;	第四刀
N540 X36.0;	第五刀
N550 G00 X100.0 Z100.0;	
N560 M05;	
N570 M01;	
N580 M03 S300 T0404;	换 4 号切断刀
N590 G00 X60 Z-53.2;	快速定位，留 0.2mm 端面加工余量
N600 G01 X18.0 F0.08;	切断
N610 G00 X100.0 Z100.0;	返回起刀点
N620 M05;	
N630 M30;	程序结束

工序Ⅱ加工程序如下：

O3111	程序名
N010 T0101;	建立工件坐标系
N020 M03 S700;	主轴正转，转速为 700r/min，选 1 号外圆刀
N030 G99;	设定进给速度单位为 mm/r
N040 G00 X22.0 Z2.0;	快速定位到（X22.0, Z2.0)
N050 G01 Z0 G0.1;	刀具与左端面对齐
N060 X46.0;	加工左端面
N070 X52.0 Z-3.0;	车外倒角
N080 G00 X100.0 Z100.0;	返回起刀点
N090 M05;	主轴停
N100 M01;	选择停止，以便检测工件
N110 M03 S900 T0202;	选择镗孔刀
N120 G00 X16.0 Z2.0;	快速定位到（X16.0, Z2.0)
N130 G90 X23.0 Z-1.5 R3.5 F0.1;	用 G90 锥面切削循环加工倒角
N140 X24.0 Z-2.0 R4.0;	
N150 G00 X100.0 Z100.0;	返回起刀点
N160 M05;	
N170 M30;	程序结束

3. 编程实例三

【例 3-12】 图 3-49 所示的端盖属于盘类零件。材料为铸铁 HT200，硬度为 HBW180，单件生产，毛坯外径为 $\phi210$mm，厚为 50mm，孔径为 $\phi70$mm。要求分析零件的加工工艺，编制数控加工程序。

1）零件图分析

该端盖零件包括外圆阶梯面、倒角、端面槽和内阶梯面、内沟槽等加工。其中 $\phi160$mm 外圆和孔 $\phi100$mm 有尺寸精度要求，并且表面质量要求较高；$\phi160$mm 外圆对 $\phi100$mm 孔轴线的同轴度公差为 $\phi0.02$mm；外阶梯面对 $\phi100$mm 孔轴线的轴向圆跳动公差为 $\phi0.05$mm。毛

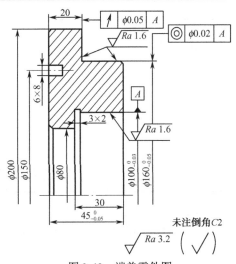

图 3-49　端盖零件图

坯材料为 HT200，外径 ϕ210mm，厚 50mm，孔径 ϕ70mm，余量较大。

2）装夹方案的确定

盘类零件在加工时的定位基准主要是外圆和内孔。此零件外形比较简单，精基准选择外圆柱面，经过两次装夹完成全部加工内容。

首先，夹住毛坯右端车左端，完成 ϕ200mm 外圆加工、左端内外形加工；然后，以 ϕ200mm 精车外圆为定位基准，采用软爪卡盘装夹，完成右端内外形加工。

3）加工顺序和进给路线的确定

此零件加工以一次装夹所进行的加工为一道工序，共划分为两道工序。

（1）工序一。

① 自定心卡盘夹毛坯外圆伸出约 25mm，车平左端面，以端面中心为工件坐标原点，对刀，设置 Z 坐标。

② 粗、精车 ϕ200mm 外圆。

③ 车端面槽。

④ 粗、精车 ϕ80mm 内孔。

（2）工序二。

① 工件调头，用软爪卡盘（或外圆包上铜皮用普通自定心卡盘）夹持左端 ϕ200mm 外圆。车平部分右端面（便于对刀）保证总长 45mm。以右端面中心为工件坐标原点，重新对刀，设置 Z 坐标。

② 粗、精车 ϕ100mm 内孔。由于内孔余量较大，所以先加工内孔，再加工端面，可以减小总的加工面积。

③ 车沟槽。

④ 粗、精车 ϕ160mm 外圆及阶梯面。

外表面加工使用 G71、G72 指令，内表面加工使用 G71 指令完成。

4）刀具及切削用量的选择

（1）确定刀具。根据零件加工要求，需要外圆车刀、6mm 端面槽刀、内孔车刀（不通孔车刀）和 3mm 内沟槽刀。刀具的具体选择见表 3-8。

表 3-8　数控刀具卡

产品名称或代号			零件名称	端盖	零件图号	图 3-49
序号	刀具号	刀具名称及规格	刀尖半径/mm	数量	加工表面	刀具材料
1	T0101	93° 外圆车刀	0.5	1	粗、精车外圆	YG6
2	T0202	93° 内孔车刀	0.5	1	粗、精车内孔	YG6
3	T0303	93° 外圆横车刀	0.5	1	车左端面、粗、精车右端外圆	YG6
4	T0404	6mm 端面槽刀	$B=6$	1	车端面槽	YG6
5	T0505	3mm 内沟槽刀	$B=3$	1	车内沟槽	YG6

（2）确定切削用量。根据工件材料（HT200、硬度 HBW180）、工件几何形状、内外轮廓直径和工件表面粗糙度，查表，v 取 50～110m/min，通过计算得到切削用量，如表 3-9、表 3-10 所示。

5）数控加工工序卡的编制

端盖加工工序卡见表 3-9、表 3-10。

表 3-9 端盖加工工序卡 1（加工左端）

数控加工工序卡			产品名称	零件名称	材料	零件图号	
				端盖	HT200	图 3-49	
工序号	程序编号	夹具名称	夹具编号	使用设备		车间	
003	O3012	自定心卡盘		CK6136			
工步号	工步内容		切削用量			刀具	备注
			主轴转速/ (r/min)	进给量/ (mm/min)	背吃刀 量/mm	编号	规格名称	
1	车左端面		100	0.2	2	T0303	外圆横车刀	手动
2	粗车左端外圆留 0.2mm 精车余量		100	0.2	2	T0101	外圆车刀	自动
3	精车左端外圆，倒角		150	0.08	0.2	T0101	外圆车刀	自动
4	车端面槽		160	0.08	3	T0404	端面槽刀	自动
5	粗车左端内孔，留 0.2mm 余量		320	0.2	2	T0202	内孔车刀	自动
6	精车左端内孔，倒角		400	0.08	0.1	T0202	内孔车刀	自动
编制		审核		批准		共 页	第 页

表 3-10 端盖加工工序卡 2（加工右端）

数控加工工序卡			产品名称	零件名称	材料	零件图号	
				端盖	HT200	图 3-49	
工序号	程序编号	夹具名称	夹具编号	使用设备		车间	
004	O3112	自定心卡盘		CK6136			
工步号	工步内容		切削用量			刀具	备注
			主轴转速/ (r/min)	进给量/ (mm/min)	背吃刀 量/mm	编号	规格名称	
1	粗车内孔，留精车余量 0.2mm		250	0.2	2	T0202	内孔车刀	自动
2	精车内孔		320	0.08	0.2	T0202	内孔车刀	自动
3	车内沟槽		160	0.08	1.5	T0505	内沟槽刀	自动
4	粗车右端外形，留精车余量 0.2mm		120	0.2	2	T0303	外圆横车刀	自动
5	精车右端外形		200	0.08	0.1	T0303	外圆横车刀	自动
编制		审核		批准		共 页	第 页

6）编制加工程序

为保证加工公差等级，按尺寸中值编程。

端盖左端数控加工程序如下：

O3012	程序名
N20 T0101;	选用 1 号外圆刀
N30 M03 S100;	主轴转速为 100r/min

N40 G00 X215.0 Z2.0;	快速定位到切削循环起始点
N50 G71 U2.0 R1.0;	粗加工左端，背吃刀量为2mm，退刀1mm
N60 G71 P70 Q100 U0.2 W0 F0.2;	精加工余量为0.2mm
N70 G00 X192.0;	精加工开始段，精加工起点
N80 G01 X200.0 Z-2.0 F0.08;	倒角
N90 Z-22.0;	车ϕ200mm 外圆
N100 X213.0;	切削退刀，精加工结束段
N110 S150;	精加工，主轴转速为150r/min
N130 G70 P70 Q100;	G70 精加工左端
N140 G00 X250.0 Z250.0;	刀具退回
N150 M00;	程序暂停
N160 T0404;	换端面槽刀
N170 M03 S160;	主轴转速为160r/min
N180 G00 X144.0;	切端面槽定位
N190 Z2.0;	
N200 G74 R0.5;	切槽循环，每次退刀0.5mm
N210 G74 Z-8.0 Q2.0 F0.08;	切槽深6mm，每次进给2mm
N220 G00 X250.0 Z250.0;	刀具退回
N230 M00;	程序暂停
N240 T0202;	换内孔车刀
N250 M03 S320;	主轴转速为320r/min
N260 G00 X65.0 Z2.0	快速定位到切削循环起始点
N270 G71 U2. R1.;	粗加工ϕ80mm 内孔，背吃刀量为2mm，退刀1mm
N280 G71 P290 Q320 U-0.2 W0 F0.2;	精加工余量为0.2mm
N290 G00 X88.0;	精加工开始段，精加工起点
N300 G01 X80.0 Z-2.0 F0.08;	倒角
N310 Z-16.0;	车ϕ80mm 内孔
N320 X65.0;	切削退刀，精加工结束段
N330 S400;	精加工，主轴转速为400r/min
N340 G70 P290 Q320;	G70 精加工ϕ80mm 内孔
N350 G00 X250.0 Z250.0;	刀具退回
N360 M05;	主轴停转
N370 M30;	程序结束

端盖右端数控加工程序如下：

O3112	程序名
N10 T0202;	选用2号外圆刀
N20 M03 S250;	主轴转速为250r/min
N30 G00 X65.0 Z2.0;	快速定位到切削循环起始点
N40 G71 U2.0 R1.0;	粗加工右端内孔，背吃刀量为2mm，退刀1mm
N50 G71 P60 Q80 U-0.2 W0.1 F0.2;	径向精加工余量为0.2mm
N60 G00 X99.985;	精加工开始段，精加工起点
N70 G01 Z-30.0 F0.08;	车ϕ100mm 外圆
N80 X75.0;	车内阶梯面，精加工结束段
N90 S320;	精加工，主轴转速为320r/min
N100 G70 P60 Q80;	G70 精加工内孔
N110 G00 X250.0 Z250.0;	刀具退回
N120 M00;	程序暂停
N130 T0505;	换5号内沟槽刀
N140 M03 S160;	主轴转速为160r/min
N150 G00 X78.0;	

N160 Z-30.0;	切端面槽定位
N170 G01 X104.0 F0.08;	切槽
N180 G04 X1.0;	暂停 1s
N190 G01 X78.0;	刀具退回
N200 G00 Z250.0;	退回换刀点
N210 X250.0;	
N220 M00;	程序暂停
N230 T0303;	换 3 号外圆横车刀
N240 M03 S120;	主轴转速为 120r/min
N250 G00 X215.0 Z2.0;	快速定位到切削循环起始点
N260 G72 U2. R1.;	粗加工右端，背吃刀量为 2mm，退刀 1mm
N270 G72 P280 Q330 U0.2 W0.1 F0.2;	径向精加工余量为 0.2mm
N280 G00 Z-25.0;	精加工开始段，精加工起点
N290 G01 X159.975 F0.08;	加工外阶梯面
N300 Z-2.0;	车ϕ160mm 外圆
N310 U-3.95 W1.975;	加工倒角
N320 X95.0;	加工右端面
N330 Z2.0;	切削退刀，精加工结束段
N340 S200;	精加工，主轴转速为 200r/min
N350 G70 P280 Q330;	G70 精加工右端
N360 G00 X250.0 Z250.0;	刀具退回
N370 M05;	主轴停转
N380 M30;	程序结束

复习思考题 3

1. 车刀刀尖圆弧半径补偿有何意义？

2. 在数控车床上如何对刀？

3. 完成如图 3-50 所示零件的粗加工循环。

4. 编写如图 3-51 所示工件的加工程序。

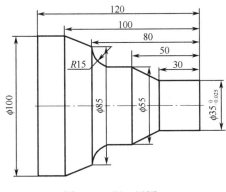

图 3-50　题 3 用图

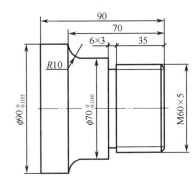

图 3-51　题 4 用图

5. 图 3-52 所示零件的毛坯为 ϕ82mm×150mm，试编写其粗、精加工程序。

6. 完成如图 3-53 所示零件的加工。

（1）毛坯：ϕ88mm×125mm，45 钢。

（2）按零件图制定加工工序。

（3）完成加工编程。

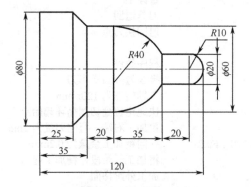

图 3-52　题 5 用图

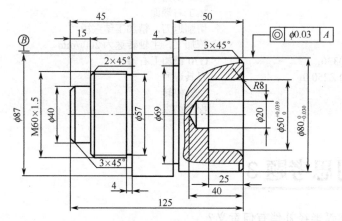

图 3-53　题 6 用图

7．试编写如图 3-54 所示小轴的数控加工程序，材料为 45 钢。

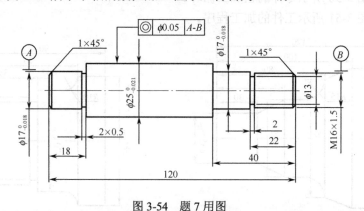

图 3-54　题 7 用图

8．编制如图 3-55 所示简单回转体零件的车削加工程序，包括粗/精车端面、外圆、倒角、倒圆。零件加工的单边余量为 2mm，其左端 ϕ80mm 柱面夹紧用。

9．编制如图 3-56 所示轴类零件的车削加工程序。加工内容包括粗/精车端面、倒角、外圆、锥角、圆角、退刀槽和螺纹加工等，左端 25mm 夹紧用。毛坯为 ϕ86mm×300mm 的棒料，精加工余量为 0.2mm。

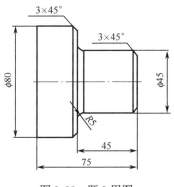

图 3-55　题 8 用图

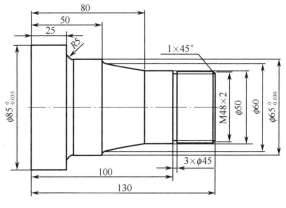

图 3-56　题 9 用图

4

第 4 章

数控铣床和加工中心工艺与编程

数控铣床和加工中心都能够进行铣削、钻削、镗削及攻螺纹等加工。被加工零件的母线可以是直线、圆弧和各种曲线；其空间曲面可以是解析曲面，也可以是列表点表示的自由曲面。数控铣床没有自动换刀装置及刀具库，只能用手动方式换刀。加工中心具有自动换刀装置及刀具库，在加工过程中能自动更换刀具对工件进行多工序加工。集铣、钻、镗等加工于一体，减少了工件的装夹、测量和机床调整等时间，同时也减少了工序之间的工件周转、搬运和存放时间，缩短了生产周期，具有明显的经济效益。

4.1 数控铣床与加工中心的特点

4.1.1 数控铣床与加工中心分类

与通用铣床的分类方法相同，数控铣床和加工中心按结构布局也可以分为以下三类。

1. 立式数控铣床和加工中心

如图 4-1 所示为立式加工中心布局图，其主轴轴线垂直于水平面。为了解决垂直方向运动时重力平衡的问题，一般由主轴箱沿立柱上下运动来实现，主轴箱的重量通过立柱中空腔内的配重使其平衡。主轴中心线与立柱导轨面的距离不能太大，以保证机床的刚性。

目前三坐标立式数控铣床占有相当的比重，一般可进行三坐标联动加工。还有部分机床的主轴可以绕 X、Y、Z 坐标轴中的一个或两个轴做数控摆角运动，完成四坐标和五坐标数控立铣加工。一般来说，机床控制的坐标轴越多，特别是联动（同时插补运动）的坐标轴越多，机床的功能、加工范围及可选择的加工对象也越多，但机床的结构也更复杂，对数控系统的要求更高。

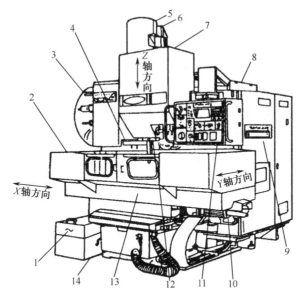

1—切屑槽；2—防护罩；3—刀库；4—换刀装置；5—主轴电动机；6—Z 轴伺服电动机；7—主轴箱；

8—支架座；9—数控柜；10—X 轴伺服电动机；11—操作面板；12—主轴；13—工作台；14—切削液槽

图 4-1　立式加工中心布局图

为了扩大立式数控铣床的功能、加工范围，可以附加数控转盘：当转盘水平放置时，可增加一个 C 轴；当转盘垂直放置时，可增加一个 A 轴或 B 轴。为了提高立式数控铣床的生产效率，还可采用自动交换工作台，来减少零件装卸的生产准备时间。

2．卧式数控铣床和加工中心

如图 4-2 所示为卧式加工中心布局图，其主轴轴线平行于水平面，垂直方向的运动一般也是由主轴箱升降来实现的。一般配有数控回转工作台，便于加工零件的不同侧面。目前，单纯的数控卧式铣床已比较少，大多是配有自动换刀装置（ATC）后成为卧式加工中心。

卧式加工中心是加工中心中种类最多、规格最全、应用最广的一种。其缺点是调试程序及试切时不易观察，生产时不易监视，零件装夹和测量不方便，若没有内冷却钻孔装置，加工深孔时切屑不易到位。与立式加工中心相比，卧式加工中心结构复杂，占地面积大，价格较高，适用于批量生产。

3．龙门数控铣床或加工中心

对于大尺寸的数控铣床，一般采用对称双立柱结构的龙门铣床，以保证机床的整体刚性和强度。数控龙门铣床有工作台移动和龙门架移动两种形式，适用于加工整体结构的零件、大型箱体零件和大型模具等，如图 4-3（a）所示。龙门式加工中心与龙门铣床相似，除带有自动换刀装置外，还带有可更换的主轴头附件，数控装置的软件功能比较齐全，能够一机多用，尤其适用于大型或形状复杂的工件，如飞机的梁、框板及大型汽轮机上的某些零件的加工，如图 4-3

（b）所示。

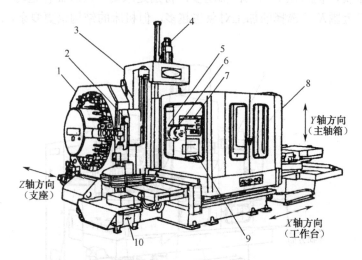

1—刀库；2—换刀装置；3—立柱；4—Y轴伺服电动机；5—主轴箱；

6—主轴；7—数控装置；8—防护罩；9—工作台；10—切屑槽

图4-2 卧式加工中心布局图

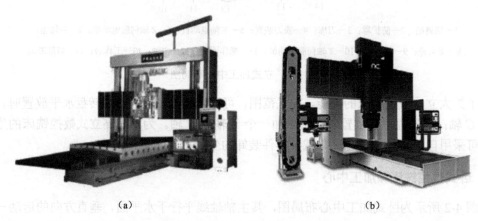

（a） （b）

图4-3 龙门式数控铣床和加工中心示意图

4．复合加工中心（五面加工中心）

这类加工中心兼具立式加工中心和卧式加工中心的功能，工件一次安装后能完成除安装面外的所有侧面和顶面等5个面的加工。常见的复合加工中心有两种方式：一种是主轴可以旋转90°，可以进行立式和卧式加工模式的切换；另一种是主轴不改变方向，而由工作台带着工件旋转90°，完成对工件5个表面的加工，适于加工复杂箱体类零件和具有复杂曲线的工件，如螺旋桨叶片及各种复杂模具。

按体积大小分类，数控铣床可分为小型、中型、大型三类。小型数控铣床一般在1t以下，中型数控铣床一般在10t以下，大型数控铣床一般在10t以上。

按控制坐标的联动轴数分类，数控铣床可分为两轴半控制、三轴控制和多轴控制。

按加工精度分类，数控铣床有普通精度和高精度之分。普通精度数控铣床的分辨率为1μm，最大进给速度为15～25m/min，定位精度在10μm左右。高精度数控铣床的分辨率为0.1μm，最大进给速度为 15～100m/min，定位精度在 2μm 左右。定位精度介于 2～10μm 之间的，以±5μm 较多，可称精密级。

4.1.2　数控铣床与加工中心的结构特点

1．数控铣床的结构特点

与普通铣床相比，数控铣床在结构上主要有如下特点。

（1）多坐标联动。要求伺服系统能在多坐标方向同时协调动作，并保持预定的相互关系，以控制刀具沿设定的直线、圆弧或空间直线轨迹运动。数控铣床能够实现二轴、三轴、四轴或五轴联动。

（2）主传动简单。数控铣床和加工中心的主传动一般是交流电动机直接带动主轴或交流电动机经过二级齿轮传动带动主轴，使用变频器实现主轴的无级调速。主轴的开启与停止、正反转、主轴变速等都可以按程序自动执行。主轴功率大，调速范围宽，并可无级调速，速度可在 10～50 000r/min 之间无级变速。

（3）在数控铣床的主轴套筒内一般都设有自动拉、退刀装置，能在数秒内完成装刀与卸刀，使换刀显得较方便。

（4）进给传动精度高。进给传动一般也是伺服电动机直接带动丝杠，去掉了齿轮传动的误差，系统还对丝杠的螺距误差和传动间隙进行补偿。

（5）采用滚动丝杠螺母传动和滚动导轨，提高了传动效率，减小了机床磨损。

2．加工中心的结构特点

加工中心都设置刀库和换刀机构。刀库容量小的有几把刀具，大的有几十至几百把刀具。在加工过程中通过换刀机构自动更换刀具，还通过控制系统对刀具寿命进行管理，进一步增强了加工中心的功能。

加工中心的刀库有盘式刀库和链式刀库之分。对于盘式刀库，还可分为有换刀机械手刀库和无换刀机械手刀库。

有些加工中心具有多个工作台，工作台可自动交换，使装卸工件与机械加工同时进行。随着加工中心控制系统的发展，其智能化的程度也在不断提高。

4.1.3　数控铣削的工艺特点

1．三坐标数控铣床与加工中心

三坐标数控铣床与加工中心的共同特点是除具有普通铣床的工艺性能外，还具有加工形状复杂的二维和三维复杂轮廓的能力。这些复杂轮廓零件的加工有的只需二轴联动（如二维曲线、二维轮廓和二维区域加工），有的则需三轴联动（如三维曲面加工），它们所对应的加工一般相应称为二轴（或 2.5 轴）加工与三轴加工。

三坐标加工中心（无论立式还是卧式）适于多工序集中，需要铣、钻、铰及攻螺纹等多工序加工的零件。特别是在卧式加工中心上，加装数控分度转台后，可实现四面加工，若主轴方向可换，则可实现五面加工，因而能够一次装夹完成更多表面的加工，特别适合于加工复杂的箱体类、泵体、阀体、壳体等零件。

2．四坐标数控铣床与加工中心

四坐标是指在 X 轴、Y 轴和 Z 轴三个平动坐标轴的基础上增加一个转动坐标轴（A 轴或 B 轴），且四个轴一般可以联动。在结构布局上，转动轴既可以作用于刀具（刀具摆动型），也可以作用于工件（工作台回转/摆动型）；机床既可以是立式的，也可以是卧式的；转动轴既可以是 A 轴（绕 X 轴转动），也可以是 B 轴（绕 Y 轴转动）。因此，四坐标数控机床可具有多种结构类型，除大型龙门式机床上采用刀具摆动的结构外，以工作台旋转/摆动的结构居多。但不管是哪种类型，其共同特点是相对于静止的工件来说，刀具的运动位置不仅是任意可控的，而且刀具轴线的方向在刀具摆动平面内也是可以控制的。

3．五坐标数控铣床与加工中心

五坐标数控铣床和加工中心具有两个回转坐标，如图 4-4 所示为其中的一种类型。其运动合成可使刀具轴线的方向在一定的空间内（受机构结构限制）任意控制，从而具有保持最佳切削状态及有效避免刀具干涉的能力。因此，五坐标加工可以获得比四坐标加工更广的工艺范围和更好的加工效果，特别适宜于三维曲面零件的高效、高质量加工，以及异形复杂零件的加工。采用五轴联动对三维曲面零件的加工，可用刀具最佳几何形状进行切削，不仅加工表面粗糙度低，而且效率也大幅度提高。

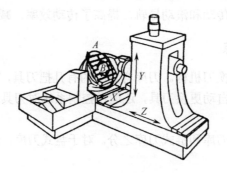

图 4-4　五坐标数控铣床的坐标轴

4.2　数控铣床和加工中心加工工艺分析

4.2.1　数控铣削的适用对象

1．平面类零件

加工面平行、垂直于水平面或加工面与水平面的夹角为定角的零件称为平面类零件。根据定义，如图 4-5 所示的三个零件都属于平面类零件。目前，在数控铣床上加工的绝大多数零件都属于平面类零件。

平面类零件的特点是，各个加工单元面是平面，或可以展开成为平面，平面类零件是数控铣削加工对象中最简单的一类，一般只需用三坐标数控铣床的两坐标联动就可以把它们加工出来。

如图 4-5（b）所示的斜平面，当工件尺寸不大时，可用斜垫板垫平后加工；若机床主轴可以摆角，则可摆成适当的定角来加工；当工件尺寸很大、斜平面坡度又较小时，也常用行切法加工，但会在加工面上留下叠刀时的刀锋残痕，要用钳修方法加以清除；加工斜平面的最佳方法还是利用五坐标铣床加工，可以不留残痕。

如图 4-5（c）所示的正圆台和斜筋表面，一般可用专用的角度成型铣刀来加工，在这种情况下采用五坐标铣床摆角加工反而不合算。

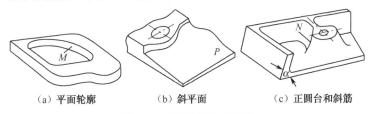

| （a）平面轮廓 | （b）斜平面 | （c）正圆台和斜筋 |

图 4-5 典型的平面类零件

2. 变斜角类零件

加工面与水平面的夹角呈连续变化的零件称为变斜角类零件，这类零件多数为飞机零件，此外还有检验夹具与装配型架等。

变斜角加工面不能展开为平面，但在加工中，加工面与铣刀圆周接触的瞬间为一条直线。如图 4-6 所示为飞机上的一种变斜角梁缘条，该零件在第 2 肋至第 5 肋的斜角 α 从 3°10′ 均匀变化为 2°32′，从第 5 肋至第 9 肋再均匀变化为 1°20′，从第 9 肋到第 12 肋又均匀变化至 0°。

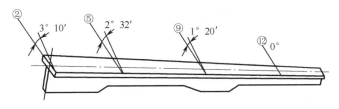

图 4-6 变斜角梁缘条

加工变斜角面的常用方法主要有以下三种：

（1）用四坐标联动的数控铣床（X、Y、Z、A）加工，刀具使用圆柱铣刀，运用直线插补方式摆角加工。这种方法适用于曲率变化较小的变斜角面，当工件斜角过大，超过铣床主轴摆角范围时，可用角度成型刀加以弥补。

（2）用五坐标联动的数控铣床（X、Y、Z、A、B 或 C），运用圆弧插补方式摆角加工。这种方法适用于曲率变化较大的变斜角面，这时用四坐标联动、直线插补的方法难以满足加工要求。

（3）用三坐标数控铣床进行 2.5 坐标加工，刀具使用球头铣刀和鼓形铣刀，运用直线或圆弧插补的方式分层铣削，所留刀锋残痕用钳修的方法加以清除。如图 4-7 所示为用鼓形刀分层铣削变斜角面的情况。由于鼓形刀的鼓径可以做得比较大，要比球头刀的球径大，所以加工后的叠刀刀锋较小，加工效果比球头刀好。球头刀只能加工大于 90°的开斜角面，而鼓形刀可以加工小于 90°的闭斜角面。

3．曲面类零件

加工面为空间曲面的零件称为曲面类零件。这类零件的特点是加工面不能展开为平面，加工过程中曲面与铣刀始终为点接触。

此类零件一般采用三坐标数控铣床加工，刀具通常使用球头铣刀以避免由于干涉铣伤邻近表面。加工曲面的常用方法有以下两种：

（1）采用三坐标数控铣床进行二坐标联动的 2.5 坐标加工。加工时只有两个坐标联动，另一个坐标按一定行距周期性进给。对于不太复杂的空间曲面的加工常用此法，如图 4-8 所示为对曲面进行 2.5 坐标行切加工的示意图。

（2）采用三坐标数控铣床进行三坐标联动加工空间曲面。加工时通过 X、Y、Z 三坐标联动完成空间直线插补。对于较复杂空间曲面的加工常用此法。

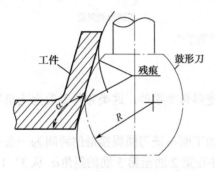
图 4-7　用鼓形刀分层铣削变斜角面

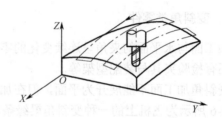
图 4-8　2.5 坐标行切加工曲面示意图

4.2.2　加工中心的主要加工对象

加工中心非常适合加工结构复杂、加工面多、要求较高，需用多种类型的普通机床和众多刀具和夹具，且经多次装夹和调整才能完成加工的零件。其加工的主要对象有箱体类零件，复杂曲面，异形件，盘、套、板类零件和特殊加工等五类。

1．箱体类零件

箱体类零件一般是指具有一个以上孔系，内部有型腔，在长、宽、高方向有一定比例的零件。这类零件在机械、汽车、飞机等行业应用得较多，如汽车的发动机缸体、变速箱体，机床的床头箱、主轴箱，柴油机缸体，齿轮泵壳体等。

箱体类零件一般都需要进行多工位孔系及平面加工，公差要求较高，特别是形位公差要求较为严格，通常要经过铣、钻、扩、镗、铰、锪、攻丝等工序，需要刀具、工装较多，在普通机床上加工难度大。

在加工箱体类零件的过程中，当加工工位较多、需工作台多次旋转角度才能完成的零件时，一般选卧式镗铣类加工中心；当加工的工位较少且跨距不大时，可选立式加工中心加工。

箱体类零件的加工方法主要有以下几种：

（1）当既有面又有孔时，应先铣面，后加工孔。

（2）所有孔系都先完成全部孔的粗加工，再进行精加工。

（3）一般情况下，直径大于 $\phi30mm$ 的孔都应铸造出毛坯孔。在普通机床上先完成毛坯粗加工，给加工中心工序的预留量为 4～6mm（直径），再上加工中心进行精加工。通常分"粗镗—半精镗—孔端倒角—精镗"四个工步完成。

（4）直径小于 $\phi30mm$ 的孔可以不铸出毛坯孔，全部加工都在加工中心上完成，可分为"锪平端面—打中心孔—钻—扩—孔端倒角—铰"等工步。有同轴度要求的小孔（< $\phi30mm$），须采用"锪平端面—打中心孔—钻—半精镗—孔端倒角—精镗（或铰）"等工步来完成。

（5）在孔系加工中，先加工大孔，再加工小孔，特别是在大、小孔相距很近的情况下，更要采取这一措施。

（6）对于跨距较大箱体的同轴孔加工，尽量采取调头加工的方法，以缩短刀辅具的长径比，增加刀具刚性。

（7）孔中有空刀槽时，可用锯片铣刀在孔半精镗之后、精镗之前铣削完成，也可用镗刀进行单刀镗削，但效率较低。

（8）螺纹加工。一般 M6～20 的螺纹孔可在加工中心上完成螺纹攻丝。因加工中心的自动加工方式在攻小螺纹时不能随机控制加工状态，小丝锥容易折断，M6 以下的螺纹可在加工中心完成底孔加工，再通过其他手段攻螺纹；M20 以上的大螺纹可采用铣削或镗削加工完成。

2．复杂曲面

复杂曲面在机械制造业，特别是航空航天、汽车、船舶、国防工业中占有较大的比重。常见的复杂曲面类零件有各种叶轮、导风轮、各种曲面成型模具、螺旋桨及水下航行器的推进器，以及一些其他形状的自由曲面，这类零件均可用加工中心进行加工。比较典型的复杂曲面有下面几种：

（1）凸轮、凸轮机构。作为机械式信息储存与传递的基本零件，凸轮和凸轮机构被广泛地应用于各种自动机械中，加工这类零件可根据凸轮的复杂程度选用三轴、四轴联动或五轴联动的加工中心。

（2）整体叶轮类。如图 4-9 所示为汽车发动机叶轮，它除具有一般曲面加工的特点外，还存在通道狭窄、容易产生刀具对邻近曲面的干涉以及加工面本身的干涉等难点。加工这样的型面，只有采用四轴以上联动的加工中心才能完成。

（3）模具类。常见的模具类零件有注塑模具、橡胶模具、真空成型吸塑模具、精密铸造模具等。采用加工中心加工模具，由于工序高度集中，动模、静模等关键件的精加工基本上是在一次安装中完成全部机加工内容，可减小尺寸累计误差，减少修配工作量。

3．异形件

异形件是外形不规则的零件，大都需要点、线、面多工位混合加工，如一些支架、泵体、靠模等，如图 4-10 所示。异形件的刚性一般较差，夹压变形难以控制，加工精度也难以保证。用加工中心加工时应采用合理的工艺措施，一次或二次装夹，利用加工中心多工位点、线、面混合加工的特点，完成多道工序或全部的工序内容。

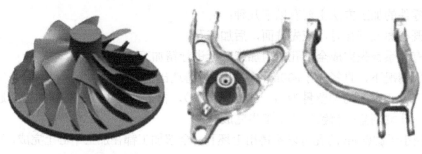

图 4-9　汽车发动机叶轮　　　　　　　图 4-10　异形件

4．盘、套、板类零件

这类零件带有键槽、径向孔，或端面有分布的孔系，如各种电动机端盖，端面有分布孔系。曲面的盘类零件宜选择立式加工中心，有径向孔的可选卧式加工中心。

推荐下列加工内容用数控铣削方法完成：

（1）工件上的曲线轮廓内、外形，特别是由数学表达式给出的非圆曲线与列表曲线等轮廓。

（2）已给出数学模型的空间曲面。

（3）形状复杂、尺寸繁多、画线与检测困难的部位。

（4）用通用铣床加工时难以观察、测量和控制进给的内、外凹槽。

（5）以尺寸协调的高精度孔或面。

（6）能在一次安装中完成铣削的表面或形状。

（7）采用数控铣削后可成倍提高生产效率、减轻劳动强度的加工内容。

4.2.3　数控铣床加工工艺分析

1．零件图的工艺性分析

在制定数控铣削工艺时，首先要对被加工零件进行工艺分析，根据零件图纸对零件的要求确定工艺规程和装夹方法，选择机床和刀具等。

对零件图进行数控铣削工艺分析时应考虑以下几个要点：

（1）图纸尺寸的标注方法是否正确。构成工件轮廓图形的各种几何元素的标注是否合理，各几何元素的相互关系（如相切、相交、垂直和平行等）是否明确，有无引起矛盾的冗余尺寸或影响工序安排的封闭尺寸等。

（2）尽量统一零件轮廓内圆弧的有关尺寸。零件图中各加工面的凹圆弧（R 与 r）是否过于零乱，是否可以统一。一般来说，即使不能完全统一，也要力求将数值相近的圆弧半径分组靠拢，达到局部统一，以尽量减少铣刀规格与换刀次数。

（3）内槽及缘板之间的内转接圆弧是否过小。这种内圆弧半径常常限制刀具的直径。如图 4-11 所示，若工件的被加工轮廓高度比较小，转接圆弧半径比较大，可以采用较大直径的铣刀来加工，加工其腹板面时，走刀次数也相应减少，表面加工质量也会好一些，因此工艺性较好；反之，数控铣削工艺性较差。一般来说，当 $R<0.2H$（H 为被加工轮廓面的最大高度）时，可以判定为零件该部位的工艺性不好。

（4）零件铣削面的槽底圆角或腹板与缘板相交处的圆角半径 r 是否太大。如图 4-12 所示，

r 越大，铣刀端刃铣削平面的能力越差，效率也越低；当 r 大到一定程度时，甚至必须用球头刀加工，这是应当尽量避免的。因为铣刀与铣削平面接触的最大直径 $d=D-2r$（D 为铣刀直径），当 D 越大而 r 越小时，铣刀端刃铣削平面的面积越大，加工平面的能力越强，铣削工艺性当然也越好。有时候，当铣削的底面面积较大，底部圆弧 r 也较大时，不得不用两把 r 不同的铣刀（一把铣刀 r 小些，另一把铣刀 r 符合零件图）进行两次切削。

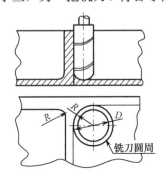

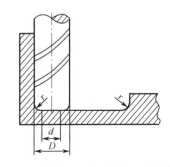

图 4-11　缘板高度及内转接圆弧对零件铣削工艺性的影响　　图 4-12　零件底面圆弧对铣削工艺性的影响

（5）零件上有无统一基准以保证两次装夹加工后其相对位置的正确性。有些工件需要在铣完一面后再重新安装铣削另一面，如图 4-13 所示的工件，最好采用统一基准定位，因此零件上最好有合适的孔作为定位基准孔。如果零件上没有基准孔，也可以专门设置工艺孔作为定位基准（如在毛坯上增加工艺凸耳或在后续工序要铣去的余量上设基准孔）。如果实在无法制出基准孔，起码也要用经过精加工的面作为统一基准。

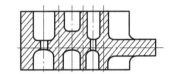

图 4-13　必须两次安装加工的零件

（6）分析零件的形状及原材料的热处理状态，考虑零件在加工过程中是否会发生变形，哪些部位最容易变形并采取一些必要的工艺措施进行预防，如对钢件进行调质处理，对铸铝件进行退火处理。对不能用热处理方法解决的，可以考虑粗、精加工分开及对称去余量等常规方法。

2．零件毛坯的工艺性分析

（1）毛坯的加工余量是否充分并均匀。在制造毛坯时，由于产生误差造成余量不均匀，甚至导致有的加工面余量不足，所以要求毛坯的各个表面均有足够的加工余量。有必要在加工前事先对毛坯的设计进行必要更改或在设计时充分考虑毛坯余量。

如果采用分层切削，一般尽量做到余量均匀，以减小内应力导致的变形。

（2）分析毛坯在安装定位方面的适应性，主要分析加工毛坯时在安装定位方面的可靠性，以便数控铣削时在一次安装中加工出尽可能多的待加工面。如图 4-14 所示的工件，因定位安装面小造成装夹困难，设计毛坯时在定位面一侧增加工艺凸台就可以较好地解决装夹问题了。如图 4-15 所示，为了定位和夹紧在零件上增加了三个工艺凸耳。

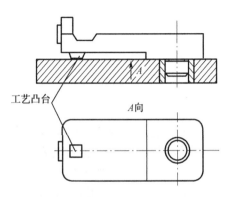

图 4-14　增加毛坯工艺凸台示例

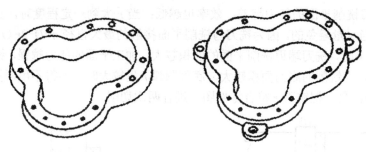

图 4-15　增加工艺凸耳示例

4.2.4　数控铣削及加工中心的走刀路线确定

在加工过程中，每道工序的加工路线对于提高加工质量和保证零件的技术要求都是非常重要的，它与零件的加工精度和表面粗糙度有直接的关系。

1. 孔加工路线

对点位控制的数控机床，只要求定位精度较高，定位过程尽可能快，而刀具相对工件的运动路线是无关紧要的，因此这类机床应按空程最短来安排走刀路线。除此之外，还要确定刀具轴向的运动尺寸，其大小主要由被加工零件的孔深来决定，但也应考虑一些辅助尺寸，如刀具的引入距离和超越量。数控钻孔的尺寸关系如图 4-16 所示。

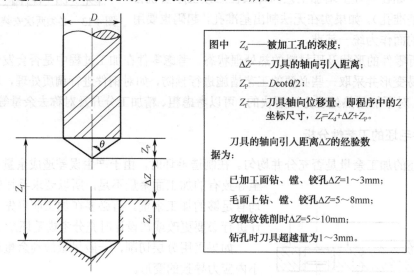

图中　Z_d——被加工孔的深度；

ΔZ——刀具的轴向引入距离；

Z_p——$D\cot\theta/2$；

Z_f——刀具轴向位移量，即程序中的 Z 坐标尺寸，$Z_f = Z_d + \Delta Z + Z_p$。

刀具的轴向引入距离 ΔZ 的经验数据为：

已加工面钻、镗、铰孔 $\Delta Z = 1 \sim 3$mm；

毛面上钻、镗、铰孔 $\Delta Z = 5 \sim 8$mm；

攻螺纹铣削时 $\Delta Z = 5 \sim 10$mm；

钻孔时刀具超越量为 $1 \sim 3$mm。

图 4-16　数控钻孔的尺寸关系

对于位置精度要求较高的孔系加工，特别要注意孔加工顺序的安排，若安排不当，就有可能将坐标轴的反向间隙带入，直接影响位置精度。如图 4-17 所示，图 4-17（a）为零件图，在该零件上镗 6 个尺寸相同的孔，有两种加工路线。当按图 4-17（b）所示路线加工时，由于 5、6 孔与 1、2、3、4 孔定位方向相反，Y 方向反向间隙会使定位误差增加，从而影响 5、6 孔与其他孔的位置精度。按图 4-17（c）所示路线，加工完 4 孔后往上多移动一段距离到 P 点，然后再折回来加工 5、6 孔，这样方向一致，可避免反向间隙的引入，提高 5、6 孔与其他孔的位置精度。

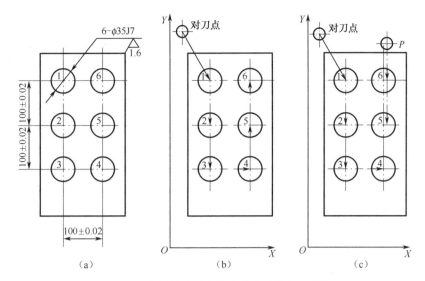

图 4-17　位置精度要求较高的孔系的加工路线

尽量缩短走刀路线，可减小加工距离、空程运行距离和空刀时间，降低刀具磨损，提高生产效率。在数控机床上加工如图 4-18（a）所示的多孔零件，图 4-18（c）所示的加工路线使各孔间距总和最小，即加工路线最短。

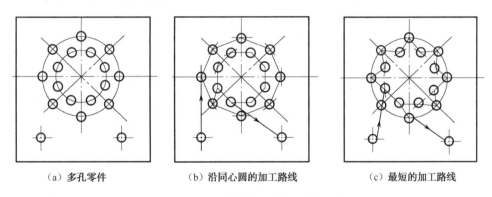

（a）多孔零件　　　　　（b）沿同心圆的加工路线　　　　　（c）最短的加工路线

图 4-18　多孔零件的两种加工路线比较

对切削加工而言，走刀路线是指加工过程中刀具刀位点相对于工件的运动轨迹和方向。它不但包括了工步内容，还反映了工步顺序。

影响走刀路线选择的因素有很多，如工艺方法、工件材料及其状态、加工精度及表面粗糙度、工件刚度、加工余量，以及刀具的刚度、耐用度及状态，机床类型与性能等。

2. 外轮廓的铣削路线

（1）铣削平面工件外轮廓时，一般用立铣刀侧刃进行切削。如图 4-19（a）所示，刀具切入工件时，应避免沿工件外轮廓的法向切入，而应沿切削起始点延伸线逐渐切入工件，以避免在工件轮廓切入处产生刻痕，保证工件表面平滑过渡；同理，在刀具离开工件时，也应避免在工件的切削终点处直接抬刀，要沿着切削终点延伸线或切线方向逐渐切离工件。

（2）铣削外圆时，要安排刀具沿圆周轮廓的切向切入工件，如图 4-19（b）所示。当整圆加工完毕后，不要在切点处直接退刀，而要让刀具多运动一段距离，最好沿切线方向退出，以免取消刀具补偿时，刀具与工件表面相碰撞，造成工件报废。

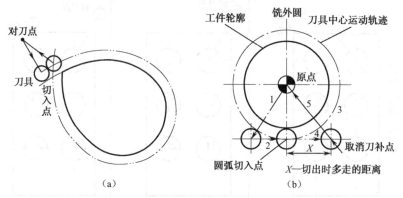

（a）　　　　　　　　　　（b）

图4-19　外轮廓铣削时刀具的切入与切出

3．内轮廓的铣削路线

（1）铣削封闭的内轮廓表面时，若内轮廓曲线不允许外延，如图4-20（a）所示，则刀具只能沿内轮廓曲线的法向切入、切出，此时刀具的切入、切出点应尽量选在内轮廓曲线两几何元素的交点处；当内部几何元素相切无交点时，如图4-20（b）所示，为防止刀补取消时在轮廓拐角处留下凹痕，刀具切入、切出应远离拐角。

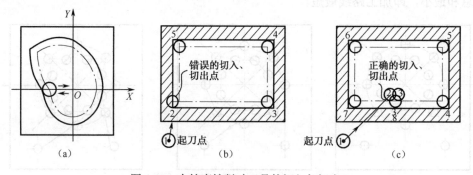

（a）　　　　　　　　　　（b）　　　　　　　　　　（c）

图4-20　内轮廓铣削时刀具的切入与切出

（2）当铣削内圆时，也要遵循切向切入、切出的原则。一般选择以过渡圆弧切出内圆弧轮廓的加工路线，如图4-21所示。若刀具从工件坐标原点出发，其加工路线为1→2→3→4→5，这样，可提高内孔表面的加工精度和质量。

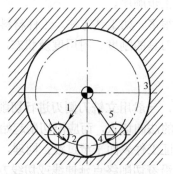

图4-21　铣削内圆时刀具的路径

4．型腔的铣削路线

型腔是指以封闭曲线为边界的平底内凹槽。型腔加工的特点是粗加工时有大量余量要被切除，一般采用分层切削的方法。型腔分为以下几种：

（1）简单型腔。采用分层切削，把每一层入刀点统一到沿 Z 轴的一根轴线上，沿此轴预钻下刀孔，底面和侧面都要留有余量。精加工时，先加工底面，后加工侧面。

（2）有岛屿类型腔。指在简单型腔底面上凸起一个小岛屿。粗加工时让刀具在内、外轮廓中间区域运动，并使底面、内轮廓、外轮廓留有均匀的余量。精加工时先加工底面，再加工两侧面。

一般加工型腔时选用平底立铣刀，且刀具圆角半径应小于或等于型腔内轮廓凹角的最小半径值。如图 4-22 所示为铣削一凹槽的三种走刀路线。就走刀路线长度而言，图 4-22（b）所示路线最长，图 4-22（a）所示路线最短。但按图 4-22（a）的路线走刀，凹槽内壁表面的粗糙度最差。图 4-22（b）、（c）都安排了一次连续铣削加工凹槽内壁表面的精加工走刀路线，可以满足凹槽内壁表面的加工精度和粗糙度的要求。最后安排一次连续加工轮廓表面的精加工走刀线是必要的，而图 4-22（c）的走刀路线总长度比图 4-22（b）短，所以相比之下图 4-22（c）的设计是最好的。

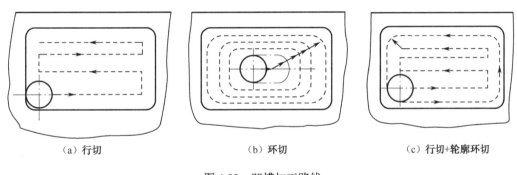

（a）行切　　　　　　　　　　（b）环切　　　　　　　（c）行切+轮廓环切

图 4-22　凹槽加工路线

建议在确定走刀路线时画一张工序简图，把确定的走刀路线画上去，这样能为编制程序提供许多便利，很有好处。

5．曲面的加工路线

铣削曲面时，常用球头刀采用行切法进行加工。所谓"行切法"，是指刀具与零件轮廓的切点轨迹是一行一行平行的，而行间的距离是按零件加工精度的要求确定的。

对于边界敞开的曲面加工，可采用两种加工路线。如图 4-23 所示，对于发动机大叶片，当采用图 4-23（a）所示的加工方案时，每次沿直线加工，刀位点计算简单，程序少，加工过程符合直纹面的形成方式，可以准确保证母线的直线度。当采用图 4-23（b）所示的加工方案时，符合这类零件数据给出情况，便于加工后检验，叶形的准确度高，但程序较多。由于曲面零件的边界是敞开的，没有其他表面限制，所以曲面边界可以延伸，球头刀应由边界外开始加工。

如图 4-24 所示为用立铣方式加工一个圆柱形表面时采用的不同切削策略。在圆周方向进行切削，刀具轨迹要进行两轴联动插补。在沿母线方向进行切削时，刀具只需做单轴的插补。另外，不同的切削方法，刀具的磨损差别很大，顺铣时的刀具磨损明显低于逆铣，往复铣削时的磨损远远大于单向铣削。

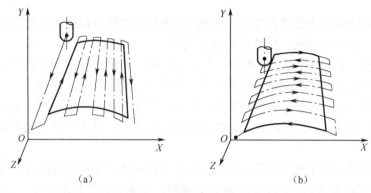

图 4-23　曲面的加工路线

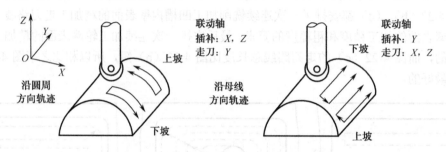

图 4-24　圆柱面精加工时的两种路径对比

此外，确定走刀路线时，还要综合考虑工件的形状与刚度、加工余量大小、机床与刀具的刚度等情况。

6. 最终轮廓的连续切削走刀路线

在安排精加工工序时，为保证工件轮廓表面加工后的粗糙度要求，工件的最终轮廓应安排一次走刀连续加工而成，尽量不要在连续的轮廓中安排切入、切出、换刀及停顿，以免因切削力变化而造成弹性变形，致使光滑轮廓上产生表面划伤、形状突变或滞留刀痕等缺陷，影响零件的最终表面质量。

4.2.5　数控铣削加工切削用量的确定

数控铣削用量即铣削参数包括主轴转速（切削速度）、铣削深度与宽度、进给量、行距、残留高度、层高等。从刀具寿命出发，切削用量的选择方法是：先选取背吃刀量或侧吃刀量，其次确定进给速度，最后确定切削速度。常用铣削参数术语和公式见表 4-1。

表 4-1　常用铣削参数术语和公式

符　号	术　语	单　位	公　式
v_c	切削速度	m/min	$v_c = \dfrac{\pi \times D_c \times n}{1000}$
n	主轴转速	r/min	$n = \dfrac{v_c \times 1000}{\pi \times D_c}$

符　号	术　语	单　位	公　式
v_f	工作台进给量（进给速度）	mm/min	$v_f = f_z \times Z \times n$
		mm/r	$v_f = f_n \times n$
f_z	每齿进给量	mm	$f_z = \dfrac{v_f}{n \times Z}$
f_n	每转进给量	mm/r	$f_n = \dfrac{v_f}{n}$
Q	金属去除率	cm³/min	$Q = \dfrac{a_p \times a_e \times v_f}{1000}$
D_e	有效切削直径	mm	$D_e = D_3 - d + \sqrt{d^2 - (d - 2 \times a_p)^2}$　R 角立铣刀见图 4-27 $D_e = 2 \times \sqrt{a_p \times (D_c - a_p)}$　球头立铣刀见图 4-27

注：a_p 为切削深度（mm）；a_e 为切削宽度（mm）；D_c 为刀具直径（mm）；Z 为刀具上切削刃总数（个）；d 为 R 角立铣刀刀角圆直径（mm）。

1．影响切削用量的因素

（1）机床。机床刚性、最大转速、进给速度等。

（2）刀具。刀具长度、刃长、刀具刃口、刀具材料、刀具齿数、刀具直径等。

（3）工件。毛坯材质、热处理性能等。

（4）装夹方式。（工件紧固程度）压板、台钳、托盘等。

（5）冷却情况。油冷、气冷、水冷等。

2．端铣背吃刀量 a_p 或周铣侧吃刀量 a_e 的选择

a_p 与 a_e 分别指铣刀在轴向和径向的切削深度，a_p 也称背吃刀量，a_e 也称侧吃刀量，如图 4-25 所示。背吃刀量和侧吃刀量的选取主要根据加工余量和表面质量的要求决定。

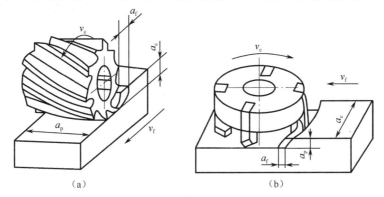

（a）　　　　　　　　　　（b）

图 4-25　铣削用量示意图

在机床功率和刀具刚性允许的情况下，当加工质量要求不高（Ra 值不小于 5μm），且加工余量又不大（一般不超过 6mm）时，a_p 可以等于加工余量，一次铣去全部余量。若加工质量要求较高或加工余量太大，则应分层铣削。数控加工的精加工余量可小于普通机床，一般取 0.2～0.5mm。在工件宽度方向上，一般应将余量一次切除。

3．进给速度 v_f 的选取

进给速度是单位时间内工件与铣刀沿进给方向的相对位移，它的大小是铣刀转速、齿数及每齿进给量的乘积。每齿进给量可根据零件的加工精度、表面粗糙度要求及刀具和工件材料来选择。工件表面粗糙度 Ra 值越小，每齿进给量就越小；工件材料的强度和硬度越高，每齿进给量越小；硬质合金铣刀的每齿进给量高于同类高速钢铣刀。可参考表 4-2 选取每齿进给量。

表 4-2　铣刀每齿进给量

工件材料	粗　　铣		精　　铣	
	每齿进给量 f_z/mm			
	高速钢铣刀	硬质合金铣刀	高速钢铣刀	硬质合金铣刀
钢	0.10～0.15	0.10～0.25	0.02～0.5	0.10～0.15
铸铁	0.12～0.20	0.15～0.30		

在数控编程中，还应考虑在不同情形下选择不同的进给速度。例如，在初始切削进刀时，特别是 Z 向下刀时，因为进行端铣，受力较大，同时考虑安全问题，所以应以相对较慢的速度进给。

数控加工中的切削用量选择在很大程度上依赖于编程人员的经验，因此，编程人员必须熟悉刀具的使用和切削用量的确定原则，不断积累经验，从而保证零件的加工质量和效率。

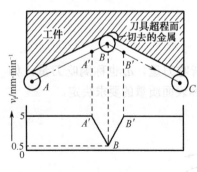

图 4-26　超程误差与控制

在选择进给速度时，还要注意零件加工中的某些特殊因素。例如，在轮廓加工中，当零件轮廓有拐角时，刀具容易产生"超程"现象，从而导致加工误差。如图 4-26 所示，铣刀由 A 点向 B 点运动，当进给速度较高时，由于惯性作用，在拐角处可能出现"超程"现象，即将拐角处的金属多切去一些。在编程时，将 AB 分成两段，在 AA' 段使用正常的进给速度，到 A' 处开始减速，过 B' 后再逐步恢复到正常进给速度，从而减小超程量。目前一些完善的自动编程系统中有超程校验功能，一旦检测出超程误差超过允许值，便设置适当的"减速"或"暂停"程序段予以控制。

在加工过程中，v_f 也可通过机床控制面板上的倍率开关进行人工调整，但是最大进给速度受设备刚度和进给系统性能等的限制。

4．切削速度 v_c 的选取

v_c 也称单齿切削线速度，单位为 m/min。铣削的切削速度 v_c 与刀具寿命、每齿进给量、背吃刀量、侧吃刀量、齿数成反比，而与铣刀直径成正比。因为当 f_z、a_p、a_e 和 Z 增大时，切削刃负荷增加，工作齿数也增多，使切削热增加，刀具磨损加快，从而限制了切削速度的提高，但加大铣刀直径可以改善散热条件，因而可以提高切削速度。v_c 的选择主要取决于刀具耐用度。名牌刀具供应商都会向用户提供各种规格刀具的切削速度推荐参数。切削速度 v_c 与工件的材料硬度有很大关系。如表 4-3 所示，给出了常用材料的高速钢刀具和硬质合金刀具的常用切削速度。

表 4-3　各种材料的切削速度

加工材料	硬度 HB	铣削速度 v_c/（m/min）		加工材料	硬度 HB	铣削速度 v_c/（m/min）	
		硬质合金刀具	高速钢刀具			硬质合金刀具	高速钢刀具
低、中碳钢	<220	80～150	21～40	工具钢	200～250	45～83	12～23
	225～290	60～115	15～36	灰铸铁	100～140	110～115	24～36
	300～425	40～75	9～20		150～225	60～110	15～21
高碳钢	<220	60～130	18～36		230～290	45～90	9～18
	225～325	53～105	14～24		300～320	21～30	5～10
	325～375	36～48	9～12	可锻铸铁	110～160	100～200	42～50
	375～425	35～45	6～10		160～200	83～120	24～38
合金钢	<220	55～120	15～35		200～240	72～110	15～24
	225～325	40～80	10～24		240～280	40～60	9～21
	325～425	30～60	5～9	铝镁合金	95～100	360～600	180～300

5．主轴转速 n 的选取

从表 4-1 中的公式看出，主轴转速 n 由切削速度 v_c 和刀具直径 D_c 决定；切削速度 v_c 由刀具和工件材料决定。对于球头立铣刀或 R 角立铣刀，由于其有效切削直径 D_e 和平底立铣刀不同，所以对于同样直径的球头刀和圆柱刀，意味着球头刀的主轴转速更大，进给速度也更大，计算的公式和计算对比实例如图 4-27 所示。

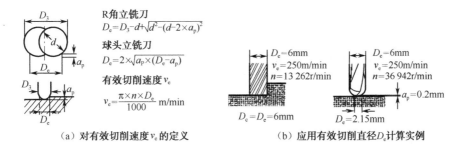

R角立铣刀

$$D_e = D_3 - d + \sqrt{d^2 - (d - 2 \times a_p)^2}$$

球头立铣刀

$$D_e = 2\sqrt{a_p \times (D_c - a_p)}$$

有效切削速度 v_e

$$v_e = \frac{\pi \times n \times D_e}{1000} \text{ m/min}$$

$D_e = 6\text{mm}$　$v_e = 250\text{m/min}$　$n = 13\,262\text{r/min}$　$D_c = D_e = 6\text{mm}$

$D_e = 6\text{mm}$　$v_e = 250\text{m/min}$　$n = 36\,942\text{r/min}$　$a_p = 0.2\text{mm}$　$D_e = 2.15\text{mm}$

（a）对有效切削速度 v_e 的定义　　　　（b）应用有效切削直径 D_c 计算实例

图 4-27　主轴转速与有效切削速度的关系

实际应用时，计算好的主轴转速 n 最后要根据机床实际情况选取和理论值较接近的转速。

6．行距

如图 4-28 所示，行距表示相邻两行刀具轨迹之间的距离，一般 L 与刀具直径 D_c 成正比，与切削深度 a_p 成反比。一般 L 的经验取值范围为 $L = (0.6 \sim 0.9) D_c$。

7．残留高度 δ

使用平底刀和球头刀进行斜面或曲面的等高加工时，均会在两层留下未加工区域，相邻两行刀轨之间所残留的未加工区域的高度称为残留高度，它的大小决定了加工表面的粗糙度，同时决定了后续的抛光工作量，是评价加工质量的一个重要指标。

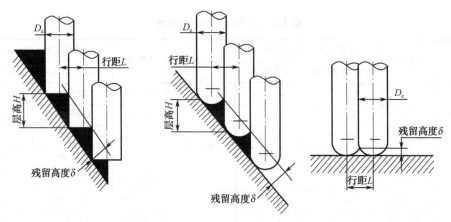

图 4-28　行距、层高和残留高度示意图

在曲面精加工中更多采用的是球头刀，当加工面为平面时可以很容易地得到行距 L 和残留高度 δ 的关系：

$$L = \sqrt{D_{\mathrm{c}}^2 - (2\delta - D_{\mathrm{c}})^2}$$

或

$$\delta = \frac{1}{2}(D_{\mathrm{c}} - \sqrt{D_{\mathrm{c}}^2 - L^2})$$

8. 钻削用量的选择

（1）钻头直径。钻头直径由工艺尺寸确定。孔径不大时，可将孔一次钻出。工件孔径大于 35mm 时，若仍一次钻出孔径，往往受机床刚度的限制。先钻后扩时，钻孔的钻头直径可取孔径的 50%～70%。

（2）进给量。小直径钻头主要受钻头的刚性及强度限制，大直径钻头主要受机床进给机构强度及工艺系统刚性限制。在条件允许的情况下，应取较大的进给量，以降低加工成本，提高生产效率。普通麻花钻钻削进给量可按以下经验公式估算：

$$f = (0.01 \sim 0.02)d_0$$

式中　d_0——钻头直径。

加工条件不同时，进给量可查阅切削用量手册。

（3）钻削速度。钻削的背吃刀量（即钻头半径）、进给量及切削速度都会对钻头耐用度产生影响，但背吃刀量对钻头耐用度的影响与车削不同。当钻头直径增大时，尽管增大了切削力，但钻头体积也显著增加，因而使散热条件明显改善。钻削速度可参考表 4-4 选取。目前有不少由高性能材料制作的整体钻头或组合钻头，其切削速度可取更高值，可通过有关资料查取。

表 4-4　普通高速钢钻头钻削速度参考值

工件材料	低碳钢	中、高碳钢	合金钢	铸铁	铝合金	铜合金
钻削速度/（m/min）	25～30	20～25	15～20	20～25	40～70	20～40

4.3　数控铣床与加工中心的对刀

对刀有两个含义：一个是测量出各个刀具的长度和直径，以便在换刀时进行长度补偿；另一个是使基准刀具（第一把刀具）在机床上获得正确的位置。

4.3.1　机外对刀仪

机外对刀仪是一个与机床独立的专门用来测量刀具参数的仪器，主要用于测量刀具的长度、直径和刀具形状、角度，准确记录预执行刀具的主要参数。如果在加工中刀具磨损或打刀，需要更换刀具时，应用对刀仪测量新刀具的各参数值，以便掌握其与原刀具的偏差，然后通过修改刀补值确保其正常加工。

使用对刀仪测量方法如下：

（1）组装和调整加工中使用的各种刀具。

（2）使用前要用标准对刀心轴进行校准。每台对刀仪都随机带有一件标准对刀心轴，应妥善保护使其不锈蚀或受外力变形。每次使用前要对 Z 轴和 X 轴尺寸进行校准和标定。

（3）对本工序所使用的所有刀具进行测量，并记录数据。

（4）将刀具装入加工中心的刀库，将测量值输入数控铣床或加工中心。

静态测量的刀具参数与实际加工状态不同，实际加工出的零件尺寸可能产生一定的差值。静态测量的刀具尺寸应大于图纸上孔的标注尺寸，因此对刀时要考虑一个修正量，由操作者根据经验预选，一般要偏大 0.01～0.05mm。

4.3.2　机内 Z 向对刀

现在的数控铣床和加工中心都可以在机床上通过必要的测量工具测量出刀具的长度，这种方法称为机内对刀。

机内对刀的过程大致如下：

（1）组装和调整加工中使用的各种刀具。

（2）校准 Z 轴设定器，用校准棒压在 Z 轴设定器的上面，调整表盘使指针指向刻度 0。

（3）将 Z 轴设定器放在 Z 向零点的平面上（一般为零件平面）。

（4）将一把刀具装入加工中心（或数控铣床）主轴。

（5）Z 向移动主轴，如图 4-29 所示，使刀尖与 Z 轴设定器接触，使 Z 轴设定器指针指向刻度 0（或是指示灯亮），将该刀的刀号、长度、直径等参数输入系统（输入方法参考机床操作手册）。

（6）将刀具装入刀库。

（7）重复步骤（3）～（5），直至将所有刀具测量完毕。

用这种方法既测量了各个刀具的长度补偿值，又确定了 Z 轴的零点。

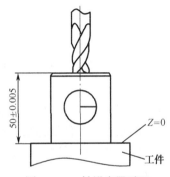

图 4-29　Z 轴设定器对刀

4.3.3　X、Y向对刀

X、Y 向对刀的目的是在零件装到数控铣床或加工中心工作台上以后，测量出工件坐标系与机床坐标系的偏差值，用 G54～G59 对该值进行坐标系偏置。X、Y 向对刀可以使用机械式寻边器、光电式寻边器等，如图 4-30 所示。

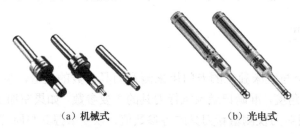

（a）机械式　　　　　　　　（b）光电式

图 4-30　寻边器

1. 机械式寻边器对刀

如图 4-30（a）所示为机械式寻边器外形，它是利用可偏心旋转的两段圆柱体进行工作的。机械式寻边器的使用过程如下：

（1）将机械式寻边器通过刀柄安装在主轴上，用手指按压偏心部分，使其偏心。

（2）启动主轴旋转，主轴转速一般为 500r/min 左右。

（3）在 X 正方向手动移动工作台，使寻边器下部的圆柱与被加工零件上与 X 轴垂直的侧面接触。

（4）进一步慢速移动工作台，边移动边观察，直至两段圆柱同心，再移动又出现偏心为止。

（5）记下数控系统显示器上显示的 X 值，此时主轴中心与零件被测量面的距离等于寻边器的半径。

（6）用同样的方法进行 Y 正向移动测量，记下 Y 值。

（7）用记录的 X 值加上一个寻边器圆柱半径值（$X+R$），用记录的 Y 值加上一个寻边器圆柱半径值（$Y+R$），（$X+R,Y+R$）就是主轴中心移至零件一个角点上的坐标值，如果此点是工件原点，则将计算后的 X 值和 Y 值输入系统 G54～G59 之一（如 G54）所对应的寄存器中，将来在程序中可使用 G54 控制坐标系。

2. 光电式寻边器对刀

如图 4-30（b）所示为光电式寻边器外形，它的测头是一个直径为 10mm 的钢球，用弹簧拉紧在光电式寻边器的测量杆上，碰到工件时可以退让，并将电路导通，发出光信号。通过光电式寻边器的指示和机床坐标位置可得到被测表面的坐标位置。利用测头的对称性，还可以测量一些简单的尺寸。如图 4-31 所示为一矩形零件，其几何中心为工件坐标系原点，现需测出工件的长度和工件坐标系在机床坐标系中的位置。具体测量方法如下：

（1）将工件通过夹具装在机床工作台上，装夹时，工件的四个侧面都应留出寻边器的测量位置。

（2）将寻边器通过刀柄装在主轴上，手动 Z 轴使寻边器下降到图 4-32 所示的位置，钢球与测量杆的交线不要低于零件的上表面，且保证钢球的最大半径面低于零件的上表面，当出现误操作时可以保护测量杆不受损坏。

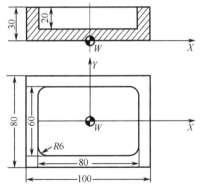

图 4-31　带内轮廓型腔的矩形零件

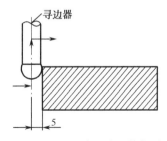

图 4-32　寻边器头部的位置

（3）在 X 方向快速移动主轴，让寻边器测头靠近工件的左侧，改用微调操作，让测头慢慢接触到工件左侧，直到寻边器发光。记下此时测头在机械坐标系中的 X 坐标值，如-358.700。

（4）抬起测头至工件上表面之上，快速移动主轴，让测头靠近工件右侧，改用微调操作，让测头慢慢接触到工件右侧，直到寻边器发光。记下此时测头在机械坐标系中的 X 坐标值，如-248.700。

（5）两者差值再减去测头直径，即为工件长度。测头的直径一般为 10mm，则工件的长度为 L=-248.700 –（-358.700）-10=100mm。

（6）工件坐标系原点在机械坐标系中的 X 坐标为 X=-358.7+100/2+5=-303.7，将此值输入到工件坐标系中（如 G54）的 X 即可。

（7）同样，工件坐标系原点在机械坐标系中的 Y 坐标也按上述步骤测定。

工件找正和建立工作坐标系对于数控加工来说是非常关键的。而找正方法也有很多种，用光电式寻边器来找正工件非常方便，寻边器可以内置电池，当其找正球接触工件时，发光二极管亮，其重复定位精度在 2.0μm 以内。如图 4-33 所示为寻边器的结构和应用（测量孔径、台阶高、槽宽、直径及四轴加工时工件坐标系设定）。

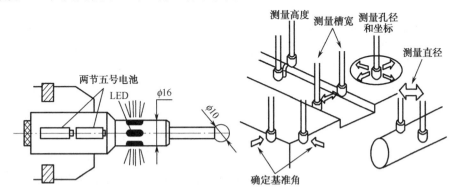

图 4-33　寻边器的结构和应用

3. 采用刀具试切对刀

如果对刀精度要求不高，为方便操作，可以采用加工所用的刀具直接进行对刀，如图 4-34 所示。

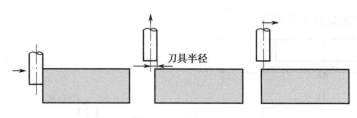

图 4-34　试切对刀

采用刀具试切对刀的操作步骤如下：

（1）将所用铣刀装到主轴上。

（2）使主轴中速旋转。

（3）手动移动铣刀靠近被测边，直到铣刀周刃轻微接触到工件表面。

（4）将铣刀沿正 Z 向退离工件。

（5）将机床相对坐标 X（或 Y）置零，并向工件方向移动刀具半径的距离。

（6）此时机床坐标的 X（或 Y）值即为被测边的 X（或 Y）坐标。

（7）沿 Y（或 X）方向重复以上操作，可得被测边的 Y（或 X）坐标。

这种方法比较简单，但会在工件表面留下痕迹，且对刀精度较低。为避免损伤工件表面，可以在刀具和工件之间加入塞尺进行对刀（此时主轴不能转动），这时应将塞尺的厚度减去。以此类推，还可以采用标准心轴和块规来对刀。

如果在零件被测面上用冷却液粘上一层纸，让旋转的刀具慢慢靠近零件被测面，当刀具与纸接触时，刀具将纸擦掉，此时刀具外表面与被测表面的距离是一层纸厚，用这种方法测量就不会在零件的测量面上留下刀痕。

4. 采用杠杆百分表（或千分表）对刀

如图 4-35 所示，采用杠杆百分表（或千分表）对刀的操作步骤如下：

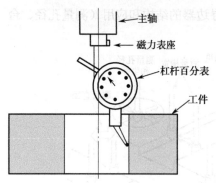

（1）用磁力表座将杠杆百分表粘在机床主轴端面上。

（2）使主轴低速转动。

（3）手动操作使旋转的表头依 X、Y、Z 的顺序逐渐靠近被测表面。

（4）移动 Z 轴，将表头压在被测表面约 0.1mm。

（5）逐步降低手动脉冲发生器的移动量，使表头旋转一周时，其指针的跳动量在允许的对刀误差内，如 0.02mm，此时可认为主轴的旋转中心与被测孔中心重合。

（6）记下此时机床坐标系中的 X、Y 坐标值。

图 4-35　用杠杆百分表对刀

这种方法操作比较麻烦，效率较低，但对刀精度较高，对被测孔的精度要求也较高，最好是经过铰或精镗加工的孔，仅粗加工后的孔（如钻销的孔）不宜采用。

4.4 数控铣床与加工中心程序编制

随着数控技术的发展，数控铣床与加工中心控制系统的功能不断增强，不断推出新的控制指令，且不同控制系统的指令也有所不同。本节以 FANUC 0i 系统为例，介绍数控铣床与加工中心常用的编程指令。

4.4.1 G 功能

G 功能也称为准备功能，是命令机械准备以何种方式切削加工或移动。以地址 G 后跟两位或 3 位数字组成。如表 4-5 所示为 FANUC 0i-MA 系统 G 代码的分组和功能。

表 4-5 FANUC 0i-MA 系统 G 代码的分组和功能

G 代码	组	功 能	G 代码	组	功 能
▼G00	01	定位	▼G50.1	22	可编程镜像取消
▼G01		直线插补	G51.1		可编程镜像有效
G02		圆弧插补/螺旋线插补 CW	G52	00	局部坐标系设定
G03		圆弧插补/螺旋线插补 CCW	G53		选择机床坐标系
G04	00	暂停，准确停止	▼G54	14	选择工件坐标系 1
G05.1		预读控制（超前读多个程序段）	G54.1		选择附加工件坐标系
G07.1（G107）		圆柱插补	G55		选择工件坐标系 2
G08		预读控制	G56		选择工件坐标系 3
G09		准确停止	G57		选择工件坐标系 4
G10		可编程数据输入	G58		选择工件坐标系 5
G11		可编程数据输入方式取消	G59		选择工件坐标系 6
▼G15	17	极坐标指令消除	G60	00/01	单方向定位
G16		极坐标指令	G61	15	准确停止方式
▼G17	02	选择 X_P 平面，X 轴或其平行轴	G62		自动拐角倍率
▼G18		选择 Z_P 平面，Y 轴或其平行轴	G63		攻丝方式
▼G19		选择 Y_P 平面，Z 轴或其平行轴	▼G64		切削方式
G20	06	英寸输入	G65	00	宏程序调用
G21		毫米输入	G66	12	宏程序模态调用
▼G22	04	存储行程检测功能接通	▼G67		宏程序模态调用取消
G23		存储行程检测功能断开	G68	16	坐标旋转有效
G27	00	返回参考点检测	▼G69		坐标旋转取消
G28		返回参考点	G73	09	深孔钻循环
G29		从参考点返回	G74		左旋攻丝循环
G30		返回第 2、3、4 参考点	G76		精镗循环

续表

G 代码	组	功　能	G 代码	组	功　能
G31	00	跳转功能	▼G80		固定循环取消/外部操作功能取消
G33	01	螺纹切削	G81		钻孔循环或外部操作功能
G37	00	自动刀具长度测量	G82		钻孔循环或反镗循环
G39		拐角偏置圆弧插补	G83		深孔钻循环
▼G40	07	刀具半径补偿取消	G84	09	攻丝循环
G41		刀具半径补偿 左侧	G85		镗孔循环
G42		刀具半径补偿 右侧	G86		镗孔循环
▼G40.1（G150）	18	法线方向控制取消方式	G87		背镗循环
G41.1（G151）		法线方向控制左侧接通	G88		镗孔循环
G42.1（G152）		法线方向控制右侧接通	G89		镗孔循环
G43	08	正向刀具长度补偿	▼G90	03	绝对值编程
G44		负向刀具长度补偿	G91		增量值编程
G45	00	刀具位置偏置加	G92	00	工件坐标系或最大主轴速度
G46		刀具位置偏置减	G92.1		工件坐标系预置
G47		刀具位置偏置加 2 倍	▼G94	05	每分进给
G48		刀具位置偏置减 2 倍	G95		每转进给
▼G49	08	刀具长度补偿取消	G96	13	恒周速控制
▼G50	11	比例缩放取消	▼G97		恒周速控制取消
G51		比例缩放有效	▼G98	10	固定循环返回到初始点
			G99		固定循环返回到 R 点

注：① 表格中带符号"▼"的代码为默认代码。
　　② "00"组的 G 代码为非模态代码。
　　③ 同组的 G 代码出现在一个程序段中，则最后一个有效。
　　④ "09"组代码遇到"01"组代码固定循环被自动取消。

4.4.2　M 代码

M 代码也称为辅助功能，它用来控制 M、S、T 功能。如表 4-6 所示为 FANUC 0i-MA 系统的部分 M 代码。

表 4-6　辅助功能（FANUC 0i-MA）

M00	程序停止	M07	切削液开（雾状）
M01	选择停止	M08	切削液开
M02	程序结束	M09	切削液关
M03	主轴正转	M19	主轴准停
M04	主轴反转	M30	程序结束并返回
M05	主轴停止	M98	调用子程序
M06	换刀	M99	子程序结束

4.4.3 坐标平面指令（G17～G19）

在数控铣床或加工中心加工圆弧时，可能在不同的坐标平面上加工，这就需要在加工圆弧前指出圆弧所在的坐标平面。用 G17 指定为 XY 平面，用 G18 指定为 ZX 平面，用 G19 指定为 YZ 平面。

G17、G18、G19 是模态指令，系统上电复位后默认 G17 平面。

4.4.4 基本移动指令（G00～G03）

基本移动指令包括快速点定位、直线插补和圆弧插补指令。

1. 快速点定位（G00 或 G0）

G00（或 G0）指令为模态指令，控制刀具从当前位置快速移动到指令中给出的目标点位置。在运动过程中不能切削。指令格式为：

```
G00 X__ Y__ Z__;
```

其中，X、Y、Z 指令后的数值——目标点的坐标，可以控制一轴、两轴或三轴运动，如图 4-36 所示。

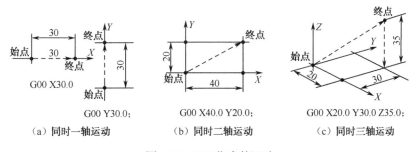

（a）同时一轴运动　　　　（b）同时二轴运动　　　　（c）同时三轴运动

图 4-36　G00 指令的运动

需要说明的是：G00 指令的运动速度在指令中不能控制，它是由系统参数设置确定的，可以用操作面板上的快速进给修调旋钮（或按钮）来调整。另外，目前有的系统 G00 的运动轨迹可以设置为折线，也可以设置为直线，如图 4-37 所示。由于运动轨迹不同，使用时要特别注意，以防快速运动时刀具与夹具或被加工零件相撞。

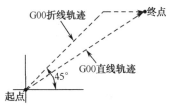

图 4-37　G00 的走刀轨迹

2. 直线插补（G01 或 G1）

G01（或 G1）指令为模态指令，控制刀具以给定的速度从当前位置运动到指令给出的目标点位置。指令格式为：

G01 X__ Y__ Z__ F__;

其中，X、Y、Z 指令后的数值——目标点坐标；

F 指令后的数值——进给量（mm/min）。

图 4-38 表示刀具从 P_1 点开始，沿直线移动到 P_2、P_3、P_4、P_5、P_6 点，下面给出绝对坐标方式（G90）和增量坐标方式（G91）编程。设进给速度为 120mm/min。

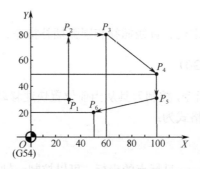

图 4-38 G01 编程例

G90 方式编程为：		G91 方式编程为：	
G01 Y80. F120.;	P_1—P_2	G01 Y50. F120.	P_1—P_2
X60.;	P_2—P_3	X30.;	P_2—P_3
X100. Y50.;	P_3—P_4	X40. Y-30.;	P_3—P_4
Y30.;	P_4—P_5	Y-20.;	P_4—P_5
X50. Y20.;	P_5—P_6	X-50. Y-10.;	P_5—P_6

3. 圆弧插补指令（G02、G03 或 G2、G3）

G02（或 G2）、G03（或 G3）指令为模态指令，指令控制刀具在指定坐标平面内以给定的进给速度从当前位置（圆弧起点）沿圆弧移动到指令给出的目标点位置（圆弧终点）。G02 为顺时针圆弧插补指令，G03 为逆时针圆弧插补指令。在不同坐标平面上圆弧切削的方向（G02 或 G03）如图 4-39 所示，其判断方法为：在笛卡儿直角坐标系中，从垂直于圆弧所在平面的轴线的正方向往负方向看，顺时针为 G02，逆时针为 G03。

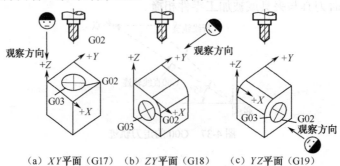

(a) XY平面（G17）　(b) ZY平面（G18）　(c) YZ平面（G19）

图 4-39 圆弧切削方向与平面的关系

指令格式有三种情况：

（1）*XY* 平面上的圆弧：G17 $\begin{Bmatrix} G02 \\ G03 \end{Bmatrix}$ X__Y__ $\begin{Bmatrix} I\_J\_ \\ R\_\_ \end{Bmatrix}$ F__ ;

（2）*ZX* 平面上的圆弧：G18 $\begin{Bmatrix} G02 \\ G03 \end{Bmatrix}$ X__Z__ $\begin{Bmatrix} I\_K\_ \\ R\_\_ \end{Bmatrix}$ F__ ;

（3）*YZ* 平面上的圆弧：G19 $\begin{Bmatrix} G02 \\ G03 \end{Bmatrix}$ Y__Z__ $\begin{Bmatrix} J\_K\_ \\ R\_\_ \end{Bmatrix}$ F__ ;

其中，X、Y、Z 指令后的数值——圆弧终点坐标；

I、J、K 指令后的数值——圆心分别在 *X* 轴、*Y* 轴、*Z* 轴相对圆弧起点的增量坐标（以下简称 IJK 编程）；

R 指令后的数值——圆弧半径（以下简称 R 编程）。

注意：G02 和 G03 与坐标平面的选择有关。圆弧终点坐标可分别用增量方式或绝对值方式指令，用 G91 方式指令时表示圆弧终点相对于圆弧起点的增量坐标。用 R 编程时，如果圆弧圆心角小于或等于 180°，R 指令后的数值取正值；大于 180° 时，R 指令后的数值取负值。如果加工的是整圆，则不能直接用 R 编程，而应用 IJK 编程。

【例 4-1】 在立式数控铣床上铣削如图 4-40 所示的零件。零件厚度为 10mm，该零件材料为 45 钢，使用 ϕ16mm 高速钢 4 齿立铣刀。

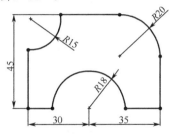

图 4-40　被加工零件轮廓

按照给定的条件确定切削速度为 25m/min，背吃刀量为 10mm，进给量取每齿 0.1mm。

主轴转速 *n*=25×1000/(16×3.14)=497r/min，取 500r/min，进给速度 *F*=0.1×4×500=200mm/min。由于还没有介绍刀具半径补偿指令，本例按图 4-41 所示的刀具运动轨迹编程，图 4-42 是走刀路线图。

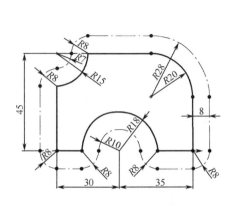

图 4-41　刀具运动轨迹

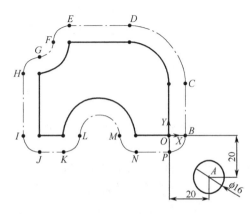

图 4-42　走刀路线图

设工件原点在零件的右下角，例 4-1 的参考程序如表 4-7 所示。

表 4-7　例 4-1 的参考程序

O4001	直线和圆弧轮廓程序	
段号	程序段内容	说　明
N1	G90 G80 G40 G17 G49 G94 G21；	绝对，取消循环，取消刀补，XY 平面，公制输入
N2	G54 G00 X20 Y-20；	刀具快速运动到 A 点
N3	X8. Y0 S500；	刀具快速运动 A—B 点，指定转速
N4	Z5. M03；	主轴正转快速下刀到 $Z=5$mm
N5	G01 Z-15. F100　M08；	慢速下刀至刀尖到 $Z=-15$mm，进给速度为 100mm/min，冷却液开
N6	Y25. F200；	切削进给 B—C
N7	G03 X-20. Y53. I-28. J0；	逆圆 C—D，IJK 编程
N8	G01 X-50.；	直线 D—E
N9	G03 X-58. Y45. R8.；	逆圆 E—F，R 编程
N10	G02 X-65. Y38. R7.；	顺圆 F—G，R 编程
N11	G03 X-73. Y30. R8.；	逆圆 G—H，R 编程
N12	G01 Y0；	直线 H—I
N13	G03 X-65. Y-8. I8. J0	逆圆 I—J，IJK 编程
N14	G01 X-53.；	直线 J—K
N15	G03 X-45. Y0 I0 J8.；	逆圆 K—L，IJK 编程
N16	G02 X-25. Y0 I10. J0；	顺圆 L—M，IJK 编程
N17	G03 X-17. Y-8. R8.；	逆圆 M—N，R 编程
N18	G01 X0；	直线 N—P
N19	G0 X20. Y-20.；	快速回起点 P—A
N20	G0 Z50.；	Z 向抬刀
N21	M30；	程序结束，自动停主轴，Z 向自动回参考点

第一条指令规定了数控装置的初始状态，防止执行该程序前执行过其他程序且未恢复到初始状态。如果以前使用过 G91 且未恢复到 G90，本程序又无 G90，则数值全错。为了保证程序的运行安全，建议在程序初始状态设定程序段。

4. 螺旋线插补指令

螺旋线的形成是在刀具做圆弧插补运动的同时与之同步地做轴向运动，其指令格式为：

$$G17\begin{Bmatrix}G02\\G03\end{Bmatrix}X\_\_Y\_\_Z\_\_\begin{Bmatrix}I\_\_J\_\_\\R\_\_\end{Bmatrix}K\_\_F\_\_；（XY \text{平面内的螺旋线加工}）$$

其中，**G02、G03**——螺旋线的旋向，其定义同圆弧；

　　　　X、Y、Z 指令后的数值——螺旋线的终点坐标；

　　　　I、J 指令后的数值——圆弧圆心在 XY 平面上 X 轴、Y 轴上相对于螺旋线起点的增量坐标；

　　　　R 指令后的数值——螺旋线在 XY 平面上的投影半径；

K 指令后的数值——螺旋线的导程。

下面的 G18 和 G19 两式的意义类同，如图 4-43 所示。

$$\text{G18} \begin{Bmatrix} \text{G02} \\ \text{G03} \end{Bmatrix} \text{X\_\_Y\_\_Z\_\_} \begin{Bmatrix} \text{I\_\_K\_\_} \\ \text{R\_\_} \end{Bmatrix} \text{J\_\_F\_\_} ; \quad (ZX\text{平面内加工螺旋线})$$

$$\text{G19} \begin{Bmatrix} \text{G02} \\ \text{G03} \end{Bmatrix} \text{X\_\_Y\_\_Z\_\_} \begin{Bmatrix} \text{J\_\_K\_\_} \\ \text{R\_\_} \end{Bmatrix} \text{I\_\_F\_\_} ; \quad (YZ\text{平面内加工螺旋线})$$

【例 4-2】　铣削如图 4-44 所示螺旋线，共有 10 圈。

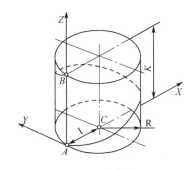

图 4-43　螺旋线

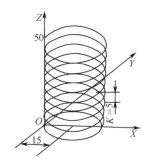

图 4-44　螺旋线示例

例 4-2 的参考程序如表 4-8 所示。

表 4-8　例 4-2 的参考程序

O4002	直线和圆弧轮廓程序	
段号	程序段内容	说　明
N1	G90 G80 G40 G17 G49 G94 G21;	绝对，取消循环，取消刀补，XY 平面，公制输入
N2	G54 X0 Y0 G00;	设定坐标系
N3	M03 S500;	主轴转
N4	G91 G17;	相对坐标编程，XY 平面
N5	G03 X0. Y0. Z5. I15. J0. K5. F50.;	螺旋插补，第 1 个导程
N6	X0. Y0. Z5. I15. J0. K5.;	螺旋插补，第 2 个导程
N7	X0. Y0. Z5. I15. J0. K5.;	螺旋插补，第 3 个导程
N8	X0. Y0. Z5. I15. J0. K5.;	螺旋插补，第 4 个导程
N9	X0. Y0. Z5. I15. J0. K5.;	螺旋插补，第 5 个导程
N10	X0. Y0. Z5. I15. J0. K5.;	螺旋插补，第 6 个导程
N11	X0. Y0. Z5. I15. J0. K5.;	螺旋插补，第 7 个导程
N12	X0. Y0. Z5. I15. J0. K5.;	螺旋插补，第 8 个导程
N13	X0. Y0. Z5. I15. J0. K5.;	螺旋插补，第 9 个导程
N14	X0. Y0. Z5. I15. J0. K5.;	螺旋插补，第 10 个导程
N15	M30;	程序结束，自动停主轴，自动回参考点

螺旋线插补常用于铣削大直径螺纹，此外，也可以用于螺旋线的铣削加工。在螺旋线插补编程时应注意：在一个程序段里，圆弧插补指令的编程范围不能超过360°；当垂直轴移动距离大于一个螺距时，应进行分段编程。

4.4.5 程序暂停（G04）

G04 指令控制系统按给定的时间暂时停止执行后续程序段，暂停时间结束则继续执行后面的程序段。该指令为非模态指令，只在本程序段有效。其指令格式为：

G04 X___;或 G04 P___;

其中，X、P 指令后的数值——暂停时间，X 指令后数值的单位为秒，P 指令后数值的单位为
毫秒。

暂停指令应用于下列情况：

（1）用于主轴有高速、低速挡切换时，于 M05 指令后，用 G04 指令暂停几秒，使主轴停

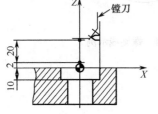

图 4-45　G04 使用示例

稳后再行换挡，以避免损伤主轴电动机。

（2）用于孔底加工时暂停几秒，使孔的深度正确及减小孔底面的表面粗糙度。

（3）用于铣削大直径螺纹时，用 M03 指定主轴正转后，暂停几秒使转速稳定，再加工螺纹，使螺距正确。

【例 4-3】　在铣床上镗削如图 4-45 所示的孔。为了保证孔底光滑和深度尺寸准确，在镗到孔底时暂停 1s（P1000）。

例 4-3 的参考程序如表 4-9 所示。

表 4-9　例 4-3 的参考程序

O4003	直线和圆弧轮廓程序	
段号	程序段内容	说　明
N1	G90 G80 G40 G17 G49 G94 G21；	绝对编程，取消循环，取消刀补，*XY* 平面，公制输入
N1	G54 X0 Y0 G00；	设定坐标系
N2	M03 S500；	主轴转
N3	G00 Z2.0；	下刀
N4	G01 Z-10. F100.；	切削进给
N5	G04 P1000；	暂停
N6	G00 Z22.；	抬刀
N7	M30；	程序结束，自动停主轴，自动回参考点

暂停时间一般应保证刀具在孔底保持回转一转以上。例如，假设主轴转速为 300r/min，则暂停时间为 60/300=0.2s，也就是说，暂停时间至少在 0.2s 以上。假设可以取 0.5s，则指令为"G04 P500；"（或 G04 X0.5；）。

4.4.6　刀具与刀具补偿（G40～G44、G49）

1. 刀具功能（T 功能）

加工中心的 T 功能是用来选择刀具的，T 后面的数字表示刀具号，如 T10 表示第 10 号刀具。T 后面的数字范围由刀库容量决定。加工中心的自动换刀指令为 M06。

不同的数控机床，其换刀程序是不同的，通常选刀和换刀分开进行，换刀动作必须在主轴停转的条件下进行。换刀完毕启动主轴后，方可执行下面程序段的加工动作。选刀动作可与机床的加工动作重合起来，即利用切削时间进行选刀。多数加工中心都规定了"换刀点"位置，即定距换刀，主轴只有走到这个位置，机械手才能执行换刀动作。一般立式加工中心规定换刀点的位置在 Z0 处（即机床 Z 轴零点），当控制机接到选刀 T 指令后，按给定刀号自动选刀，被选中的刀具运动到刀库最下方；接到换刀 M06 指令后，机械手执行换刀动作。

加工中心换刀的方式分无机械手式和有机械手式两种。无机械手式换刀是刀具库靠向主轴，主轴箱上移卸下主轴上的刀具，刀库再旋转至欲换的刀具位置，主轴箱下移将刀具装入主轴，刀库离开主轴。此种刀库以圆盘形较多，且是固定刀号式（即 1 号刀必须插回 1 号刀套内），故换刀指令的书写方式如下：

> M06 T02；

执行该指令时，主轴上的刀具先装回刀库，再旋转至 2 号刀，将 2 号刀装入主轴。

有机械手式换刀大都配合链式刀库且是无固定刀号式，即 1 号刀不一定插回 1 号刀套内，其刀库上的刀号与设定的刀号由 PLC 管理。此种换刀方式的 T 指令后面数字代表欲调用刀具的号码。当 T 指令被执行时，被调用的刀具会转至准备换刀位置（称为选刀），但无换刀动作，因此 T 指令可在换刀指令 M06 之前即设定，以节省换刀时等待刀具的时间。有机械手式的换刀程序指令常书写如下：

```
T01；                （1 号刀转至换刀位置）
  ⋮
M06 T03；            （将 1 号刀换到主轴上，3 号刀转至换刀位置）
  ⋮
M06 T04；            （将 3 号刀换到主轴上，4 号刀转至换刀位置）
  ⋮
M06；                （将 4 号刀换到主轴上）
```

对应两种换刀方法，换刀程序通常如下：

（1）无机械手式的换刀。

```
NXXXX   G91 G28 Z0；
        M06 TXX；
```

主轴返回 Z 轴参考点后，刀库先将主轴上的刀具装入刀库，然后将指令中给出的刀具转到主轴下方，将刀具装到主轴上，各个动作不重合。因此，这种方法换刀时间较长。

（2）有机械手式的换刀。

NXXXX TXX;	（XX号刀到换刀位置）
G91 G28 Z0;	（Z轴返回机床原点）
M06 TYY;	（将XX号刀换到主轴上，YY号刀到换刀位置）

这种情况下，执行T指令的辅助时间与加工时间重合。执行M06时刀库不转动，只有主轴上的刀具与刀库中的刀具交换动作，换刀时间短。

2．刀具半径补偿功能（D功能、G41、G42、G40）

在进行工件轮廓的铣削加工时，由于刀具半径的存在，刀具中心轨迹和工件轮廓不重合。刀具半径补偿功能是系统根据给定的刀具半径和刀具半径的补偿方向自动计算刀具中心运动轨迹，并控制刀具按刀具中心轨迹运动，使编程人员只需按被加工零件轮廓编程。刀具半径补偿指令均为模态指令。

1）刀具半径补偿指令（G41、G42）

刀具半径补偿分为刀具半径左补偿（G41）和刀具半径右补偿（G42）。如图4-46所示，顺着刀具运动方向看，刀具位于零件轮廓左边时称为刀具半径左补偿，反之称为刀具半径右补偿。

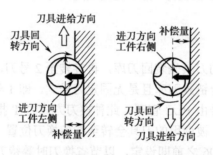

（a）刀具半径左补偿　　（b）刀具半径右补偿

图4-46　半径补偿的方向

指令格式为：

$$G17 \begin{Bmatrix} G00 \\ G01 \end{Bmatrix} \begin{Bmatrix} G41 \\ G42 \end{Bmatrix} X\_Y\_D\_;$$

$$G18 \begin{Bmatrix} G00 \\ G01 \end{Bmatrix} \begin{Bmatrix} G41 \\ G42 \end{Bmatrix} X\_Z\_D\_;$$

$$G19 \begin{Bmatrix} G00 \\ G01 \end{Bmatrix} \begin{Bmatrix} G41 \\ G42 \end{Bmatrix} Y\_Z\_D\_;$$

其中，X、Y、Z指令后的数值——建立刀补段的目标点坐标；

D指令后的数值——刀补号，其中存放刀具的直径值或半径值（有的系统是直径值，有的系统是半径值）。

2）取消刀具半径补偿指令（G40）

当不需要进行刀具半径补偿时，则用G40取消刀具半径补偿。指令格式为：

$$\begin{Bmatrix} G00 \\ G01 \end{Bmatrix} G40 \begin{Bmatrix} X\_Y\_\_ \\ X\_Z\_\_ \\ Y\_Z\_\_ \end{Bmatrix};$$

其中，X、Y、Z 指令后的数值——取消刀补段的目标点坐标。

3）刀具半径补偿的使用

铣削轮廓时,在刀具与被加工零件接触前首先用 G41 或 G42 与 G00 或 G01 合用建立刀补,此时 G00 或 G01 的移动量应大于刀具半径值。在轮廓结束后刀具离开零件后用 G40 与 G00 或 G01 合用取消刀具半径补偿,此时 G00 或 G01 的移动量应大于刀具半径值。

4）刀具半径补偿注意事项

（1）机床通电后，数控系统默认为取消半径补偿状态。

（2）G41、G42、G40 不能和 G02、G03 一起使用，只能与 G00 或 G01 一起使用，且刀具必须移动。

（3）程序中用 G42 指令建立右刀补，铣削时对于工件将产生逆铣效果，故常用于粗铣；用 G41 指令建立左刀补，铣削时对于工件将产生顺铣效果，故常用于精铣。

（4）在建立刀具半径补偿以后，不能出现连续两个程序段无补偿坐标平面内的移动指令，否则数控系统因无法正确计算程序中刀具轨迹交点坐标，可能产生过切现象。如图 4-47 所示，铣削外轮廓时，在 G17 坐标平面建立半径补偿后因连续出现三个程序段没有产生 X、Y 坐标平面移动指令，加工中将出现过切现象。图 4-48 表示在铣削内轮廓建立半径补偿后，在程序中出现连续两个程序段没有 Y、Y 平面移动指令，加工中将出现过切现象。

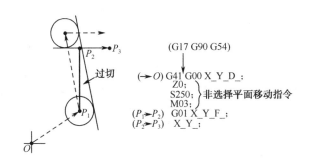

图 4-47　铣削外轮廓过切

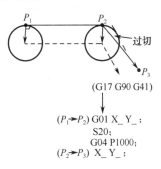

图 4-48　铣削内轮廓过切

非 X、Y 坐标平面移动指令示例如下：

M05;	（M 代码）
S300;	（S 代码）
G04 P1200;	（暂停指令）
G17 G01 Z100.0;	（X、Y 轴无移动指令）
G90;	
G91 G01 Y0;	（移动量为 0）

（5）在补偿状态下，铣刀的直线移动量及铣削内侧圆弧的半径值要大于或等于刀具半径，否则补偿时会产生干涉，系统在执行相应程序段时将会产生报警，停止执行。如图 4-49（a）所示为直线移动量小于铣刀半径发生过切的情况，图 4-49（b）所示为沟槽底部移动量小于铣刀半径的情况，图 4-49（c）所示为内侧圆弧半径小于铣刀半径的情况。

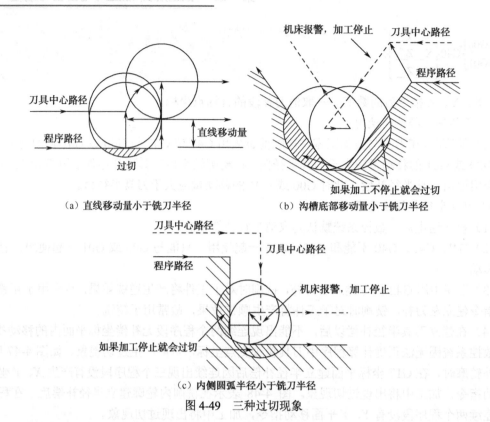

（a）直线移动量小于铣刀半径 （b）沟槽底部移动量小于铣刀半径

（c）内侧圆弧半径小于铣刀半径

图 4-49　三种过切现象

（6）若程序中建立了半径补偿，在加工完成后必须用 G40 指令将补偿状态取消。执行 G40 指令时，系统会将补偿值向相反的方向释放，这时铣刀会移动一铣刀半径值，所以使用 G40 指令时最好是铣刀已远离工件。

（7）刀具因磨损、重磨或更换后直径发生改变时，利用刀具半径补偿功能，只需改变半径补偿参数即可。刀具半径补偿值不一定等于刀具半径值，同一加工程序，采用同一刀具可通过修改刀补的办法实现对工件轮廓的粗、精加工；同时也可通过修改半径补偿值获得所需要的尺寸精度。

3. 刀具长度补偿功能（H 功能、G43、G44、G49）

数控铣床或加工中心所使用的刀具，每把刀具的长度都不相同，同时由于刀具的磨损或其他原因引起刀具长度发生变化，使用刀具长度补偿指令，可使每一把刀具加工出的深度尺寸都正确。H 功能用于刀具长度补偿，与刀具长度补偿指令 G43、G44 联合使用。刀具长度补偿是用来补偿长度差值的。刀具长度补偿指令均为模态指令。

1）刀具长度补偿指令（G43、G44、G49）

编程者在编程时还不知道刀具长度的情况，按假定的标准刀具长度编程（长度够用）。实际刀具长度与编程刀具长度之差称为偏置值（或称为补偿量）。这个偏置值可以通过偏置页面设置在偏置存储器中，并用 H 代码指示偏号。

指令格式为：

```
G43 Z___H___；或 G43 H___；
G44 Z___H___；或 G44 H___；
G49；或 H00；
```

其中，G43——长度正补偿，其含义是用 H 代码指定的刀具长度偏置号（存储在偏置存储器中）加到在程序中由指令指定的终点位置坐标值上；

　　　　G44——长度负补偿，其含义是从终点位置减去补偿值。

　　　　Z 指令后的数值——Z 轴移动坐标值；

　　　　H 指令后的数值——刀具长度偏移量的存储器地址，执行 G43 或 G44 指令时，控制器会到 H 所指定的刀具补偿号内领取刀具长度补偿值，以作为长度补偿的依据。

　　G43 和 G44 均属模态指令，一旦被指定之后，若无同组的 G 代码重新指令，则 G43 和 G44 一直有效。

　　2）长度补偿设定方法

　　刀具长度补偿设定方法有三种。

　　（1）方法一。如图 4-50 所示，事先通过机外对刀法测量出刀具长度（图中 H01 和 H02），作为刀具长度补偿值（该值应为正），输入到对应的刀具补偿参数中；此时，工件坐标系（G54）中 Z 值的偏置值应设定为工件原点相对机床原点 Z 向坐标值（该值为负）。

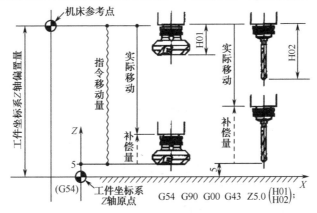

图 4-50　刀具长度补偿设定方法一

　　（2）方法二。如图 4-51 所示，将工件坐标系（G54）中 Z 值的偏置值设定为零，即 Z 向的工件原点与机床原点重合，通过机内对刀测量出刀具 Z 轴返回机床原点时刀位点相对工件基准面的距离（图中 H01、H02，均为负值）作为每把刀具的长度补偿值。

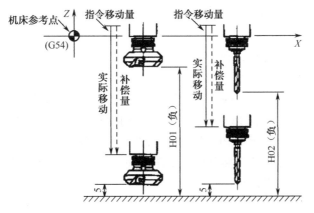

图 4-51　刀具长度补偿设定方法二

（3）方法三。如图 4-52 所示，将其中一把刀具作为基准刀，其长度补偿值为零，其他刀具的长度补偿值为与基准刀的长度差值（可通过机外对刀测量）。此时应先通过机内对刀法测量出基准刀在 Z 轴返回机床原点时刀位点相对工件基准面的距离，并输入到工件坐标系（G54）中 Z 值的偏置参数中。

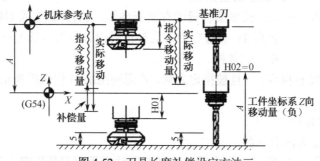

图 4-52　刀具长度补偿设定方法三

三种方法本质是相同的，都可以用下面公式计算刀具实际移动量：

刀具实际移动量=G54 中的偏置值+H 寄存器中的值+指令中的 Z 值

4.4.7　极坐标编程（G15、G16）

对于能用半径和角度描述刀具目标点位置的零件，采用极坐标进行数控编程十分方便。在圆周分布孔加工（如法兰类零件）与圆周镗铣加工时，图纸尺寸通常都以半径（直径）与角度的形式给出，直接利用极坐标半径与角度指定坐标位置，既可以大大减少编程时的计算工作量，又可以提高程序的可靠性。因此，现代数控系统一般都具有极坐标编程功能。但极坐标编程功能不是数控系统的标准功能，因此不同的数控系统所用的极坐标编程代码和格式有所不同。这里介绍的是 FANUC 数控系统极坐标编程指令。

极坐标编程通常使用指令 G15、G16 进行。

> G15：撤销极坐标编程
> G16：极坐标编程生效

极坐标编程时，编程指令的格式、代表的意义与所选择的加工平面有关，加工平面的选择仍然利用 G17、G18、G19 等平面选择指令进行。加工平面选定后，所选择平面的第一坐标轴地址用来指定极坐标半径；第二坐标轴地址用来指定极坐标角度，极坐标的 0° 方向为第一坐标轴的正方向。

对于极坐标原点的指定，可以将工件坐标系原点直接作为极坐标原点；也可以利用局部坐标系指令（G52）建立极坐标原点。

在极坐标编程时，通过 G90、G91 指令可以改变尺寸的编程方式，选择 G90 时，半径、角度都以绝对尺寸的形式给定；选择 G91 时，半径、角度都以增量尺寸的形式给定。

【例 4-4】　如图 4-53 所示为使用 G16 指令的钻孔循环加工示意图，设零件材料为 45 钢，零件厚度为 10mm。刀具为高速钢麻花钻。选择主轴转速为 700r/min（切削速度约 30m/min），选择进给量为 140mm/min（0.2mm/r）。

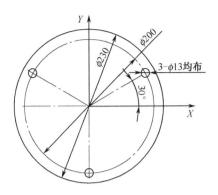

图 4-53　钻孔循环加工示意图

例 4-4 的参考程序如表 4-10 所示。

表 4-10　例 4-4 的参考程序

O4004	极坐标编程钻孔程序	
段号	程序段内容	说　明
N1	G90 G17 G80 G40 G49 G94 G21;	初始化
N2	G54 X0 Y0 S700;	确定坐标系主轴转速
	G91 G28 Z0;	
N3	M06 T02;	换 2 号刀
N4	G90 G43 H02 Z10.;	刀具长度补偿，至安全高度
N5	G16 M03;	主轴正转，极坐标编程
N6	G81 X100. Y30. Z-18. R5.0 F140.;	钻孔循环至第一个孔位
N7	X100. Y150.;	第二个孔位
N8	X100. Y270.;	第三个孔位
N9	G15 G80;	极坐标编程结束，钻孔循环结束
N10	G00 Z50.;	返回至 50mm 高度处
N11	M30;	程序结束

4.4.8　子程序（M98、M99）

子程序的作用及指令格式在第 2 章中已介绍过，这里给出子程序的应用示例。

【例 4-5】　如图 4-54 所示的工件，材料为 45 钢，刀具编号 T02 为 φ10mm 的 3 齿高速钢立铣刀，零件上已有两孔，本例要求精铣外轮廓，零件外形轮廓单边余量为 0.5mm，铣至图纸要求尺寸。

设坐标原点在零件的左下角，起刀点的坐标为（−15，−10），主轴转速为 800r/min（切削速度约为 25m/min），进给量取 90mm/min（每齿 0.05mm）。由于刀具细刚度低，分多层铣削完成轮廓的加工，每层的背吃刀量为 3mm，共铣 4 层。本例采用顺铣。将铣削轮廓的程序编制成一个子程序，主程序中调用子程序 4 次。例 4-5 的参考程序如表 4-11 所示。

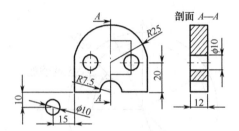

图 4-54   子程序调用示例

表 4-11   例 4-5 的参考程序

O4005	加工主程序	
段号	程序段内容	说　明
N1	G17 G90 G40 G80 G49 G21；	初始化
N2	G00 G54 X-15. Y-10.；	G54 坐标系设定，快速到达初始位置
N3	M03 M08 S800；	主轴正转，冷却液开
N4	G43 Z5.0 H02；	刀具长度补偿至安全高度
N5	G01 Z-3. F90.；	第一次下刀至铣削深度
N6	M98 P7001；	调子程序 O7001，铣零件周边
N7	G01 Z-6. F90.；	第二次下刀至铣削深度
N8	M98 P7001；	调子程序 O7001，铣零件周边
N9	G01 Z-9. F90.；	第三次下刀至铣削深度
N10	M98 P7001；	调子程序 O7001，铣零件周边
N11	G01 Z-13. F90.；	第四次下刀至铣削深度
N12	M98 P7001；	调子程序 O7001，铣零件周边
N13	G00 Z50.；	抬刀至 Z50mm 处
N14	M30；	程序结束
O7001	加工子程序	
段号	程序段内容	说　明
N1	G41 G01 X0 Y0 D02 F50.；	建立刀具半径补偿，到原点
N2	Y20.0 F90.；	向上铣左边
N3	G02 X50. Y20. I25. J0；	向右铣大圆弧
N4	G01 Y0；	向下铣右边
N5	X32.5；	向左铣右下边
N6	G03 XI7.5 Y0 I-7.5 J0；	向左铣小圆弧
N7	G01 X-10.0；	向左铣左下边
N8	G40 G01 X-15. Y-10.；	撤销刀具半径补偿，回起点
N9	M99；	子程序结束，返回主程序

4.4.9　比例缩放指令（G50、G51）

比例缩放功能主要用于模具加工，当比例缩放功能生效时，对应轴的坐标值与移动距离将按程序指令固定的比例系数进行放大（或缩小），也可以让图形按指定规律产生镜像变换。

1．G51

G51 为比例缩放功能生效，指令格式为：

G51 X__ Y__ Z__ P__;	各轴按相同比例缩放
G51 X__ Y__ Z__ I__ J__ K__;	各种按不同比例缩放

其中，X、Y、Z 指令用来确定缩放中心；P 指令用来确定缩放比例，如果省略 X、Y 和 Z 指令，则 G51 指令的刀具位置为缩放中心；I、J、K 分别对应 X、Y、Z 轴的比例系数，本系统设定 I、J、K 时不能带小数点，比例为 1 时，输入 1000 即可，通过对某一轴指令比例系数"-1"，可以利用比例缩放，实现镜像加工。

2．G50

G50 关闭缩放功能 G51。

【例 4-6】如图 4-55 所示的零件，设零件材料为铝合金，零件已经过粗加工。刀具为 ϕ16mm 的 3 刃高速钢立铣刀，选择主轴转速为 2000r/min（切削速度为 100m/min），进给量为 600mm/min（每齿进给量为 0.1mm），采用顺铣方式。

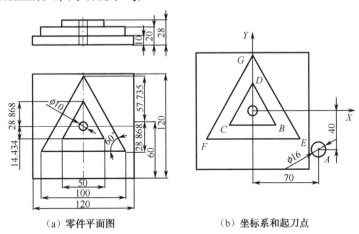

（a）零件平面图　　　　　　（b）坐标系和起刀点

图 4-55　比例缩放加工示例

中间层三角形凸台尺寸是顶层三角形尺寸的 2 倍，因此，本例先编制顶层三角形程序，在加工中间层三角形时用顶层程序放大 2 倍。

设工件坐标系原点在零件中间，起刀点坐标为（70，-40），加工顶层三角形的走刀路线为 A—B—C—D—B—A，例 4-6 的参考程序如表 4-12 所示。加工中间层三角形的走刀路线为 A—E—F—G—E—A，BCD 三点的坐标分别为 B（25,-14.434）、C（-25,-14.434）、D（0,28.868）。

表 4-12　例 4-6 的参考程序

O4006	加工主程序	
段号	程序段内容	说　明
N1	G90 G40 G49 G80 G94 G21；	初始化
N2	G54 X70. Y-40. G0；	快速移动到起刀点
N3	G91 G28 Z0	
N4	M06 T01；	换 1 号刀
N5	M03 S2000；	主轴正转，转速为 2000r/min
N6	G90 G43 H1 G0 Z5.；	快速移至 Z5mm 处
N7	Z-8. M08；	下刀 Z-8mm，冷却液开
N8	M98 P7000；	调用小三角形子程序
N9	G00 Z-18.；	下刀，准备切下一层三角形
N10	G51 X0 Y0 P2；	缩放至 2 倍
N11	M98 P7000；	调用小三角形子程序
N12	G50；	取消缩放
N13	G00 Z50.；	抬刀
N14	M30；	结束，停冷却液，停主轴
O7000	加工子程序	
段号	程序段内容	说　明
N1	G01 G41 X25. Y-14.434 D01 F600.；	左刀补，A—B
N2	X-25. Y-14.434 F600.；	B—C
N3	X0 Y28.868；	C—D
N4	X25. Y-14.434 F600.；	D—B
N5	G40 G0 X70. Y-40.	B—A，取消刀补
N6	M99；	子程序结束，返回主程序

【例 4-7】　编制如图 4-56 所示图形的加工程序。

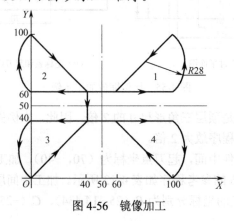

图 4-56　镜像加工

例 4-7 的参考程序如表 4-13 所示。

表 4-13　例 4-7 的参考程序

O4007	加工主程序	
段号	程序段内容	说　　明
N1	G92 X0 Y0;	设定坐标原点
N2	M3 S1000;	
N3	M98 P7002;	调用子程序 O7002，加工图形 1
N4	G51 X50 Y50 I-1000 J1000;	比例缩放生效，X 轴比例系数为 "-1"
N5	M98 P7002;	调用子程序 O7002，加工图形 2
N6	G51 X50 Y50 I-1000 J-1000;	比例缩放生效，X 轴和 Y 轴比例系数都是 "-1"
N7	M98 P7002;	调用子程序 O7002，加工图形 3
N8	G51 X50 Y50 I1000 J-1000;	比例缩放生效，Y 轴比例系数为 "-1"
N9	M98 P7002;	调用子程序 O7002，加工图形 4
N10	G50;	撤销比例缩放加工
N11	M30;	主程序结束
O7002	加工子程序	
段号	程序段内容	说　　明
N1	G90 G00 X60 Y60;	绝对坐标方式编程，快速定位到（60,60）
N2	G01 X100 F100;	切削进给方式移动到（100,60），进给速度为 100mm/min
N3	G03 X100 Y100 R28;	加工 R28 圆弧
N4	G01 X60 Y60;	直线插补到（60,60）
N5	M99;	子程序结束

4.4.10　坐标系旋转指令（G68、G69）

有时零件上的轮廓是由一个轮廓图形旋转一定的角度形成的，如果按旋转后的轮廓编程，需要复杂的数学计算来计算各点的坐标，计算工作量大而且容易出现错误。使用旋转指令加工这类零件可以大大减少程序编制的工作量。一般方法是按照一个轮廓编制一个子程序，每旋转一个角度调用子程序一次。坐标系旋转的指令一般为 G68、G69。

1. G68

G68 为图形旋转功能生效。指令格式为：

$$
\begin{Bmatrix} \text{G17} \\ \text{G18} \\ \text{G19} \end{Bmatrix} \text{G68} \begin{Bmatrix} \text{X\_\_ Y\_\_} \\ \text{X\_\_ Z\_\_} \\ \text{Y\_\_ Z\_\_} \end{Bmatrix} \text{R\_\_;}
$$

其中，X、Y、Z 指令指定旋转中心，如果程序中不指定回转中心，则以坐标原点为旋转中心；R 指令指定旋转角度，以度为单位，一般逆时针为正。

2. G69

G69 为关闭旋转功能。指令格式为：

G69；

【例 4-8】 如图 4-57 所示的零件要加工斜键槽，为了减少计算工作量，用旋转法加工。设零件材料为 45 钢，刀具为 $\phi12$mm 高速钢键槽铣刀。主轴转速取 650r/min（切削速度约 25m/min），进给量取 130mm/min（每齿 0.1mm），采用顺铣。坐标原点设在零件的左下角，刀具起点为（$X0,Y0$）。

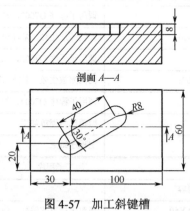

图 4-57 加工斜键槽

例 4-8 的参考程序如表 4-14 所示。

表 4-14 例 4-8 的参考程序

O4008	加工主程序	
段号	程序段内容	说　　明
N1	G90 G80 G40 G49 G21；	初始化
N2	M06 T01；	换刀
N3	G54 G0 X30 Y20.；	设置坐标系并运动到（30,20）
N4	M03 S650；	主轴正转
N5	G43 H1 Z5. M08；	运动到 Z5mm 处，冷却液开
N6	G01 Z-8. F30.；	下刀至深度
N7	G68 X30. Y20. R30.；	以左部圆弧中心为旋转中心
N8	G41 G1X70 Y12. D01F130.；	左刀补，到轮廓起点
N9	G3 Y28 I0 J8.；	向左运动 40mm
N10	G1 X30. ；	右部圆弧
N11	G3 Y12 I0 J-8；	向左切直线
N12	G1 X70.；	左部圆弧
N13	G40 G0 X30. Y20.；	取消刀补，回圆弧中心
N14	G69；	取消旋转
N15	Z50.；	抬刀
N16	M30；	程序结束，自动关冷却液、主轴停转

4.4.11　可编程镜像指令（G51.1、G50.1）

当零件上的某一部分轮廓与某一个轴或某一点对称分布时，可以编写一个轮廓的程序，其他对称的轮廓程序用镜像功能，从而减少程序设计的工作量。

1. 镜像开始（G51.1）

G51.1 指令控制镜像功能开始。指令格式为：

$$
\text{G51.1} \begin{cases} \text{X\_\_} \\ \text{Y\_\_} \\ \text{X\_\_ \ Y\_\_} \end{cases} ;
$$

其中，X、Y 指令后面的坐标字指定对称轴或对称点。如果式中只给出一个坐标字，则以一个轴镜像；如果给出两个坐标字，则以一个点镜像。例如，"G51.1 X50.;"是以 $X=50$ 为轴的轴对称；"G51.1 X0 Y0;"是以原点为点对称。

镜像指令有效后，系统自动处理程序段中的被镜像的坐标字，形成镜像值。

2. 取消可编程镜像（G50.1）

G50.1 指令被执行时，结束可编程镜像的功能。指令格式为：

$$
\text{G50.1} \begin{cases} \text{X\_\_} \\ \text{Y\_\_} \\ \text{X\_\_ \ Y\_\_} \end{cases} ;
$$

其中，X、Y 指令后面的坐标字指定取消镜像操作的坐标轴和坐标点。

【例 4-9】　用镜像功能加工如图 4-58 所示零件的曲线轮廓。设零件材料为 45 钢，刀具为 $\phi 20\text{mm}$ 的 4 齿高速钢立铣刀。主轴转速取 400r/min（切削速度约 25m/min），进给速度取 240mm/min（每齿 0.15mm），采用顺铣方式。

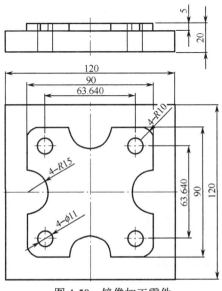

图 4-58　镜像加工零件

　　程序原点在零件中心，将右上角轮廓加工程序编成子程序，用主程序调用和镜像，例 4-9 的参考程序如表 4-15 所示。

表 4-15　例 4-9 的参考程序

O4009	加工主程序	
段号	程序段内容	说　　明
N1	G90 G40 G80 G49 G94 G21；	初始化
N2	G54 X0 Y0 G0；	刀具移动到被加工零件原点上
N3	G91 G28 Z0；	Z 轴回参考点
N4	M06 T1；	换刀
N5	M03 S400；	主轴正转，转速为 400r/min
N6	G90 G43 H1 Z5. M08；	刀具移动到 Z5mm 处，冷却液开
N7	M98 P9000；	调用铣右上角轮廓子程序加工右上角
N8	G51.1 X0；	以 Y 轴镜像
N9	M98 P9000；	调用铣右上角轮廓子程序加工左上角
N10	G51.1 Y0；	再以 X 轴镜像
N11	M98 P9000；	调用铣右上角轮廓子程序加工左下角
N12	G50.1 X0；	取消 Y 轴镜像
N13	M98 P9000；	调用铣右上角轮廓子程序加工右下角
N14	G50.1 Y0；	取消 X 轴镜像
N15	M30；	程序结束，自动关冷却液，自动停主轴
O9000	图形右上角轮廓子程序	
段号	程序段内容	说　　明
N1	G0 X0 Y75.；	刀具移到零件外部起点
N2	G0 Z-5.；	下刀至 Z-5mm 处
N3	G41 G1 X0 Y30. D01 F240.；	左刀补，直线插补至圆弧底部
N4	G3 X15. Y45. R15.；	切四分之一圆弧
N5	G1 X35.；	切向右直线
N6	G2 X45. Y35. R10.；	切右上角圆弧
N7	G1 Y15.；	切向下直线
N8	G3 X30. Y0 R15.；	切右部四分之一圆弧
N9	G40 G1 X75.；	取消刀补向右退刀，回起点
N10	G0 Z50.；	抬刀
N11	M99；	子程序结束，返回主程序

4.4.12　参考点指令（G27～G30）

　　参考点指令控制刀具与参考点的操作。

1. 返回参考点（G28、G30）

G28 指令可以控制刀具经过指令中指定的一点返回参考点。指令格式为：

```
G28  IP;
G30  P2  IP;    （P2 可以省略）
G30  P3  IP;
G30  P4  IP;
```

其中，IP 用来指定一个中间点，执行指令时刀具从当前位置运动到该中间点，再从中间点运动到参考点，运动过程如图 4-59 所示。系统可以用系统参数 1240~1243 设置 4 个参考点，用 G28 返回第 1 个参考点，用 G30 返回另外 3 个参考点。

例如，经过（100,80）点返回参考点的指令为：

```
G90 G28 X100. Y80.;
```

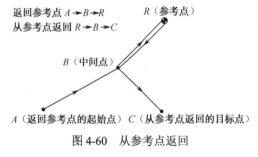

返回参考点 $A \to B \to R$

R（参考点）

B（中间点）

A（返回参考点的起始点）

图 4-59　返回参考点

2. 从参考点返回（G29）

G29 指令控制刀具从参考点经过中间点自动地移动到指定点。指令格式为：

```
G29  IP;
```

该指令必须与 G28 成对使用，它的中间点是 G28 的中间点，IP 用来指定目标位置点。执行指令时刀具从参考点运动到 G28 指定过的中间点，再从中间点运动到目标位置点，运动过程如图 4-60 所示。

例如，从参考点返回至（200,250）点的指令为：

```
G90 G29 X200. Y250.;
```

返回参考点 $A \to B \to R$
从参考点返回 $R \to B \to C$

R（参考点）

B（中间点）

A（返回参考点的起始点） C（从参考点返回的目标点）

图 4-60　从参考点返回

3. 返回参考点检查（G27）

返回参考点检查 G27 用于检查刀具是否已经正确地返回到程序中指定的参考点。如果刀具已经正确地沿着指定轴返回到参考点，则该轴的指示灯亮。指令格式为：

```
G27  IP;
```

4.4.13　固定循环（G98、G99、G73、G74、G76、G80 ~ G89）

1. 关于固定循环的一些说明

数控铣床和加工中心通常都具有如钻孔、攻丝、镗孔、铰孔等固定循环功能。这些功能需要完成的动作十分典型，将典型的动作预先编好程序并固化在存储器中，需要时可利用固定循环功能指令，用一个 G 代码即可完成，使孔加工编程变得非常简单。

固定循环的 G 代码是由数据形式（G90 或 G91）、返回点平面（G98 返回初始平面或 G99

返回到 R 平面）和运动方式（进刀、孔底和退刀）三种 G 代码组合而成，其动作包括六种。如表 4-16 所示，列出了固定循环指令运动方式。

表 4-16　固定循环指令运动方式

指　　令	Z 方向进刀方式	孔底动作	Z 方向退刀方式	用　　途
G73	间歇进给	—	快速移动	带断屑深孔钻循环
G74	切削进给	停刀—主轴正转	切削进给	左旋攻丝循环
G76	切削进给	主轴定向停止	快速移动	精镗孔循环
G80	—	—	—	取消固定循环
G81	切削进给	—	快速移动	钻孔循环、点钻循环
G82	切削进给	停刀	快速移动	锪、镗沉孔循环
G83	间歇进给	—	快速移动	带排屑深孔钻循环
G84	切削进给	停刀—主轴反转	切削进给	右旋攻丝循环
G85	切削进给	—	切削进给	通孔铰孔循环
G86	切削进给	主轴停止	快速移动	粗镗孔循环
G87	切削进给	主轴正转	快速移动	背镗孔循环
G88	切削进给	停刀—主轴正转	手动移动	手动返回镗孔循环
G89	切削进给	停刀	切削进给	盲孔镗孔循环

1）固定循环的基本动作

如图 4-61 所示，孔加工固定循环一般由六个动作组成（图中用虚线表示快速进给，用实线表示切削进给），与平面选择指令（G17、G18 或 G19）有关，G17 用于 Z 轴的孔加工，G18 用于 Y 轴的孔加工，G19 用于 X 轴的孔加工，三坐标立式加工中心只能使用 G17。参数 FXY No.6200#0 可以设定 Z 轴总为钻孔轴，当 FXY=0 时 Z 轴总是钻孔轴。现以 G17 为例说明动作过程。

动作 1——X 轴和 Y 轴定位：使刀具快速定位到孔加工的位置；

动作 2——快进到 R 点：刀具自初始点快速进给到 R 点；

动作 3——孔加工：以切削进给的方式执行孔加工的动作；

动作 4——孔底动作：包括暂停、主轴准停、刀具移位等动作；

动作 5——返回到 R 点：继续加工其他孔且可以安全移动刀具时选择返回 R 点；

动作 6——返回到初始点：孔加工完成后一般应选择返回初始点。

2）G90 与 G91 的区别

钻孔固定循环中的 G90 和 G91 之间的区别如图 4-62 所示。指令中地址 R 与地址 Z 的数据指定与 G90 或 G91 的方式选择有关。选择 G90 方式时 R 与 Z 一律取其终点坐标值；选择 G91 方式时，R 是指自初始点到 R 点间的距离，Z 是指自 R 点到孔底平面上 Z 点的距离。

加工盲孔时孔底平面就是孔底的 Z 轴高度；加工通孔时一般刀具还要伸出工件底平面一段距离，这主要是保证全部孔深都加工到规定尺寸。钻削加工时还应考虑钻头钻尖对孔深的影响。

3）G98 与 G99 的区别

初始点是为安全下刀而规定的点。该点到零件表面的距离可以任意设定在一个安全的高度上。R 点又叫参考点，是刀具下刀时自快速进给转为切削进给的转换起点。R 点距工件表面的距离主要考虑工件表面尺寸的变化，一般可取 2~5mm。

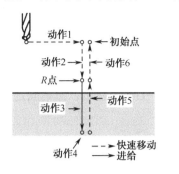

图 4-61　固定循环的六种动作

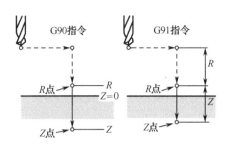

图 4-62　G90 与 G91 的区别

当使用同一把刀具加工若干孔时，在加工完一个孔后使刀具返回到初始点还是 R 点可以用指令选择。

使用 G98 控制刀具返回到初始点，用 G99 控制刀具返回到 R 点，如图 4-63 所示。

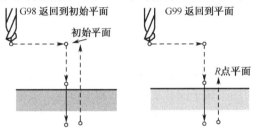

图 4-63　G98 与 G99 的区别

如果在多个孔之间有障碍物（如夹具零件），为防止刀具与障碍物相撞需返回初始点；多个孔之间无障碍物时返回 R 点可以提高效率。

4）固定循环的取消

固定循环结束时，需要用 G80 指令取消固定循环，否则固定循环将继续下去。

2．固定循环的指令格式

G90（或 G91）G98（或 G99）G73~G89 X__ Y__ Z__ R__ Q__ P__ F__ L__ ；

其中，G73~G89——孔加工方式；

　　　　X、Y 指令后的数值——孔在 XY 平面的坐标位置（增量坐标或绝对坐标）；

　　　　Z 指令后的数值——孔底坐标值。增量方式时是 R 点至孔底的距离，绝对方式时是孔底的 Z 坐标值；

　　　　R 指令后的数值——增量方式时是初始点到 R 点的距离，绝对方式时是 R 点的 Z 坐标值；

　　　　Q 指令后的数值——在 G73、G83 中指定每次进给的深度，在 G76、G87 中指定刀具的位移量；

　　　　P 指令后的数值——暂停时间，最小为 1ms；

　　　　F 指令后的数值——切削进给的进给速度；

　　　　L 指令后的数值——固定循环的重复次数，若不指定则只进行一次。

G73~G89 指令是模态指令，因此在多孔加工时该指令只需进行一次，以后的程序段只给出孔的位置即可。固定循环中的参数（Z、R、Q、P、F）是模态的，当变更固定循环方式时，在用的参数可以继续使用而不必重设。但如果程序中间有 G80 或 01 组 G 指令，则参数均被取消。在固定循环中，刀具半径尺寸补偿（G41、G42）无效，刀具长度补偿（G43、G44）有效。

3．取消固定循环

G80 指令用于撤销固定循环 G73、G74、G76 及 G81～G89。它可以撤销固定循环的模态状态，使机床退出固定循环，进行其他动作。

4．典型的固定循环加工指令

1）带断屑高速深孔加工循环（G73）

指令格式为：

G73 X__Y__Z__R__Q__F__；

其中，X、Y 指令后的数值——孔位数据；

Z 指令后的数值——孔深度；

Q 指令后的数值——每次切削进给的切深为 2～3mm；

F 指令后的数值——切削进给速度。

每次工作进给后快速退回一段距离 d（断屑），d 值由参数设定（参数 5114）。

孔深大于 5 倍直径孔的加工属于深孔加工，不利于排屑，故采用间段进给（分多次进给），该指令的动作示意图如图 4-64 所示，这种加工通过 Z 轴的间断进给可以比较容易地实现断屑与排屑。

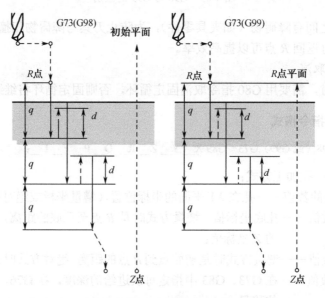

图 4-64　G73 带断屑钻孔循环

【例 4-10】 用 G73 指令钻削如图 4-65 所示的零件，该零件材料为中碳钢，刀具为高速钢麻花钻头。选择切削速度为 25m/min，进给量为 0.1mm/r。程序原点设在零件中心处。

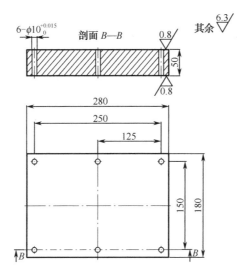

图 4-65　用 G73 功能钻孔

例 4-10 的参考程序如表 4-17 所示。

表 4-17　例 4-10 的参考程序

O4010	G73 钻孔程序例	
段号	程序段内容	说　明
N1	G90 G40 G80 G49 G94 G21;	初始化
N2	G54 X0 Y0 G00;	设定坐标系
N3	M06 T01;	换 1 号刀
N4	G43 Z50. H01;	刀具长度补偿
N5	M03 S800 M08;	主轴正转，冷却液开
N6	G99 G73 X-125. Y75. Z-60. R5. Q2. F80.;	钻孔循环，第 1 个孔，返回至 R 点平面
N7	X0;	第 2 个孔，返回至 R 点平面
N8	X125.;	第 3 个孔，返回至 R 点平面
N9	X-125. Y-75.;	第 4 个孔，返回至 R 点平面
N10	X0;	第 5 个孔，返回至 R 点平面
N11	G98 X125.;	第 6 个孔，返回至初始平面
N12	G80 X0 Y0.;	循环结束
N13	M30;	自动停主轴，关冷却液，自动回参考点

2）攻丝循环（G74 或 G84）

用丝锥攻螺纹时可用攻丝循环功能。指令格式为：

G74（或 G84）G98（或 G99）X__ Y__ Z__ R__ P__ F__ K__;

其中，X、Y 指令后的数值——孔位数据；

Z 指令后的数值——螺纹深度；

P 指令后的数值——孔底停留时间；

F 指令后的数值——切削进给速度（螺纹导程×主轴转速）；

K 指令后的数值——重复次数（一般为 1 次）。

G74 用于攻左旋螺纹，在攻左旋螺纹前，先使主轴反转，再执行 G74 指令，刀具先快速定位至（X,Y）所指定的坐标位置，再快速定位到 R 点；接着以 F 指令所指定的进给速度攻螺纹至 Z 指令所指定的坐标位置后，主轴转换为正转且同时向 Z 轴正方向退回至 R 点；退至 R 点后主轴恢复原来的反转。指令动作示意图如图 4-66 所示。

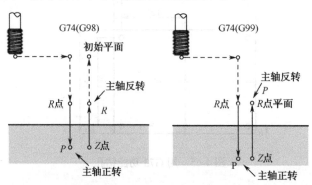

图 4-66　G74 攻左旋螺纹循环

G84 用于攻右旋螺纹，在攻右旋螺纹前，先使主轴正转，再执行 G84 指令。

【例 4-11】　如图 4-67 所示的零件，用 G74 指令攻丝，该零件材料为中碳钢，刀具为工具钢机用丝锥。选择切削速度为 5m/min，主轴转速为 130r/min，进给量为 1.75mm/r。程序原点设在零件中心处。

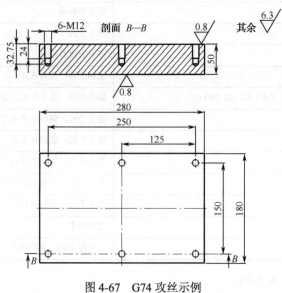

图 4-67　G74 攻丝示例

例 4-11 的参考程序如表 4-18 所示。

表 4-18　例 4-11 的参考程序

O4011	G74 攻丝程序示例	
段号	程序段内容	说　明
N1	G90 G40 G80 G49 G95G21；	初始化
N2	G54 X0 Y0 G00；	设定坐标系
N3	M06 T03；	换 3 号刀
N4	G43 Z50. H03；	刀具长度补偿
N5	M04 S130 M08；	主轴反转，冷却液开
N6	G04 P2000；	延时
N7	G99 G74 X-125. Y75. Z-24. R5. P3000 F1.75；	攻丝循环，第 1 个孔，返回至 R 点平面
N8	X0；	第 2 个孔，返回至 R 点平面
N9	X125.；	第 3 个孔，返回至 R 点平面
N10	X-125. Y-75.；	第 4 个孔，返回至 R 点平面
N11	X0；	第 5 个孔，返回至 R 点平面
N12	G98 X125.；	第 6 个孔，返回至初始平面
N13	G80 X0 Y0；	循环结束
N14	M30；	自动停主轴，关冷却液，自动回参考点

3）精镗孔循环（G76）

精镗孔循环指令用于精密镗孔加工，它可以通过主轴定向准停动作，进行让刀，从而消除退刀痕。指令格式为：

G76 X__ Y__ Z__ R__ Q__ P__ F__；

其中，X、Y 指令后的数值——孔位数据；

　　　　Z 指令后的数值——孔深度；

　　　　Q 指令后的数值——孔底刀具径向退刀量；

　　　　P 指令后的数值——孔底停留时间；

　　　　F 指令后的数值——切削进给速度。

动作过程如图 4-68 所示。刀具快速从初始点定位至坐标点 (X,Y)，再快速移至 R 点，并开始进行精镗切削，直至孔底主轴，定向停止、让刀（镗刀中心偏移一个 q 值，使刀尖离开加工孔面），快速返回到 R 点（或初始点），主轴复位，重新启动，转入下一段。

指令格式中的指令 Q 指定孔底刀具径向退刀量，是通过主轴的定位控制机能使主轴在规定的角度上准确停止并保持这一位置，从而使镗刀的刀尖对准某一方向。停止后，机床通过刀尖相反方向的少量后移，使刀尖脱离工件表面，保证在退刀时不擦伤加工面表面，以进行高精度镗削加工。指令 Q 指定的数值必须是正值。位移的方向是 +X、−X、+Y、−Y，它可以事先用"机床参数"进行设定。主轴定向准停如图 4-69 所示。

【例 4-12】　精镗如图 4-70 所示零件上的孔类表面，设零件材料为中碳钢，刀具材料为硬质合金。主轴转速取 1100r/min（切削速度为 120m/min），进给速度取 55mm/min（每转 0.05mm）。设程序原点在被加工零件的中心处。

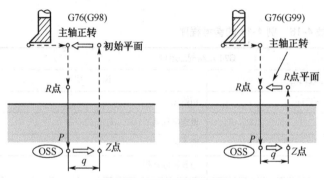

图 4-68　G76 精镗孔循环

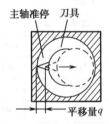

图 4-69　主轴定向准停

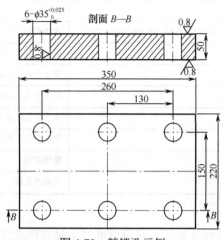

图 4-70　精镗孔示例

例 4-12 的参考程序如表 4-19 所示。

表 4-19　例 4-12 的参考程序

O4012	精镗孔程序	
段号	程序段内容	说　明
N1	G90 G80 G49 G40 G94 G21;	初始化
N2	G54 X0 Y0 G0;	坐标系偏置
N3	M06 T02;	换 2 号刀
N4	M03 S1100 M08;	主轴正转，冷却液开
N5	G43 Z50. H02;	刀具长度补偿
N6	G90 G99 G76 X-130.Y75. Z-55. R5. Q3. P1000 F55.;	孔 1，返回到 R 点，移动 3mm，停 1s
N7	X0.;	镗孔 2
N8	X130.;	镗孔 3
N9	Y-75.;	镗孔 4
N10	X0.;	镗孔 5
N11	G98　X-130.;	镗孔 6，返回初始位置平面
N12	G80　X0　Y0;	循环结束
N13	M30;	程序结束

4）简单钻孔循环（G81）

简单钻孔循环无断屑、无排屑、无孔底停留。指令格式为：

G81 X__ Y__ Z__ R__ F__；

其中，X、Y 指令后的数值——孔位数据；

　　　Z 指令后的数值——孔深度；

　　　F 指令后的数值——切削进给速度。

G81 指令一般用于中心孔钻孔。该指令动作示意图如图 4-71 所示。

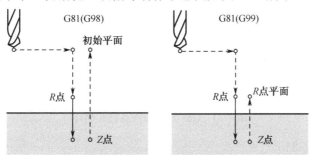

图 4-71　G81 简单钻孔循环

5）锪沉孔、镗沉孔循环（G82）

指令格式为：

G82 X__ Y__ Z__ R__ P__ F__；

其中，X、Y 指令后的数值——孔位数据；

　　　Z 指令后的数值——孔深度；

　　　P 指令后的数值——孔底停留时间；

　　　F 指令后的数值——切削进给速度。

G82 指令一般用于扩沉头孔、锪沉孔或镗阶梯孔。该指令动作示意图如图 4-72 所示。

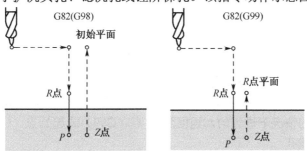

图 4-72　G82 锪沉孔、镗沉孔循环

6）带排屑深孔钻孔循环（G83）

G83 指令用于高速深孔加工。指令格式为：

G83 X__ Y__ Z__ R__ Q__ F__；

其中，X、Y 指令后的数值——孔位数据；

　　　Z 指令后的数值——孔深度；

　　　Q 指令后的数值——每次切削进给的切削深度；

F 指令后的数值——切削进给速度。

G83 的指令执行过程如图 4-73 所示，与 G73 的区别在于：每完成一个 q 深度退出到 R 点后快速向下进刀至 d 深处改为切削进给。这种方法使钻头退出被加工零件外，对于排屑和冷却都有利。

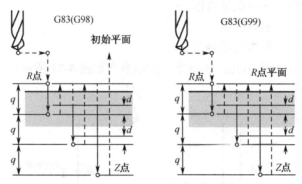

图 4-73　G83 带排屑深孔钻孔循环

7）铰通孔循环（G85）

指令格式为：

G85 X＿ Y＿ Z＿ R＿ F＿；

其中，X、Y 指令后的数值——孔位数据；

　　　Z 指令后的数值——孔深度；

　　　F 指令后的数值——切削进给速度。

G85 的加工动作与 G81 类似，但返回行程中，从 $Z \rightarrow R$ 段为切削进给，以保证孔壁光滑，其循环动作如图 4-74 所示。由于 G85 循环的退刀动作是以进给速度退出的，因此可以用于铰孔。

8）粗镗孔循环（G86）

指令格式为：

G86 X＿ Y＿ Z＿ R＿ F＿；

其中，X、Y 指令后的数值——孔位数据；

　　　Z 指令后的数值——孔深度；

　　　F 指令后的数值——切削进给速度。

该指令动作示意图如图 4-75 所示。与 G81 的区别是，G86 循环在底部主轴停止转动，退刀动作是在主轴停转的情况下进行的，返回到 R 点（G99）或起始点（G98）后主轴再重新启动，因此可以用于粗镗孔。

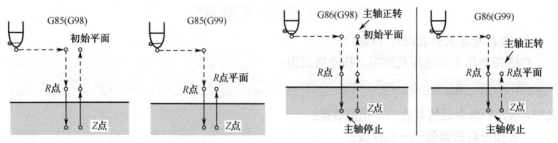

图 4-74　G85 铰通孔循环　　　　　图 4-75　G86 粗镗孔循环

9）反镗孔循环（G87）

指令格式为：

G87 X_ Y_ Z_ R_ Q_ P_ F_ ;

其中，X、Y 指令后的数值——孔位数据；

Z 指令后的数值——孔深度；

P 指令后的数值——孔底停留时间；

F 指令后的数值——切削进给速度。

G87 只能与 G98 联合使用，不能与 G99 联合使用。

G87 指令可以通过主轴定向准停动作让刀进入孔内，实现反镗动作。其动作循环如图 4-76 所示。

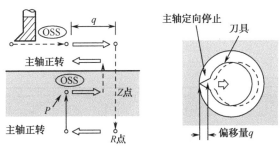

图 4-76　G87 反镗孔循环

执行 G87 循环，在 X 轴、Y 轴完成定位后，主轴通过定向准停动作使镗刀的刀尖对准某一方向。机床通过刀尖向相反的方向少量后移，使刀尖让开孔表面，保证在进刀时不碰孔表面。然后 Z 轴快速进给至孔底面。在孔底面刀尖恢复让刀量，主轴自动正转，并沿 Z 轴的正方向加工到 Z 点。在此位置，主轴再次定向准停，再让刀，然后使刀具从孔中退出。返回到起始点后，刀尖再恢复让刀，主轴再次正转，以便进行下一步的动作。

10）带手动镗孔循环（G88）

指令格式为：

G88 X_ Y_ Z_ R_ P_ F_ ;

其中，X、Y 指令后的数值——孔位数据；

Z 指令后的数值——孔深度；

P 指令后的数值——孔底停留时间；

F 指令后的数值——切削进给速度。

G88 的特点是：循环加工到孔底暂停后，主轴停止，进给也自动变为停止状态，必须在手动状态下移出刀具。手动到 R 点主轴恢复正转。其动作循环如图 4-77 所示。

11）铰盲孔循环（G89）

指令格式为：

G89 X_ Y_ Z_ R_ P_ F_ ;

其中，X、Y 指令后的数值——孔位数据；

Z 指令后的数值——孔深度；

P 指令后的数值——孔底停留时间；

F 指令后的数值——切削进给速度。

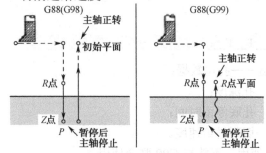

图 4-77　G88 带手动镗孔循环

其动作循环如图 4-78 所示，G89 循环在孔底增加了暂停，退刀动作以进给速度退出。

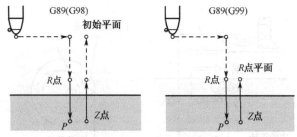

图 4-78　G89 镗盲孔循环

4.5　加工中心实例

【例 4-13】　在加工中心加工如图 4-79 所示的零件。设毛坯尺寸已经过精加工，四边已达到尺寸要求，厚度方向余量为 1.5mm。

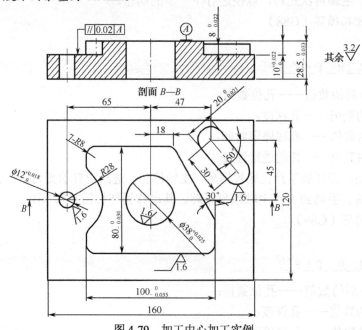

图 4-79　加工中心加工实例

1. 工艺流程

零件用平口钳装夹，调整垫铁使加工表面高于钳口。工件原点设在零件中间。Z 向零点设在精加工完后的零件上表面（对刀时调整刀具长度）。设被加工零件材料为中碳钢。本加工一次安装作为一道工序，具体加工工步如表 4-20 所示。

2. 走刀路线及节点坐标点计算

1）铣顶面的走刀路线和各节点坐标计算

铣顶面用一个矩形走刀路线，如图 4-80 中的点画线所示，具体顺序为：$A \to B \to C \to D \to A$，无刀补。

各基点坐标为：A（125,-30）、B（-125,-30）、C（-125,30）、D（125,30）。

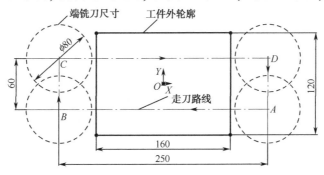

图 4-80　铣顶面

2）加工曲线轮廓的走刀路线和各节点计算

加工曲线轮廓编制成一个子程序，粗加工和精加工都使用该子程序。走刀路线为零件中间部分的轮廓曲线，如图 4-81 所示，其顺序如下：

$A \to A' \to B \to C \to D \to E \to F \to G \to H \to I \to J \to K \to L \to M \to N \to P \to B \to A$，左刀补。

各基点的坐标为：A（90,0）、A'（50,0）、B（50,-17.569）、C（50,-32）、D（42,-40）、E（-42,-40）、F（-50,-32）、G（-50,-27.695）、H（-47.111,-21.54）、I（-47.111,21.54）、J（-50,27.695）、K（-50,32）、L（-42,40）、M（13.381,40）、N（20.309,36）、P（48.928,-13.569）。

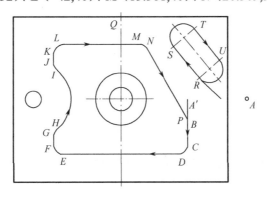

图 4-81　铣削曲线轮廓和加工键凸台轮廓走刀路线

3）加工键凸台轮廓的走刀路线和各节点坐标计算

加工键凸台轮廓编制成一个子程序，粗加工和精加工都使用该子程序。采用坐标系旋转功能，数值更容易计算。这里只需计算键绕左中心点旋转50°到水平状态时各点的坐标。走刀路线为零件右上部分的轮廓曲线，如图4-81所示，其顺序如下：

$A \to A' \to R \to S \to T \to U \to R \to Q$，左刀补。

各基点坐标为：A（90,0）、A'（50,0）、R（77,35）、S（47,35）、T（47,55）、U（77,55）、Q（0,60）。

4）铣削边角及中间余量

铣边角余量第1步及第2步走刀路线如图4-82所示。

第1步：$A \to B \to C \to D \to E \to F \to G \to H$，无刀补。

各基点坐标为：A（80,0）、B（80,-38）、C（58,-60）、D（-58,-60）、E（-80,-38）、F（-80,38）、G（-58,60）、H（22.658,60）。

第2步：$B \to C \to D \to E \to F \to G \to I \to J$，左刀补。

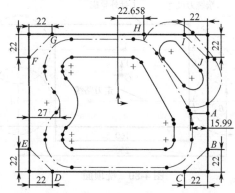

图4-82　铣边角余量第1步及第2步走刀路线

去除左边中间部分余量第3步走刀路线如图4-83所示。

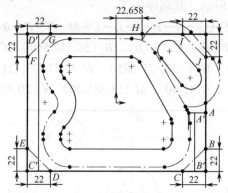

图4-83　去除左边中间余量第3步走刀路线

第3步：$A \to A' \to B' \to C' \to D'$，无刀补。

各基点坐标为：A（90,0）、A'（70,0）、B'（70,-60）、C'（-70,-60）、D'（-70,60）。

3. 刀具的选择

加工过程中采用的刀具有ϕ80mm端铣刀（5个刀片）、ϕ16mm粗齿三刃立铣刀、ϕ12mm细齿四刃立铣刀、ϕ3mm中心钻、ϕ11.8mm直柄麻花钻、ϕ35mm锥柄麻花钻、ϕ12mm机用铰刀、ϕ37.5mm粗镗刀、ϕ38mm精镗刀。

4．切削参数的选择

各工序刀具的切削参数如表 4-20 所示。

表 4-20 各工序刀具的切削参数

加工步骤		刀具与切削参数					
序号	加工内容	刀具规格		主轴转速 /（r/min）	进给速度 /（mm/min）	刀具补偿	
		类 型	材料			长度	半径
1	粗加工上表面	φ80mm 端铣刀（5 个刀片）	硬质合金	450	300	H1/T1	
2	精加工上表面，保证尺寸 28.5mm			800	160		
3	粗加工曲线外轮廓面	φ16mm 粗齿三刃立铣刀	高速钢	500	120	H2/T2	D2
4	粗加工键凸台轮廓面						
5	铣削边角料						
6	钻中间位置孔	φ11.8mm 直柄麻花钻		550	80	H3/T3	
7	扩中间位置孔	φ35mm 锥柄麻花钻		150	20	H4/T4	
8	精加工曲线外轮廓面	φ12mm 细齿四刃立铣刀		800	100	H5/T5	D5
9	精加工键凸台轮廓及上表面						
10	粗镗孔 φ37.5mm	φ37.5mm 粗镗刀	硬质合金	850	80	H6/T6	
11	精镗孔 φ38mm	φ38mm 精镗刀		1000	40	H7/T7	
12	点孔加工	φ3mm 中心钻	高速钢	1200	120	H8/T8	
13	钻孔加工	φ11.8mm 直柄麻花钻		550	80	H3/T3	
14	铰孔加工	φ12mm 机用铰刀		300	50	H9/T9	

5．参考程序

因为曲线轮廓和键凸台轮廓的加工分为粗加工及精加工，故将这两个轮廓加工的程序设计成子程序，这样粗加工和精加工都调用这两个子程序，只是刀具号和刀补号不同。曲线轮廓子程序名为 O7001，键凸台轮廓子程序名为 O7002，主程序名为 O4020。

例 4-13 的参考程序如表 4-21 所示。

表 4-21 例 4-13 的参考程序

O4020	主 程 序	
N1	G90 G17 G21 G49 G40 G94；	初始化
N2	G54 X125. Y-30. G0；	粗铣平面：定义坐标系，到起点
N3	G91 G28 Z0；	Z 轴回参考点
N4	M06 T01；	换 1 号刀，φ80mm 端铣刀
N5	M03 S450；	主轴正转，转速为 450r/min
N6	G90 G43 Z50. H1；	长度补偿，至安全高度
N7	Z0.3；	留 0.3mm 余量

O4020	主 程 序	
N8	G01 X-125. F300.;	粗铣平面 X 向走刀
N9	G00 Y30.;	Y 向走刀
N10	G01 X125. F300.;	X 向走刀
N11	G00 X125. Y-30. M08;	回起刀点，开冷却液
N12	Z0;	精铣平面；下刀准备精加工
N14	G01 X-125. F160.;	精铣平面 X 向走刀
N15	G01 X125. F160.;	X 向走刀
N16	G00 X125. Y-30. M09;	回起点，关冷却液
N17	G91 G28 Z0;	Z 轴回参考点
N18	M06 T02;	换 2 号刀，ϕ16mm 粗齿三刃立铣刀，粗铣曲线轮廓
N19	M03 S500;	主轴正转，转速为 500r/min
N20	G90 G00 G43 Z50. H2;	2 号刀长度补偿，至安全高度
N21	X90. Y0;	刀具移至工件右部 A 点
N22	G00 Z-10.;	下刀，切深 10mm
N23	G01 X50. Y0 D2 F120.;	切入零件，进刀到 A′ 点
N24	M98 P7001;	调用曲线轮廓子程序
N25	G01 X50. Y0 D2 F120.;	切入零件，进刀到 A′ 点
N26	M98 P7002;	粗铣键凸台轮廓
N27	G01 X110.　F120.;	
N28	Y0.;	
N29	X80.;	铣边角料第一步铣边：起点→A
N30	Y-38.;	A→B
N31	X58. Y-60.;	B→C
N32	X-58. Y-60.;	C→D
N33	X-80. Y-38.;	D→E
N34	X-80. Y38.;	E→F
N35	X-58. Y60.;	F→G
N36	X22.5 Y60.;	G→H
N37	G00 Y70.;	Y 向退出零件外
N38	Z50.;	抬刀
N39	X90. Y0;	回起点
N40	G0 Z-10.;	铣边角料第二步铣 4 个角；下刀
N41	G41 G01 X80. Y-38. D2F120.;	起点→B

续表

O4020	主　程　序	
N42	X58. Y-60.;	$B \rightarrow C$
N43	G00 X-58. Y-60.;	$C \rightarrow D$
N44	G01 X-80. Y-38. F120.;	$D \rightarrow E$
N45	G00 X-80. Y38.;	$E \rightarrow F$
N46	G01 X-58. Y60. F120.;	$F \rightarrow G$
N47	G00 X58. Y60.;	$G \rightarrow I$
N48	G01 X80. Y40. F120.;	$I \rightarrow J$
N49	G40 G00 X90. Y0;	回起点 A
N52	G1 X70.;	铣边角料第三步 $A \rightarrow A'$
N53	Y-60.;	$A' \rightarrow B'$
N54	X-70.;	$B' \rightarrow C'$
N55	Y60.;	$C' \rightarrow D'$
N56	Z50.;	抬刀
N57	X90. Y0;	回起点
N58	G91 G28 Z0;	Z 轴回参考点
N59	M06 T03;	换3号刀，ϕ11.8mm 直柄麻花钻，钻中间位置孔
N60	M03 S550;	主轴正转，转速为 550r/min
N61	G90 G00 X0 Y0 M08;	到孔位
N62	G43 Z50. H3;	刀补到安全高度
N63	G73 G98 X0 Y0 Z-35. Q5. R5.F80;	钻孔
N64	G80;	结束钻孔
N65	G91 G28 Z0;	Z 轴回参考点
N66	M06 T04;	扩中间位置孔，换 4 号刀 ϕ35mm 锥柄麻花钻
N67	M03 S150;	主轴转
N68	G90 G43 Z50. H4;	长度补偿
N69	G73 G98 X0 Y0 Z-35. Q5. R5.F20;	扩孔
N70	G80;	结束扩孔
N71	G00 X90. Y0;	回起点
N72	G91 G28 Z0;	
N73	M06 T05;	精铣曲线轮廓；换 5 号刀，ϕ12mm 细齿四刃立铣刀
N74	M03 S800;	主轴正转，转速为 800r/min
N75	G90 G43 Z50. H5;	
N76	G1 Z-10.;	

O4020	主　程　序	
N77	G01 X50. Y0 F100.D5;	切入零件轮廓起点
N78	M98 P7001;	调用曲线轮廓子程序
N79	G01 X50. Y0 F100.D5;	精铣键凸台轮廓；切入零件
N80	M98 P7002;	调用键凸台轮廓子程序
N81	G01 Z-2. F50;	下刀切到凸台高度
N82	G68 X47. Y45.R-50;	坐标系旋转切凸台上表面
N83	G01 Y40 F100;	
N84	X35.;	
N85	Y50.;	
N86	X90.;	
N87	Y40.;	
N88	X35.;	
N89	G69;	取消坐标系旋转
N90	G00 Z50.;	抬刀
N91	G91 G28 Z0;	
N92	M06 T06;	粗镗中间位置孔；换6号刀，ϕ37.5mm 粗镗刀
N93	M03 S850;	主轴正转，转速为850r/min
N94	G90 G43 Z50. H6;	
N95	G86 G98 X0 Y0 Z-35. R5. F80.;	粗镗孔
N96	G80;	结束粗镗孔
N97	G91 G28 Z0;	
N98	M06 T07;	精镗中间位置孔，换刀
N99	M03 S1000;	主轴正转，转速为1000r/min
N100	G90 G43 Z50. H7;	
N101	G76 G98 X0 Y0 Z-35. Q2. R5. P1000. F40.;	精镗孔
N102	G80;	结束精镗孔
N103	G0 X90.;	回起点
N104	G91 G28 Z0;	
N105	M06 T08;	钻左边孔的中心孔；换刀
N106	M03 S1200;	主轴正转，转速为1200r/min
N107	G90 G43 Z50. H8;	
N108	G0 X-65.;	快速定位到孔位
N109	G81 G98 X-65. Y0 Z-15. R5.F120.;	钻中心孔
N110	G80;	结束钻中心孔
N111	G91 G28 Z0;	
N112	M06 T03;	扩孔，换ϕ11.8mm 钻头

O4020	主　程　序	
N113	M03 S550;	主轴正转，转速为 550r/min
N114	G90 G43 Z50. H3;	
N115	G73 G98 X-65. Y0 Z-35. Q15. R5.F80;	扩孔
N116	G80;	结束扩孔
N117	G91 G28 Z0;	
N118	M06 T9;	铰孔，换铰刀
N119	M03 S300;	主轴正转，转速为 300r/min
N120	G90 G43 Z50. H9;	
N121	G85 G98 X-65. Y0 Z-35. R5.F50;	铰孔
N122	G80;	结束铰孔
N123	M30;	程序结束
O7001	曲线轮廓子程序	
N1	G41 G01 X50. Y-17.569;	建立左刀补，直线插补 $A' \rightarrow B$
N2	X50. Y-32.;	$B \rightarrow C$
N3	G2 X42. Y-40.R8.;	$C \rightarrow D$
N4	G1 X-42. Y-40.;	$D \rightarrow E$
N5	G2 X-50. Y-32.R8.;	$E \rightarrow F$
N6	G1X-50. Y-27.695;	$F \rightarrow G$
N7	G2 X-47.111 Y-21.54 R8.;	$G \rightarrow H$
N8	G1 X-47.111 Y21.54;	$H \rightarrow I$
N9	G2 X-50. Y27.695 R8.;	$I \rightarrow J$
N10	G1 X-50. Y32.;	$J \rightarrow K$
N11	G2 X-42. Y40.R8.;	$K \rightarrow L$
N12	G1 X13.381 Y40.;	$L \rightarrow M$
N13	G2 X20.309 Y36.R8.;	$M \rightarrow N$
N14	G1 X48.928 Y-13.569;	$N \rightarrow P$
N15	G2 X50. Y-17.569R8.;	$P \rightarrow B$
N16	G40 G0 X90. Y0;	撤销刀具半径补偿，快速回到 A 点
N17	M99;	子程序结束
O7002	键凸台轮廓子程序	
N2	G68 X47. Y45. R-50.;	坐标系旋转，旋转中心为（47,45），顺时针转50°
N3	G41 G01 X77. Y35. F120.;	建立左刀补，直线插补 $Q \rightarrow R$，进给速度为120mm/min
N5	G2 X47. Y55. I0 J10.;	圆弧插补 $S \rightarrow T$
N6	G1 X77.;	直线插补 $T \rightarrow U$
N7	G2 X77. Y35. I0 J-10.;	圆弧插补 $U \rightarrow R$
N8	G40 G00 X0. Y60.;	撤销半径补偿
N9	G69;	关闭坐标系选择
N10	M99;	子程序结束

复习思考题 4

1. 加工中心可分为哪几类？其主要特点有哪些？
2. 箱体上直径小于 30mm 的孔一般采用什么加工方法？
3. 数控铣和加工中心的工序划分原则是什么？
4. 数控铣和加工中心的工序划分方法有哪些？
5. 数控铣和加工中心的工步划分方法有哪些？
6. 影响切削用量的因素有哪些？
7. 如何用 Z 轴设定器确定刀具的长度？
8. 如何用机械式寻边器进行 X、Y 的对刀？
9. 如何用光电式寻边器进行 X、Y 的对刀？
10. 数控铣床和加工中心的坐标平面指令有哪些？
11. 加工中心的编程与数控铣床的编程主要有何区别？
12. 刀具长度补偿有哪些指令？怎样使用？
13. 试用图解表示 G41、G42、G43、G44 的含义。
14. G98、G99 的区别是什么？
15. G15、G16 的作用是什么？如何使用？
16. G50、G51 的作用是什么？如何使用？
17. G68、G69 的作用是什么？如何使用？
18. G51.1、G50.1 的作用是什么？如何使用？
19. 编制如图 4-84 所示零件的加工程序，设零件材料为中碳钢。

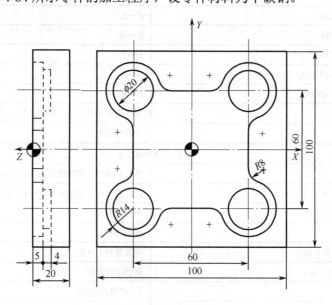

图 4-84　题 19 用图

20. 编制如图 4-85 所示零件的加工程序，设零件材料为中碳钢。

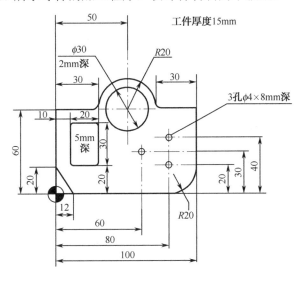

图 4-85 题 20 用图

21. 编制如图 4-86 所示零件的加工程序，设零件材料为中碳钢，钻削上面的孔。

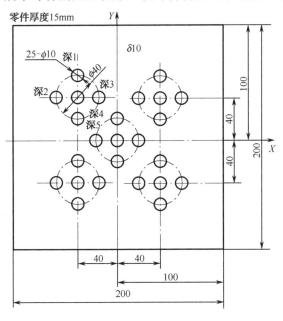

图 4-86 题 21 用图

22. 试说明 G73 的执行过程。
23. 试说明 G74 的执行过程。
24. 试说明 G76 的执行过程。
25. 编制如图 4-87 所示零件的加工程序，设零件材料为中碳钢。

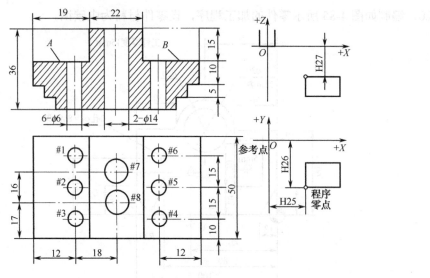

图 4-87 题 25 用图

第 5 章

宏程序设计

将完成某一功能的一组指令像子程序一样存入存储器，然后用一个总指令作为代表，执行时只需写入这个总指令就能执行其功能，这样的一组指令称为用户宏程序，简称用户宏，总指令称为用户宏指令。用户宏程序的最大特点是可以使用变量、算术和逻辑运算及转移、循环等功能，有利于编制特殊轮廓零件的加工程序，减少手工编程时烦琐的数值计算，简化用户程序。宏程序和子程序的调用区别在于用 G65 指令，在调用宏程序时还可以在主程序中为宏程序中的变量赋值。同一个宏程序由于其变量赋值不同，被加工零件的结构和尺寸可以大不相同。本章以 FANUC 0i-MA 系统为例介绍宏程序设计的内容。

5.1 变量

变量的使用是宏程序最主要的特征。在宏程序中，地址后除了可以直接跟数值以外，还可以使用各种变量，变量的值可以通过程序改变或通过 MDI 操作面板输入。

5.1.1 变量及其引用

1. 变量的表示

FANUC 0i-MA 系统中使用的变量与计算机语言中的变量表示不同，变量用符号"#"后跟数字指定。变量的格式如下：

#□□□□

"#"符号后跟数字。例如，#5、#99、#150、#2345均属于变量。

2．变量的引用

在程序中，可以使用"变量"直接代替"地址"后的数值，称为变量的引用。如G01 X#200中的地址X就引用了"变量"#200。

在用户宏程序中，大部分地址后的数值可以使用"变量"指定。"变量"可以通过三种方式进行赋值。

（1）调用宏程序时，在主程序中对宏程序中的"变量"直接赋值。

（2）通过数控系统的操作面板对"变量"进行事先设置。

（3）在用户宏程序本体中，通过赋值指令对"变量"进行赋值。

3．使用变量的注意事项

（1）地址O和N不能引用变量。如O#155、N#165等指令都是错误的。

（2）变量值可以显示在数控系统的显示器上，也可以用系统的输入/输出面板给"变量"赋值，其操作方法应参见数控系统的使用说明书。

（3）局部变量和全局变量的数值范围为$10^{-29} \sim 10^{47}$，0，$-10^{47} \sim -10^{-29}$，如果计算结果超过该范围则发出P/S报警No.111。

（4）变量的取值范围还应根据引用该变量的功能字来判断。如对于M指令只能是两位数，若#110=120，则M#110不能使用。如引用变量的是刀具功能字T，那么这个变量只能取正整数值，且不能超过刀位号数。

5.1.2　变量的类型

1．空变量

#0为空变量，该变量可以读取，但不能写入。

2．局部变量

#1～#33为局部变量，在不同的宏程序中使用同一变量，其含义和数值可能不同。当断电时局部变量被初始化为空，主程序调用宏程序时，自变量对局部变量赋值。

3．公共变量

#100～#199、#500～#999为公共变量，在不同的宏程序中使用同一个公共变量，可以具有相同的含义和数值。当断电时，变量#100～#199被初始化为空，变量#500～#999的数据不会丢失。

4．系统变量

#1000及其以后的变量为系统变量，系统变量用于读和写CNC运行时的各种数据，如刀

具的当前位置和补偿值等。常用系统变量意义如表 5-1 所示。系统变量的详细使用请参阅《FANUC 0i-MA 系统操作说明书》，在不清楚系统变量的作用时，不要随便改变系统变量的值，否则可能导致系统工作不正常。

表 5-1　系统变量

变 量 号	类 型	用 途
#1000~#1133	接口信号	可以在可编程控制器和用户宏程序之间交换的信号
#2001~#2400	刀具补偿量	可以用来读和写刀具补偿量
#3000	报警	当该变量被赋值为 0~99 时，NC 停止并产生报警
#3001、#3002、#3011、#3012	时间信息	用来读和写时间信息
#3003、#3004	自动操作控制	能改变自动操作控制状态（单步，连续控制）
#3005	设置变量	可进行读和写的操作，将二进制数转换成十进制数，可控制镜像开/关、公制输入/英制输入、绝对值编程/增量值编程等
#3007	镜像信息	低 4 位表示 1~4 轴镜像是否有效，每位为 0 时无效，为 1 时有效
#3901、#3902	零件数	已加工的零件数、要求的零件数
#4001~#4130	模态信息	用来读取指定的直到当前程序段有效的模态指令（G、B、D、F、H、M、S、T 代码等）
#5001~#5104	位置信息	能够读取位置信息（包括各轴程序段终点位置、各轴当前位置、刀具偏置值等）
#5201~#7944	零点偏移值	工件零点偏移值可以读/写偏移值，第 1~4 轴外部工件零点偏移值、第 1~4 轴 G54~G59 零点偏移值、第 1~4 轴 G54.1 零点偏移值

5.2　变量的运算

变量可以按照运算规则进行算术运算、逻辑运算、关系运算，还可以进行三角函数运算、其他函数运算、数制转换运算。

1. 算术运算

变量可以进行加、减、乘、除运算。运算功能和格式如表 5-2 所示。

举例：G00 X[#1+#2]

X 坐标的值是变量 1 与变量 2 之和。

表 5-2　变量算术运算功能表

类 型	功 能	运 算 符	格 式	举 例	备 注
算术运算	加法	+	#i=#j+#k	#1=#2+5	常数可以代替变量，如#1=#2+4
	减法	−	#i=#j−#k	#1=#2−#3	
	乘法	*	#i=#j*#k	#1=#2*#3	
	除法	/	#I=#j/#k	#1=#2/#3	

2．逻辑运算

对宏程序中的变量可进行与、或、异或逻辑运算。逻辑运算是按位进行的。运算功能和格式如表 5-3 所示。

表 5-3　变量逻辑运算功能表

类　型	功　能	运 算 符	格　式	举　例	备　注
逻辑运算	与	AND	#i=#jAND#k	#1=#2AND#3	按位运算
	或	OR	#i=#j OR #k	#1=#2OR#3	
	异或	XOR	#i=#j XOR #k	#1=#2XOR#3	

3．关系运算

由关系运算符和变量（或表达式）组成表达式。系统中使用的关系运算功能和格式如表 5-4 所示。

表 5-4　变量的关系运算功能表

类　型	功　能	运 算 符	格　式	举　例	备　注
关系运算	等于	EQ	#i EQ #j	IF[#1 EQ 30]	条件成立结果为真
	不等于	NE	#i NE #j	IF[#1 NE 0]	
	大于或等于	GE	#i GE #j	IF[#1 GE #2]	
	大于	GT	#1 GT #j	IF[#1 GT #2]	
	小于或等于	LE	#i LE #j	IF[#1 LE #2]	
	小于	LT	#i LT #j	IF[#1 LT #2]	

4．三角函数运算

对宏程序中的变量可进行正弦（SIN）、反正弦（ASIN）、余弦（COS）、反余弦（ACOS）、正切（TAN）、反正切（ATAN）函数运算。三角函数中的角度以度为单位。运算功能和格式如表 5-5 所示。

表 5-5　变量三角函数运算功能表

类　型	功　能	格　式	举　例	备　注
三角函数运算	正弦	#i=SIN[#j]	#3=#2*SIN[#1]	角度以度为单位指定，如35°30′表示为35.5，常数可以代替变量
	反正弦	#i=ASIN[#j]	#1=ASIN[#2]	
	余弦	#i=COS[#j]	#1=COS[#2]	
	反余弦	#i=ACOS[#j]	#1=ACOS[#2]	
	正切	#i=TAN[#j]	#1=TAN[#2]	
	反正切	#i=ATAN[#j]	#1=ATAN[#2]	

（1）反正弦（ASIN）的取值范围如下：

- 当参数（No.6004#0）NAT 位设为 0 时为 90°～270°；
- 当参数（No.6004#0）NAT 位设为 1 时为-90°～90°；
- 当#j 超出-1～1 时发出 P/S 报警 No.111。

（2）反余弦（ACOS）的取值范围如下：

- 取值范围为 0°～180°；
- 当#j 超出-1～1 时发出 P/S 报警 No.111。

（3）反正切（ATAN）的取值范围如下：

- 当参数（No.6004#0）NAT 位设为 0 时为 0°～360°；
- 当参数（No.6004#0）NAT 位设为 1 时为-180°～180°。

举例：G01　X#1*COS[#3]　Y#1*SIN[#3]。

5．其他函数运算

对宏程序中的变量还可以进行平方根（SQRT）、绝对值（ABS）、舍入（ROUN）、上取整（FIX）、下取整（FUP）、自然对数（LN）、指数对数（EXP）运算。运算功能和格式如表 5-6 所示。

表 5-6　变量其他函数运算功能表

类　型	功　能	格　式	举　例	备　注
其他函数运算	平方根	#i=SQRT[#j]	#1=SQRT[#2]	常数可以代替变量
	绝对值	#i=ABS[#j]	#1=ABS[#2]	
	舍入	#i=ROUN[#j]	#1=ROUN[#2]	
	上取整	#i=FIX[#j]	#1=FIX[#2]	
	下取整	#i=FUP[#j]	#1=FUP[#2]	
	自然对数	#i=LN[#j]	#1=LN[#2]	
	指数对数	#i=EXP[#j]	#1=EXP[#2]	

对于自然对数 LN[#j]，相对误差可能大于 10^{-8}。当#j≤0 时，发出 P/S 报警 No.111。

对于指数对数 EXP[#j]，相对误差可能大于 10^{-8}。当运算结果大于 $3.65×10^{47}$（#j>110）时，出现溢出并发出 P/S 报警 No.111。

对于舍入 ROUN[#j]，根据最小设定单位四舍五入。

例如，假设最小设定单位为 1/1000mm，#1=1.2345，则#2=ROUN[#1]的值是 1.235。一般系统会自动根据设定单位舍入。例如，#1=1.2345，#2=2.3456，对于

```
G91 G01 X-#1;
        X-#2;
        X[#1+#2];
```

此程序回不到起点，若将上一行改为 X[ROUN[#1]+RONN[#2]]，则能回到起点。

对于上取整 FIX[#j]，绝对值大于原数的绝对值；对于下取整 FUP[#j]，绝对值小于原数的绝对值。

例如，假设#1=1.2，则#2=FIX[#1]的值是 2.0。

假设#1=1.2，则#2=FUP[#1]的值是 1.0。

假设#1=-1.2，则#2=FIX[#1]的值是-2.0。

假设#1=-1.2，则#2=FUP[#1]的值是-1.0。

6. 数制转换运算

变量可以在 BCD 码与二进制数之间转换，如表 5-7 所示。

表 5-7　变量数制转换运算功能表

类　型	功　能	格　式	举　例	备　注
转换运算	BCD 转 BIN	#i=BIN[#j]	#1=BIN[#2]	
	BIN 转 BCD	#i=BCD[#j]	#1=BCD[#2]	

7. 运算优先级

（1）函数。函数的优先级最高。

（2）乘、除、与运算。乘、除、与运算的优先级次于函数的优先级。

（3）加、减、或、异或运算。加、减、或、异或运算的优先级次于乘、除、与运算。

（4）关系运算。关系运算的优先级最低。

用方括号可以改变优先级，括号不能超过 5 层。超过 5 层时，发出 P/S 报警 No.111。

8. 变量值的精度

变量值的精度为 8 位十进制数。

例如，用赋值语句#1=9876543210123.456 时，实际上#1=9876543200000.000。

用赋值语句#2=9876543277777.456 时，实际上#2=9876543300000.000。

5.3　程序结构

在程序中（不仅是宏程序，其他程序也是一样）使用变量后，可以通过变量控制程序执行的顺序。数控加工程序和计算机语言程序类似，从结构上可以有顺序结构、分支结构和循环结构。本节介绍分支和循环结构的实现方法。

1. 分支结构程序

（1）无条件转移（GOTO）。

格式：

```
GOTO n;                    //n 为加工程序段号（1～9999）
```

例如：

```
GOTO 6;
语句组
N6   G00   X100.;
```

执行 GOTO 6 语句时，转去执行标号为 N6 的程序段。

（2）条件转移（IF）。

格式：

```
IF[关系表达式]
GOTO n;                    //n 为加工程序段号
```

例如：

```
IF[#1LT30]
GOTO 7
语句组
N7    G00    X100.    X5.
```

如果#1 大于 30，转去执行标号为 N7 的程序段，否则执行 GOTO 7 下面的语句组。

（3）条件转移（IF-THEN）。

格式：

```
IF[表达式]THEN
```

THEN 后只能跟一个语句。例如：

```
IF[#1EQ#2]THEN#3=0;        //当#1 等于#2 时，将 0 赋给变量#3
```

2. 循环结构程序（WHILE）

格式：

```
WHILE[关系表达式]DO m;  （m=1,2,3）
语句组；
END m;
```

当条件表达式成立时执行从 DO 到 END 之间的程序，否则转去执行 END 后面的程序段。

例如：

```
#1=5;
WHILE[#1LE30]DO 1;
#1=#1+5;
G00    X#1    Y#1;
END 1;
M99;
```

当#1 小于或等于 30 时，执行循环程序；当#1 大于 30 时，结束循环返回主程序。

说明：

（1）循环体可以嵌套，最大 3 层，循环体不可以交叉，可以由循环体内转出循环体外，不能由循环体外转入循环体内。

（2）DO m 和 END m 必须成对使用，且一对中识别号必须一致。

5.4 宏程序调用

5.4.1 宏程序的调用与返回

1．宏程序的调用

宏程序的调用是指在主程序中用宏调用指令调用宏程序。宏程序可以被单个程序段单次调用。调用指令格式为：

G65　P（宏程序号）　　L（重复次数）（变量分配）

其中，G65——宏程序调用指令；

P（宏程序号）——被调用的宏程序代号；

L（重复次数）——宏程序重复运行的次数，重复次数为 1 时，可省略不写；

（变量分配）——为宏程序中使用的变量赋值。

宏程序与子程序相同的一点是，一个宏程序可被另一个宏程序调用，最多嵌套 4 层。

2．宏程序的开始与返回

宏程序的编写格式与子程序相同。其格式为：

O0010（0001～8999 为宏程序号）　　　　　//程序名
N10　……　　　　　　　　　　　　　　　//指令
……
N30 M99　　　　　　　　　　　　　　　　//宏程序结束，返回父程序

宏程序以程序号开始，以 M99 结束。

5.4.2 变量与地址（自变量）的对应关系

系统可用两种形式的自变量指定变量，如表 5-8 所示为自变量指定 I 的变量对应关系，如表 5-9 所示为自变量指定 II 的变量对应关系。

表 5-8　自变量指定 I 的变量对应关系

地址（自变量）	变　量　号	地址（自变量）	变　量　号	地址（自变量）	变　量　号
A	#1	I	#4	T	#20
B	#2	J	#5	U	#21
C	#3	K	#6	V	#22
D	#7	M	#13	W	#23
E	#8	Q	#17	X	#24
F	#9	R	#18	Y	#25
H	#11	S	#19	Z	#26

表 5-9 自变量指定 II 的变量对应关系

地址（自变量）	变 量 号	地址（自变量）	变 量 号	地址（自变量）	变 量 号
A	#1	K3	#12	J7	#23
B	#2	I4	#13	K7	#24
C	#3	J4	#14	I8	#25
I1	#4	K4	#15	J8	#26
J1	#5	I5	#16	K8	#27
K1	#6	J5	#17	I9	#28
I2	#7	K5	#18	J9	#29
J2	#8	I6	#19	K9	#30
K2	#9	J6	#20	I10	#31
I3	#10	K6	#21	J10	#32
J3	#11	I7	#22	K10	#33

在自变量指定 I 中，G、L、N、O、P 不能用，地址 I、J、K 必须按顺序使用，其他地址顺序无要求。

自变量指定 II 使用 A、B、C 各 1 次，使用 I、J、K 各 10 次。同组的 I、J、K 必须按顺序指定，不赋值的地址可以省略。I、J、K 的下标用于确定自变量指定的顺序，在实际编程中不写。

举例：G65 P3000 L2 B4.0 A5.0 D6.0 J7.0 K8.0　　　　正确（J、K 符合顺序要求）

在宏程序中将会把 4 赋给#2，把 5 赋给#1，把 6 赋给#7，把 7 赋给#5，把 8 赋给#6。

举例：G65 P3000 L2 B3.0 A4.0 D5.0 K6.0 J5.0　　　　不正确（J、K 不符合顺序要求）

系统能够自动识别自变量指定 I 和自变量指定 II 并赋给宏程序中相应的变量号。如果自变量指定 I 和自变量指定 II 混合使用，则后指定的自变量类型有效。

举例：G65 A1.0 B2.0 I-3.0 I4.0 D5.0 P1000

宏程序中：　　#1:1.0

　　　　　　　#2:2.0

　　　　　　　#3:

　　　　　　　#4:-3.0

　　　　　　　#5:

　　　　　　　#6:

　　　　　　　#7:5.0

说明：I4.0 为自变量指定 II，D 为自变量指定 I，所以#7 使用指定类型中的 D5.0，而不使用自变量指定 II 中的 I4.0。

5.4.3　本级变量

用于宏程序某一级中的变量称为本级变量，即这一变量在同一程序级中调用时含义相同，若在另一级程序（如子程序）中使用，则意义不同。本级变量主要用于变量间的相互传递，初始状态下未赋值的本级变量即为空白变量。

局部变量#1～#33（一个宏程序中的同名变量）从 0 到 4 级，主程序是 0 级。每调用一个含有同名变量的宏程序，级别加 1，前一级的变量被保存。当一个宏程序结束（执行 M99）时，级别减 1。

如图 5-1 所示的 4 级宏程序调用中都使用了#1。

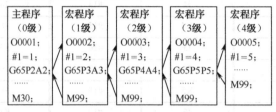

图 5-1　本级变量

在第 3 级宏程序中#1 的值为 4，调用第 4 级宏程序时给变量#1 赋值为 5，所以在第 4 级宏程序中变量#1 的值为 5。在第 4 级宏程序返回第 3 级宏程序后，#1 的值仍然为 4。

以此类推，第 3 级宏程序中#1 的值为 4，第 2 级宏程序中变量#1 的值为 3，第 1 级宏程序中#1 的值为 2，主程序中#1 的值为 1。

5.5　宏程序应用举例

5.5.1　钻孔类零件

【例 5-1】 要求钻削如图 5-2 所示零件上的螺纹孔底孔，零件材料为 45 钢。

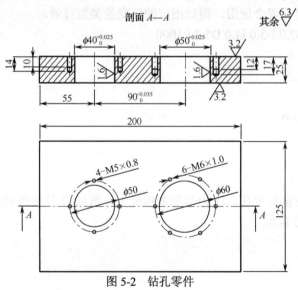

图 5-2　钻孔零件

1．工件装夹

该工件用平口钳装夹，用垫铁支承底面。

2. 工艺方案确定

该零件中具有分度圆分布的孔，两个分度圆的直径不同，不同分度圆上孔的个数不同，不同分度圆上孔的深度不同。

设计一个通用的钻孔宏程序，在宏程序中根据给出的分度圆中心坐标、分度圆的半径和要钻的孔计算要钻孔的中心坐标，通过钻孔固定循环 G73 功能钻孔。调用该宏程序时，只要将已知条件对宏程序中的变量赋值即可。

该宏程序使用变量如下：

#1——分度圆半径（mm）；

#2——分度圆上孔的个数（个）；

#3——孔的深度（mm）；

#4——分度圆中心坐标 X（mm）；

#5——分度圆中心坐标 Y（mm）；

#6——第一个孔与 X 轴的夹角（°）；

#7——被钻孔中心坐标 X（mm）；

#8——被钻孔中心坐标 Y（mm）；

#9——两孔之间的中心角（°）；

#10——动态角度。

3. 宏程序中计算

走刀路线及孔位计算宏程序流程如图 5-3 所示。

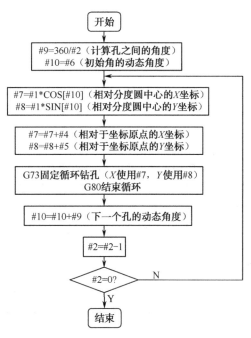

图 5-3　走刀路线及孔位计算宏程序流程图

（1）根据一个分度圆上孔的个数计算相邻孔之间的夹角。

（2）根据初始角和孔间夹角计算要钻孔与 X 轴的夹角。

（3）计算孔中心的 X 坐标，计算孔中心的 Y 坐标。

（4）钻一个孔。

（5）计算下一个孔与 X 轴的夹角，未钻完转步骤（3），钻完则结束。

说明：分度圆中心距误差由#4 和#5 控制，这里#4 和#5 取尺寸标注公差的中间值。

4．主程序流程

分度圆钻孔主程序流程如图 5-4 所示。设工件原点在零件左侧面的中间处。

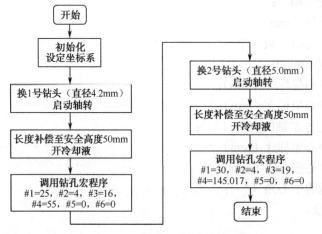

图 5-4　分度圆钻孔主程序流程图

（1）初始化，设定坐标系。

（2）换 1 号刀，至安全高度。

（3）调用宏程序钻分度圆孔。

（4）换 2 号刀，至安全高度。

（5）调用宏程序钻分度圆孔。

5．刀具及切削用量

钻孔刀具及切削用量如表 5-10 所示。

表 5-10　钻孔刀具及切削用量表

加工步骤		刀具与切削参数					
序号	加工内容	刀具规格		主轴转速 /（r/min）	进给速度 /（mm/min）	刀具补偿	
		类　型	材料			长度	半径
1	钻 M5 底孔，深 16mm	ϕ4.2mm 麻花钻	高速钢	1800	90	H1/T1	D1
2	钻 M6 底孔，深 19mm	ϕ5.0mm 麻花钻		1500	90	H2/T2	D2

6．参考程序清单

（1）宏程序。钻孔宏程序如表 5-11 所示。

表 5-11　钻孔宏程序

O7001	钻孔宏程序	
N1	#9=360/#2;	两孔之间的中心角
N2	#10=#6;	第 1 个孔与 X 轴的夹角的动态角
N3	WHILE [#2 NE 0] DO 1	循环计算和钻孔
N3	#7=#1*COS[#10];	计算孔中心相对于分度圆中心的 X 坐标
N4	#8=#1*SIN[#10];	计算孔中心相对于分度圆中心的 Y 坐标
N5	#7=#7+#4;	计算孔中心相对于坐标原点的 X 坐标
N6	#8=#8+#5;	计算孔中心相对于坐标原点的 Y 坐标
N7	G73　G98　X#7　Y#8 Z-#3 R5.　Q1.　F90.;	钻孔
N8	G80;	结束循环
N9	#10=#10+#9;	下一个孔与 X 轴的夹角
N10	#2=#2-1;	孔个数减 1
N11	END 1;	钻孔结束
N12	M99	宏程序结束，返回主程序

（2）主程序。钻孔主程序如表 5-12 所示。

表 5-12　钻孔主程序

O5001	钻孔主程序	
N1	G90　G80　G40　G49　G94　G21;	初始化
N2	G54　X0　Y0;	定义坐系，原点在工件左侧面中间处
N3	M06　T01;	换 1 号刀
N4	M03　S1800;	主轴转
N5	G43　Z50.　H01　M08;	长度补偿至安全高度 50mm，冷却液开
N6	G65　P7001　A25.　B4.　C16.　I55.　J0　K0;	调用钻孔宏程序
N7	M06　T02;	换 2 号刀
N8	M03　S1500;	主轴转
N9	G43　Z50.　H02　M08;	长度补偿至安全高度 50mm，冷却液开
N10	G65　P7001　A30.　B6.　C19.　I145.017.　J0　K0;	调用钻孔宏程序
N11	M30;	程序结束

5.5.2　非圆曲线轮廓类零件

1. 椭圆轮廓加工编程

【例 5-2】用 ϕ10mm 的高速钢键槽铣刀加工如图 5-5 所示的高度为 2mm 的中碳钢椭圆轮廓。椭圆曲线采用参数方程式表示为

$$x=a\cos t$$

$$y=b\sin t$$

参数为转角 t。t 的步长为 $1°$，初值为 $0°$，终值为 $360°$，采用直线逼近方式进行加工。宏程序变量定义见表 5-13。

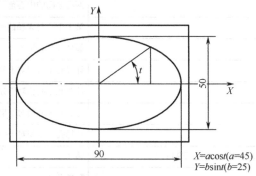

$X=a\cos t(a=45)$
$Y=b\sin t(b=25)$

图 5-5　椭圆轮廓

表 5-13　宏程序变量定义表

赋值地址	A	B	C	I	J	K		
变量号	#1	#2	#3	#4	#5	#6	#100	#101
变量含义	椭圆长半轴	椭圆短半轴	转角步长	参数角	转角终值	Z 向切削深度	X 坐标值	Y 坐标值

程序如下：

```
O5002;                              主程序
N10 G90 G54 G00 X0 Y0 Z100. ;       定位于 G54 上方安全高度
N20 S800 M03;                       主轴旋转
N30 G65 P7002 A45. B25. C1. I0 J360. K-2.;  调用宏程序，对应变量赋值
N40 G00 Z100. M05;                  快速抬刀至安全高度
N50 M30;                            程序结束

O7002;                              宏程序
N10 G90 G00 X[#1+20]   Y0;          定位于（65,0）上方
N20 G01 Z#6 F1000;                  下刀至切削深度
N30 #100=#1*COS[#4];                计算 X 坐标值
N40 #101=#2*SIN[#4];                计算 Y 坐标值
N50 G01 G42 X#100 Y#101 D01 F500.;  运行一个步长
N60 #4=#4+#3;                       增加一个角度步长
N70 IF [#4 LE#5]   GOTO 30;         判断参数 t 是否小于或等于 360
N80 G01 G40 X[#1+20]   Y0;          取消刀补，回到（65,0）
N90 M99;                            宏程序结束
```

2．心形线轮廓编程

【例 5-3】　用 $\phi10mm$ 的高速钢键槽铣刀在 $80mm×80mm×10mm$ 的中碳钢毛坯上加工出如图 5-6 所示的深度为 3mm 的心形曲线型腔。

心形曲线的函数式可用极坐标方式表示：$\rho=40\sin\dfrac{\theta}{2}$。由于心形曲线是非圆曲线，利用宏指令计算心形曲线上各点的坐标，采用直线逼近方式进行加工。

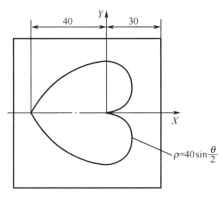

图 5-6　心形线轮廓

程序如下：

```
O5003;
N10 G90 G54 G00 X-20.0 Y0;          建立工件坐标系，定位于（-20,0）
N20 G17 G16;                         指定工作平面，使用极坐标
N30 M03S800;
N40 G00 Z10.0;
N50 G01 Z-3.0 F30;
N60 #1=0;                            变量#1 赋初值
N70 WHILE [#1 LE 360] DO 1;          #1 小于等于 360 时，执行循环体
N80 #2=40*SIN[#1/2];                 变量#2 为极径值ρ，变量#1 为极角θ
N90 G41 G01 X#2 Y#1 F50;             直线插补工进
N100 #1=#1+0.25;                     变量#1 累加 0.25°
N110 END 1;                          循环结束
N120 G40 G01 X-20.0 Y0               取消刀补，回到（-20,0）
N130 G01 Z10.0;
N140 G28 Z0 M05;
N150 M30;
```

5.5.3　曲面加工类零件

1．抛物线形凹面加工编程

【例 5-4】用 ϕ10mm 的高速钢立铣刀加工如图 5-7 所示的抛物线形凹面，坯料尺寸为 100mm×100mm×30mm，材料为 45 钢。只要求加工抛物线形凹面。

在 XZ 平面内，抛物线方程是

$$x^2=100(16+z)　　（-16.0 \leqslant z \leqslant 0）$$

采取分层圆弧插补铣削，由上至下进行加工。在每一铣削层，根据抛物线方程计算出 x 的值作为 XZ 平面内圆的半径 t，即

$$t=10(16+z)^{1/2}$$
$$x^2+y^2=t^2$$

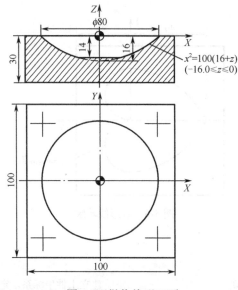

图 5-7 抛物线形凹面

程序如下：

```
O5004;
G17 G90 G54 G00 Z10.0;
M03S800;
G00 X0 Y0;                        定位至起刀点
G43 G00 Z5.0 H01 M08;             建立1号刀具长度补偿，切削液开
G01 Z0 F50;
#1=0;                             设Z方向进给为自变量#1，置初值0
WHILE  [#1 LT 14.0]DO 1;          循环
#1=#1+0.2;                        #1增加一个层切步长0.2mm
G01 Z-#1 F30;                     Z轴进刀
#2=10*SQRT[16.0-#1];              计算XY平面内对应圆弧的半径
G41 G01 X#2 Y0 D01 F80;           建立刀具半径补偿，并工进至加工圆弧的起始点
G03 I-#2 F30;                     圆弧插补
G91 G01 Z3.0;                     提刀
G90 G40 G00 X0 Y0;                取消半径补偿
END 1;                            循环结束
G00 Z10.0 M09;
M30;
```

2. 椭球曲面加工编程

【例 5-5】 用 ϕ10mm 的高速钢立铣刀加工如图 5-8 所示的椭球曲面，坯料尺寸为 80mm×80mm×50mm，材料为 45 钢。

根据图示，椭球曲面的方程为 $\frac{x^2}{25^2}+\frac{y^2}{15^2}+\frac{z^2}{20^2}=1$。由于椭球曲面在 XZ 平面、XY 平面、YZ 平面内的投影都是椭圆曲线（非圆曲线），采取分层铣削进行加工，即沿 Z 轴向下一层一层铣削。每一层刀头在 XY 平面内的轨迹都是一椭圆曲线，其椭圆方程为

$$\frac{x^2}{25^2}+\frac{y^2}{15^2}=1-\frac{z^2}{20^2}$$

即

$$\frac{x^2}{\dfrac{25^2}{20^2}(400-z^2)}+\frac{y^2}{\dfrac{15^2}{20^2}(400-z^2)}=1$$

编程时只需根据不同的 Z 轴坐标，确定相应的椭圆方程，再根据该椭圆方程控制刀具的运动进行铣削，最终完成整个曲面的加工。设置变量：

#1 为 Z 轴坐标。

#2 为某一铣削平面椭圆的 X 半轴，其值等于 XZ 平面（$Y=0$）内该切削高度 Z 相应的 X 坐标：$x=25/20\times(400-z^2)^{1/2}$。

#3 为该平面椭圆的 Y 半轴，其值等于 YZ 平面（$X=0$）内该切削高度 Z 相应的 Y 坐标：$y=15/20\times(400-z^2)^{1/2}$。

#4 为刀具在铣削平面（XY）的极坐标角度值（0°～360°）。

#5(=#2*COS[#4])为刀具在铣削平面（XY）的 X 轴坐标。

#6(=#3*SIN[#4])为刀具在铣削平面（XY）的 Y 轴坐标。

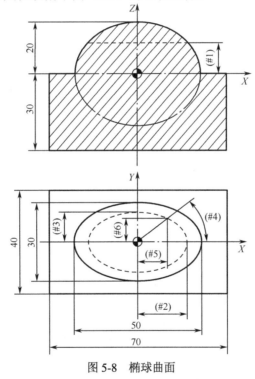

图 5-8　椭球曲面

程序如下：

```
O5005；
G90 G17 G54 G28 Z0；
G00 X55.0 Y-55.0；                      定位起刀点
M03S800；                               主轴正转
G43 G00 Z25.0 H01；                     建立 1 号刀具长度补偿
G01 Z20.0 F50 M08；
#1=20；                                 变量 z 置初值（起点）
WHILE ［#1 GT 0］ DO 1；                  第一层循环（Z 方向切深循环）开始
#1=#1-0.2；                             Z 方向每次切削深度为 0.2mm
#2=(25/20)*SQRT[400.0-#1*#1]；          计算 XZ 平面内的 X 轴坐标
```

```
#3=(15/20)*SQRT[400.0-#1*#1];                计算 YZ 平面内的 Y 轴坐标
G01 Z#1 F50;                                 Z 轴工进
G42 G01 X#2 Y0 D01;                          建立 XY 平面内刀具半径补偿并至加工起点
#4=0;                                        用参数方程计算 X、Y 坐标，置参数角度初值为 0
WHILE  [#4 LE 360] DO 2;                     平面椭圆加工循环开始
#4=#4+0.5;                                   参数角增量为 0.5°
#5=#2*COS[#4];                               计算刀具在 XY 平面内椭圆的 X 轴坐标
#6=#3*SIN[#4];                               计算刀具在 XY 平面内椭圆的 Y 轴坐标
G01 X#5 Y#6;                                 直线插补工进至目标点
END 2;                                       第二层循环结束
G91 G00 Z3.0;                                加工完椭圆一周后抬起刀
G90 G40 G00 X55.0 Y-55.0;                    返回起刀点并取消刀具半径补偿
END 1;                                       第一层循环结束
M09;                                         切削液关闭
M30;                                         程序结束
```

5.5.4　车削椭圆手柄

【例 5-6】 如图 5-9 所示椭圆手柄，零件材料为 45 钢，毛坯为 $\phi30\text{mm}\times115\text{mm}$ 的棒料。试制定零件的加工工艺，编写零件的数控加工程序。

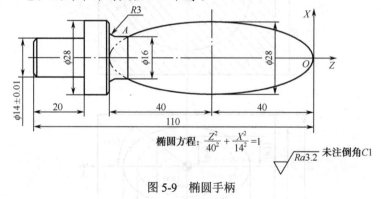

椭圆方程：$\dfrac{Z^2}{40^2}+\dfrac{X^2}{14^2}=1$　　　　$\sqrt{}$ 未注倒角C1

图 5-9　椭圆手柄

1．零件图分析

零件由圆柱面、椭圆面构成。零件的尺寸精度和表面粗糙度要求都不高，没有几何公差要求。但由于外表面是椭圆曲线（非圆弧曲线）回转体，不能用 G02、G03 按圆弧来车削，必须采用宏指令编程才能加工，加工难度较大。

2．装夹方案的确定

毛坯为棒料，用自定心卡盘夹紧定位。先夹住毛坯右端车左端，完成 $\phi14\text{mm}$、$\phi28\text{mm}$ 外圆加工；然后，以 $\phi14\text{mm}$ 精车外圆为定位基准，垫上铜皮后用自定心卡盘装夹，完成右端外形加工。

3．加工顺序和进给路线的确定

此零件加工以一次装夹所进行的加工为一道工序，共划分为两道工序。

1）工序一

（1）自定心卡盘夹毛坯外圆伸出约 40mm，平端面，以端面中心为工件坐标原点对刀。

（2）粗、精车ϕ14mm、ϕ28mm 外圆，倒角。

2）工序二

（1）工件调头，用软爪卡盘（或外圆包上铜皮用普通卡盘）夹持左端ϕ14mm 外圆。平右端面，保证总长 110mm。以右端面中心为工件坐标原点重新对刀。

（2）粗车椭圆ϕ28mm 外圆，留精车余量 0.4mm。

（3）由于棒料余量较大，不能直接沿轮廓切削，所以先调用宏程序纵向进给粗车椭圆右半部分，用切槽刀调用宏程序横向进给粗车椭圆左半部分，如图 5-10 所示。

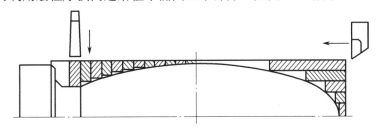

图 5-10　椭圆曲面粗车走刀路线

（4）换外圆车刀，粗车ϕ16mm 外圆、台阶面、倒角。

（5）调用宏程序精车全部椭圆轮廓。

（6）用 G71/G70 粗、精车ϕ16mm 外圆、台阶面、倒角。

4．刀具及切削用量的选择

（1）确定刀具。根据零件加工要求，需要主偏角为 93°、刀尖角为 35°、刀尖半径为 0.5mm 的外圆车刀和 3mm 切槽刀各一把，材料均为 YT 类硬质合金。

（2）确定切削用量。根据工件材料（45 钢）、工件几何形状、轮廓直径和工件表面粗糙度，查切削手册取 v 为 60～120m/min，并通过计算得到切削用量。

5．数控加工工序卡的编制

椭圆手柄加工工序卡见表 5-14、表 5-15。

表 5-14　椭圆手柄加工工序卡 1（加工左端）

数控加工工序卡				产品名称	零件名称		零件图号	
					椭圆手柄		图 5-9	
工序号	程序编号	夹具名称	夹具编号	使用设备			车间	
001	O5006	自定心卡盘		CK6136				
工步号	工步内容	切削用量				刀具	量具名称	备注
		主轴转速 /（r/min）	进给量 /（mm/r）	背吃刀量 /mm	编号	名称		
1	车左端面	850	0.2	2	T0101	93°外圆车刀		手动
2	粗车左端外圆，留精车余量 0.2mm	1000	0.2	2	T0101	93°外圆车刀	游标卡尺	自动
3	精车左端外圆	2000	0.1	0.1	T0101	93°外圆车刀	游标卡尺	自动
编制		审核		批准		共 1 页	第 1 页	

表 5-15　椭圆手柄加工工序卡 2（加工右端）

数控加工工序卡			产品名称	零件名称		零件图号
				椭圆手柄		图 5-9
工序号	程序编号	夹具名称	夹具编号	使用设备		车间
002	O5007	自定心卡盘		CK6136		
工步号	工步内容	切削用量			刀具		量具名称	备注
		主轴转速 /（r/min）	进给量 /（mm/r）	背吃刀量 /mm	编号	名称		
1	车右端面	850	0.2	2	T0101	93°外圆车刀		手动
2	粗车椭圆右端外轮廓，留精车余量 0.2mm	1000	0.2	2	T0101	93°外圆车刀	游标卡尺	自动
3	粗车椭圆左端，留精车余量 0.2mm	1000	0.2	1.5	T0202	3mm 切槽刀	游标卡尺	自动
4	粗车ϕ16mm 外圆、R3mm 圆弧、台阶面，留精车余量 0.2mm	1000	0.2	2	T0101	93°外圆车刀	游标卡尺	自动
5	精车椭圆	1350	0.1	0.1	T0101	93°外圆车刀	游标卡尺	自动
6	精车ϕ16mm 外圆、R3mm 圆弧、台阶面、倒角	1350	0.1	0.2	T0101	93°外圆车刀	游标卡尺	自动
编制		审核		批准		共 1 页		第 1 页

6. 编制加工程序

计算节点 A 坐标：$X16.0$，$Z=-40/14\times(14^2\times(X/2)^2)^{0.5}-40=-72.826$。

椭圆手柄左端数控加工程序 O5006 见表 5-16，椭圆手柄右端数控加工程序 O5007 见表 5-17。

表 5-16　椭圆手柄数控加工程序单 1（加工左端）

零件号		零件名称	椭圆手柄	编程原点	工件左端面中心处
程序号	O5006	数控系统	FANUC 0i Mate-TC	编制	
程　　序				说　　明	
O5006			程序名		
N20T0101；			选用 1 号外圆刀		
N30 M03 S1000；			主轴转速为 1000r/min		
N40 G00X35.0 Z2.0；			快速定位到切削循环起点		
N50 G71 U2.0 R1.0；			粗加工左端，背吃刀量为 2mm，退刀 1mm		
N60 G71 P70 Q120 U0.2 W0 F0.2 ；			精加工余量为 0.2mm		
N70G00 X8.0；			精加工开始段，精加工起点		
N80 G01 X14.0 Z-1.0 F0.1；			倒角		

续表

零件号		零件名称	椭圆手柄	编程原点	工件左端面中心处
程序号	O5006	数控系统	FANUC 0i Mate-TC	编制	
程　　序			说　　明		
N90 Z-20;			车 ϕ14mm 外圆		
N100 X28.0;			加工阶梯面		
N110 Z-31.0;			车 ϕ28mm 外圆		
N120 X32.0;			切削退刀，精加工结束		
N130 M00;					
N140 S2000;			精加工，主轴转速为 2000r/min		
N130 G70 P70 Q120;			G70 精加工左端		
N140 G00 X150.0 Z150.0;			刀具退回		
N150 M05;			主轴停转		
N160 M30;			程序结束		

表 5-17　椭圆手柄数控加工程序单 2（加工右端）

零件号		零件名称	椭圆手柄	编程原点	工件右端面中心处
程序号	O5007	数控系统	FANUC 0i Mate-TC	编制	
程　　序			说　　明		
O5007			程序名		
N10 T0101;			选用 1 号外圆刀		
N20 M03S1000;			主轴转速为 1000r/min		
N30 G00 X35.0 Z2.0;					
N40 #1=28;			定义变量#1 为椭圆方程的 2X 值（直径值）		
N50 #2=0;			定义变量#2 为椭圆方程的 Z 值		
N60 WHILE [#1 GE 0] DO 1;			宏程序粗加工椭圆右端		
N70 G00 X[#1+0.2];			X 方向快速进刀，留 0.2mm 精加工余量		
N80 G01 Z[#2-40]　F0.2;			Z 方向切削		
N90 G01　U1;			X 方向退刀		
N100 G00 Z2.0;			快速退回		
N110 #1=#1-2;			计算椭圆上新 X 点坐标值（步进 2mm）		
N120 #2=40/28*SQRT[28*28-#1*#1];			计算椭圆上新 Z 点坐标值		
N130 END 1;			粗加工椭圆右端结束		
N135 G00 X150.0 Z150.0 M05;			返回换刀点		
N140 T0202;			换 3mm 切槽刀（左刀尖为刀位点）		
N150 M03S1000;			主轴转速为 1000r/min		
N160 G00 X32.0 Z-75.826;			定位到椭圆左端		
N170 #1=16;			定义变量#1 为椭圆方程的 2X 值(直径值)		
N180 #2=-32.826;			定义变量#2 为椭圆方程的 Z 值		

零件号			零件名称	椭圆手柄	编程原点	工件右端面中心处
程序号	O5007		数控系统	FANUC 0i Mate-TC	编制	

程　序	说　明
N190 WHILE[#2LE 0]D0 1;	宏程序粗加工椭圆左端
N200 G00 Z[#2-40-3];	刀具 Z 方向定位，让出刀宽 3mm
N210 G01 X[#1+0.2];	X 向切削，留 0.2mm 精加工余量
N220 G01 X32;	X 向退刀
N230 #2=#2+1;	计算椭圆上新 Z 点坐标值（步进 1mm）
N240 #1=28/40*SQRT[40*40-#2*#2];	计算椭圆上新 X 点坐标值
N250 END 1;	粗加工椭圆左端结束
N260 G00 X150.0 Z150.0 M05;	
N280 T0101;	换 1 号刀
N290 M03S1000;	
N300 G00 X32.0 Z-72.826;	
N310 G71 U2.0 R1.0;	粗车右端圆柱面，背吃刀量为 2mm
N320 G71 P330 Q385 U0.2 W0 F0.2;	留精车余量 0.2mm
N330 G01 X16.0 F0.1;	
N340 Z-77.0;	
N360 G02 X22.0 Z-80.0 R3.0;	
N370 G01 X26.0;	
N380 X28.0 Z-81.0;	
N385 X29.0;	
N390 S1350;	
N400 G00 Z2.0;	
N410 G42 G00 X0;	到达切削椭圆起点，建立刀具右补偿
N420 G01 X0 Z0 F0.1;	
N430 #1=0;	定义变量#1 为椭圆方程的 2X 值（直径值）
N440 #2=40.0;	定义变量#2 为椭圆方程的 Z 值
N450 WHILE[#2 GE-32.826] D0 1;	宏程序精加工椭圆
N460 G01 X[#1]　Z[#2-40];	沿直线切削
N470 #2=#2-0.01;	计算椭圆上新 Z 点坐标值（步进 0.01mm）
N480 #1=28/40*SQRT[40*40-#2*#2];	计算椭圆上新 X 点坐标值
N490 END 1;	宏程序精加工椭圆结束
N500 G01 W-2.0;	
N510 G00 X32.0 Z-72.826;	
N520 G70 P330 Q385;	精车右端圆柱面起点
N530 G00 X150.0 Z150.0;	
N540 M05;	
N550 M30;	

5.5.5　铣削旋钮手柄凹模

【例 5-7】　对图 5-11 所示旋钮型腔内轮廓进行加工。零件材料为 45 钢，硬度为 HBW 220，采用数控铣床加工。

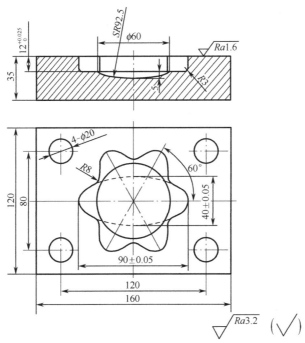

图 5-11　旋钮手柄凹模

1．零件图工艺分析

该型腔内轮廓线由椭圆弧和圆弧共同组成，型腔底部还有一个球形凹面。材料为 45 钢，加工性能较好。模具外形与 4 个 ϕ20mm 孔已加工好，本工序只需完成旋钮型腔的加工。采用 VDL-800A 型数控铣床。

尺寸精度：型腔尺寸要求较严格，型腔表面粗糙度值为 Ra 3.2μm，可通过刚性装夹及精确对刀来确保尺寸精度，需安排粗、精加工。一次装夹完成所有加工内容。

工艺过程：共分 5 步加工，即余量切除，粗、精铣型腔，粗、精铣腔底球形凹面。切除余量时，为提高功效，可采取钻孔和锪孔的方法。本例采取铣削方法将型腔中心的余量切除。由于型腔较深，采取分层加工。

2．装夹方案

坯料外形已加工，尺寸为 160mm×120mm×35mm，用机用虎钳垫平夹紧，工件上端面高出机用虎钳上平面少许。

3．刀具及切削用量的选择

（1）确定刀具。选择 ϕ20mm 键槽铣刀、ϕ10mm 立铣刀和 ϕ8mm 球形铣刀各一把。材质均为高速钢。

（2）确定切削用量。内轮廓加工时留 0.5mm 的精铣侧余量、0.2mm 的底余量。查切削用量手册取 v 为 20～40m/min，根据公式计算主轴转速。再查每齿进给量计算进给速度。

4．编制数控加工工序卡

数控加工工序卡如表 5-18 所示。

表 5-18　数控加工工序卡

数控加工工序卡			产品名称		零件名称		零件图号
					旋钮手柄凹模		图 5-11
工序号	程序编号	夹具名称	夹具编号		使用设备		车间
001	O5008	机用虎钳			VDL-800A		
工步号	工步内容	切削用量			刀具		量具名称	备注
		主轴转速/(r/min)	进给量/(mm/min)	背吃刀量/mm	编号	名称		
1	去余量	500	150	12	T01	φ20mm 键槽铣刀	游标卡尺	
2	粗铣旋钮型腔	800	290	3	T02	φ10mm 立铣刀	游标卡尺	
3	精铣旋钮型腔	1200	180	12	T02	φ10mm 立铣刀	游标卡尺	
4	粗铣腔底凹面	1000	340	5	T03	φ8mm 球形铣刀		
5	精铣腔底凹面	1500	200	0.2	T03	φ8mm 球形铣刀		
6	检验							
编制		审核		批准		共 1 页	第 1 页

5．走刀路线与数据处理

工件编程坐标如图 5-12 所示。在 XZ 平面内，刀具沿 Z 轴向下分 4 次层铣加工，背吃刀量为 3mm。XY 平面，刀具由坐标原点工进至 A 点，直线插补（逼近法）加工至 B 点，圆弧插补加工至 C 点。通过坐标旋转 5 次，重复上述加工 5 次完成型腔内壁一周的加工。

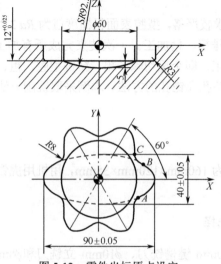

图 5-12　零件坐标原点设定

通过软件作图，求得 A、B 和 C 三点坐标分别为：

A 点，（33.122,-13.539）；

B 点，（33.122,13.539）；

C 点，（28.286,21.915）。

底部球形凹面使用 ϕ8mm 的球形铣刀加工，分层铣削。编程时采用球心编程，走刀路线和节点坐标如下。

如图 5-13 所示，刀具由 D 点沿半径为 88.5mm 的圆弧分层铣削至 E 点。

D 点坐标：（28.703,-8.216），E 点坐标：（0,-13）。

XZ 平面内，球头铣刀球心圆弧轨迹方程为

$$X^2+(75.5-Z)^2=88.5^2$$

由于采取层切加工方式，可用上式计算得到每层的 Z 轴坐标相应的 X 轴坐标值，这个 X 值也是该层平面（XY 平面）内刀具轨迹的圆弧半径。

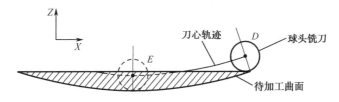

图 5-13　球形凹面加工走刀图

6. 编制加工程序

旋钮手柄凹模椭圆型腔数控加工程序单如表 5-19 所示。

表 5-19　旋钮手柄凹模椭圆型腔数控加工程序单

零件号		零件名称	椭圆手柄	编程原点	工件右端面中心处
程序号	O5008	数控系统	FANUC 0i Mate-TC	编制	
程　　序			说　　明		
O5008			主程序名		
G90 G17 G54 G28 Z0;					
T01 M06;			换 1 号刀，切除余量		
G00 X0 Y0;					
G00 G43 Z5.0 H01;					
M03 S500;					
G01 Z-12. F150 M08;			工进至起刀点		
G41 X30.D01;					
G03 I-30.;					
G40 X0 Y0;					
G28 Z0;					
T02 M06;			换 2 号刀，粗加工椭圆和圆弧曲线型腔		
G00 X0 Y0;					
G00 G43 Z0 H02;					

续表

零件号			零件名称	椭圆手柄	编程原点	工件右端面中心处
程序号	O5008		数控系统	FANUC 0i Mate-TC	编制	
程　序				说　明		

程　序	说　明
M03 S800；	
G65 P40010 A2 J360 K-3；	调用宏程序 O010 四次，进行粗加工
G00 Z0；	
M03 S1200；	
G65 P0010 A3 J240 K-12；	调用宏程序 O010 一次，进行精加工
G00 Z0；	
M05；	
M09；	
G28 Z0；	
T03 M06；	换 3 号刀加工型腔底面
G65 P0008 S1000 F340；	调用宏程序 O0008 一次，粗铣腔底凹面
G65 P0008 S1500 F200；	调用宏程序 O0008 一次，精铣腔底凹面
M30；	主程序结束
O0008；	宏程序名
G00 X0 Y0；	
G00 G43 Z0 H03；	
M03 S#19；	
G01 Z-7.0 F#9；	工进至起刀点
M08；	
#1=8.216；	#1 代表 Z 轴坐标值
#2=28.703；	#2 代表 X 轴坐标值
WHILE　[#1 LT 13.0] DO 1；	
#3=75.5+#1；	设置中间变量 #3
#2=SQRT[88.5*88.5-#3*#3]；	计算 X 轴坐标
G01 X#2；	X 轴工进
Z-#1；	Z 轴工进
G03 I-#2；	XY 平面内圆弧插补
#1=#1+0.19；	Z 轴增加一个步长
END 1；	
G01 X0；	
Z-13.0；	
M09；	
G28 Z0；	

续表

零件号		零件名称	椭圆手柄	编程原点	工件右端面中心处
程序号	O5008	数控系统	FANUC 0i Mate-TC	编制	
程　序			说　明		

程　序	说　明
M05;	
M99;	宏程序结束返回
O0010;	宏程序名
G91 G01 Z#6 F100;	
G90 G41G01 Y-13.539 D#1 F#5;	弧加工起点，建立刀具半径补偿
X33.122;	
#4=6;	#4 变量代表坐标旋转次数
WHILE　[#4 GT 0] DO 1;	
#2=33.122;	X 轴加工起点
WHILE　[#2 LT 45] DO 2	第一段椭圆弧循环开始，至 X=45mm 止
#2=#2+0.11;	X 轴坐标增加一个步长
#3=20*SQRT[45*45-#2*#2]/45;	计算对应 Y 轴坐标值
G90 G01 X#2 Y-#3;	工进
END 2;	
WHILE[#2 GT 33.122] DO 2;	第二段椭圆弧加工开始
#2=#2-0.11;	X 轴坐标回退一个步长
#3=20*SQRT[45*45-#2*#2]/45;	计算对应 Y 轴坐标值
G01 X#2 Y#3;	工进
END 2;	
G02 X28.29 Y21.92 R8.0;	铣削 R8mm 圆弧
G91G68 X0 Y0 R60.0;	坐标旋转
#4=#4-1;	坐标旋转次数减 1
END 1;	
G40 G01 X0 Y0;	
M99;	宏程序结束返回

复习思考题 5

1. FANUC 0i-MA 系统中的变量有哪些类型？
2. 举例说明变量的算术运算。
3. 举例说明变量的逻辑运算。
4. 举例说明变量的关系运算。
5. 举例说明变量的三角函数运算。

6. 数控加工程序的结构有哪几种？

7. 在调用宏程序时，FANUC 0i-MA 系统有几种方式为变量赋值？

8. 无条件转移指令格式如何？

9. 条件转移指令格式如何？

10. 循环结构的指令格式如何？

11. 试编写图 5-14 所示的铣圆孔倒角的宏程序。

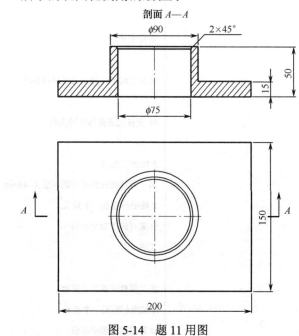

图 5-14　题 11 用图

第6章

典型零件工艺设计综合实例

6.1 连接套的加工工艺设计

连接套零件图如图 6-1 所示，毛坯为 ϕ72mm 棒料，材料为 45 钢。试按中批生产安排其加工工艺。

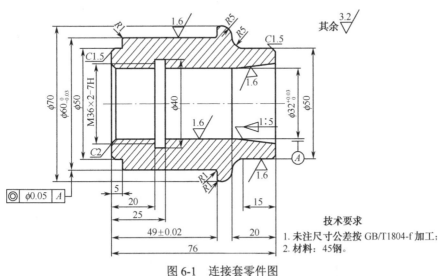

图 6-1 连接套零件图

技术要求
1. 未注尺寸公差按 GB/T1804-f 加工；
2. 材料：45钢。

6.1.1 零件图工艺分析

1．尺寸精度分析

$\phi 60^{\ 0}_{-0.03}$、$\phi 32^{+0.03}_{\ 0}$ 内外圆柱面及端面距凸耳部分距离（49±0.02）有较高的尺寸精度要求，$\phi 60^{\ 0}_{-0.03}$、$\phi 50$、$\phi 32^{+0.03}_{\ 0}$ 圆柱面及内圆锥面的表面粗糙度值为 Ra 1.6μm，要求较高。

2．几何精度分析

内孔与外圆的同轴度要求为 $\phi 0.05$mm，位置公差要求较高。

如图 6-1 所示，该零件表面由内外圆柱面、内圆锥面、顺圆弧、逆圆弧及内螺纹等表面组成。其中，零件图尺寸标注完整，符合数控加工尺寸标注要求；零件材料为 45 钢，无热处理和硬度要求。

6.1.2 工艺设计

1．加工方案的确定

外轮廓各部分　　　　　粗车→精车；
右端内轮廓各部分　　　钻中心孔→钻孔→粗镗→精镗；
左端内螺纹　　　　　　加工螺纹底孔→切内沟槽→车螺纹。

2．定位基准和装夹方式

1）内孔加工

定位基准：内孔加工时以外圆定位。

装夹方式：用三爪自定心卡盘夹紧。

2）外轮廓加工

定位基准：确定零件轴线为定位基准。

装夹方式：加工外轮廓时，为了保证同轴度要求和便于装夹，以工件左端面和 $\phi 32$mm 孔轴线作为定位基准，为此需要设计一套心轴装置（见图 6-2 中双点画线部分），用三爪卡盘夹持心轴左端，心轴右端留有中心孔并用顶尖顶紧以提高工艺系统的刚度。

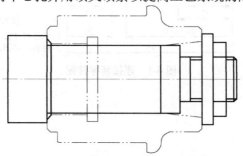

图 6-2　外轮廓车削心轴定位装夹方案

　　有关加工顺序、工序尺寸及工序要求、切削用量选择、刀具选择、设备选择等工艺问题详见相关工艺文件。

3. 加工工艺的确定

1）工艺流程的确定

工艺流程即工艺路线见表 6-1。

表 6-1　机械加工工艺流程卡

机械加工工艺流程卡			产品名称	零件名称	材料	零件图号
				连接套	45 钢	图 6-1
工序号	工种		工序内容	夹具	使用设备	工时
10	普车		下料：$\phi71\times78$ 棒料	三爪卡盘	普通车床	
20	数车		加工左端内沟槽、内螺纹	三爪卡盘	数控车床	
30	数车		粗、精加工右端内表面	三爪卡盘	数控车床	
40	数车		粗、精加工外表面	心轴装置	数控车床	
50	检验		按图纸检查			
编制		审核	批准	年　月　日	共　页	第　页

2）工序 10

其工序卡见表 6-2，刀具卡见表 6-3。

表 6-2　工序 10 工序卡

机械加工工序卡			产品名称	零件名称	材料	零件图号
				连接套	45 钢	图 6-1
工序号	程序编号		夹具名称	夹具编号	使用设备	车间
10			三爪卡盘		普通车床	

全部

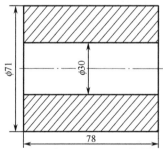

工步号	工步内容	刀具号	切削用量			备注
			主轴转速 /（r/min）	进给量 /（mm/r）	背吃刀量 /mm	
1	平端面	T0101	500	0.15	1	
2	车外圆 $\phi71\times80$	T0101	550	0.25	0.5	

工步号	工步内容	刀具号	切削用量			备注
			主轴转速 /（r/min）	进给量 /（mm/r）	背吃刀量 /mm	
3	钻中心孔	T0202	800	0.1	2.5	
4	钻孔 ϕ30×80	T0303	210	0.2	15	
5	切断，保证总长 78mm	T0404	300	0.08	5	
编制		审核		批准		共　页　第　页

表 6-3　工序 10 所用刀具卡

数控加工刀具卡		工序号	10	零件名称	连接套	零件图号	图 6-1
序号	刀具号	刀具名称及规格	刀尖半径/mm	数量	加工表面		刀具材料
1	T0101	95° 外圆车刀	0.8	1	外圆、端面		YT15
2	T0202	ϕ5 中心钻		1	钻中心孔		W18Cr4V
3	T0303	ϕ30 钻头		1	钻ϕ30 底孔		W18Cr4V
4	T0404	切断刀	B=5	1	切断		YT5
编制		审核		批准		共　页	第　页

3）工序 20

其工序卡见表 6-4，刀具卡见表 6-5，刀具调整图见图 6-3。

表 6-4　工序 20 工序卡

数控加工工序卡			产品名称	零件名称	材料	零件图号
				连接套	45 钢	图 6-1
工序号	程序编号	夹具名称	夹具编号	使用设备		车间
20	O6002	三爪卡盘		数控车床		数控中心

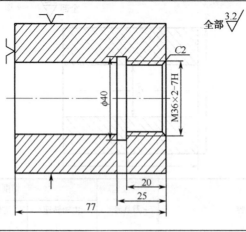

续表

工步号	工步内容	刀具号	切削用量 主轴转速 /（r/min）	进给量 /（mm/r）	背吃刀量 /mm	备注
1	夹住棒料一端，留出长度大约 30mm，车端面保证总长 77mm，对刀，调程序	T0101	500	0.15	1	手动
2	镗孔 $\phi34\times21$	T0202	800	0.1	2	自动
3	车内沟槽	T0303	230	0.1	5	自动
4	车内螺纹	T0404	600	2		自动
编制		审核	批准		共　页	第　页

表 6-5　工序 20 所用刀具卡

数控加工刀具卡		工序号	20	零件名称	连接套	零件图号	图 6-1
序号	刀具号	刀具名称及规格		刀尖半径/ mm	数量	加工表面	刀具材料
1	T0101	95° 右偏外圆刀		0.8	1	端面	YT15
2	T0202	镗刀		0.8	1	内表面	YT15
3	T0303	内切槽刀		$B=5$	1	内沟槽	W18Cr4V
4	T0404	内螺纹刀			1	内螺纹	YT15
编制		审核		批准		共　页	第　页

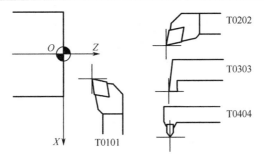

图 6-3　工序 20 刀具调整图

4）工序 30

其工序卡见表 6-6，刀具卡见表 6-7，刀具调整图见图 6-4。

表 6-6　工序 30 工序卡

数控加工工序卡			产品名称	零件名称	材料	零件图号
				连接套	45 钢	图 6-1
工序号	程序编号	夹具名称	夹具编号	使用设备		车间
30	O6003	三爪卡盘		数控车床		数控中心

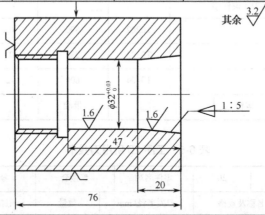

工步号	工步内容	刀具号	切削用量			备注
			主轴转速 /（r/min）	进给量 /（mm/r）	背吃刀量 /mm	
1	夹住棒料另一端，留出长度大约 40mm，车端面，保证总长 76mm，对刀，调程序	T0101	400	0.1	1	手动
2	粗镗内表面，留 0.5mm 余量	T0202	600	0.2	2	自动
3	精镗内表面	T0303	1000	0.08	0.5	自动
编制		审核	批准		共　页	第　页

表 6-7　工序 30 所用刀具卡

数控加工刀具卡	工序号	30	零件名称	连接套	零件图号	图 6-1
序号	刀具号	刀具名称及规格	刀尖半径/mm	数量	加工表面	刀具材料
1	T0101	95° 右偏外圆刀	0.8	1	端面	YT15
2	T0202	粗镗刀	0.8	1	内表面	YT15
3	T0303	精镗刀	0.4	1	内表面	YT15
编制		审核	批准		共　页	第　页

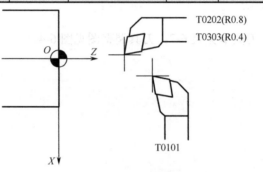

图 6-4　工序 30 刀具调整图

5）工序 40

其工序卡见表 6-8，刀具卡见表 6-9，刀具调整图见图 6-5，精车走刀路线见图 6-6。

表 6-8　工序 40 工序卡

数控加工工序卡			产品名称	零件名称	材料	零件图号
				连接套	45 钢	图 6-1
工序号	程序编号	夹具名称	夹具编号	使用设备		车间
40	O6004	心轴装置		数控车床		数控中心

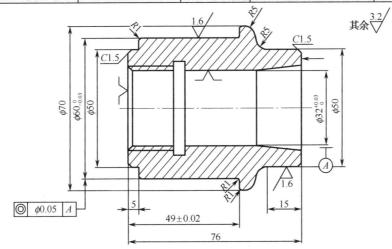

工步号	工步内容	刀具号	切削用量			备注
			主轴转速 /（r/min）	进给量 /（mm/r）	背吃刀量 /mm	
1	粗车右端外轮廓，留 0.5mm 余量	T0101	450	0.25	1	自动
2	粗车左端外轮廓，留 0.5mm 余量	T0202	450	0.25	1	自动
3	精车右端外轮廓到尺寸	T0303	650	0.1	0.5	自动
4	精车左端外轮廓到尺寸	T0404	650	0.1	0.5	自动
编制		审核		批准	共　　页	第　　页

表 6-9　工序 40 所用刀具卡

数控加工刀具卡		工序号	40	零件名称	连接套	零件图号	图 6-1
序号	刀具号	刀具名称及规格			刀尖半径/mm	加工表面	刀具材料
1	T0101	95° 右偏外圆刀（80° 菱形刀片）			0.8	右端外轮廓	YT15
2	T0202	95° 左偏外圆刀（80° 菱形刀片）			0.8	左端外轮廓	YT15
3	T0303	95° 右偏外圆刀（80° 菱形刀片）			0.4	右端外轮廓	YT15
4	T0404	95° 左偏外圆刀（80° 菱形刀片）			0.4	左端外轮廓	YT15
编制		审核		批准		共　　页	第　　页

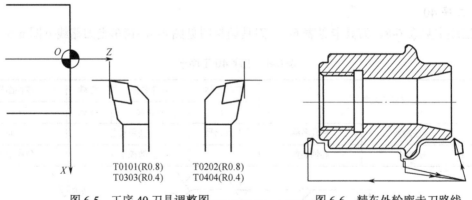

图 6-5　工序 40 刀具调整图　　　　图 6-6　精车外轮廓走刀路线

6.2 盖板零件的加工工艺设计

以端盖为例进行介绍。端盖零件图如图 6-7 所示，材料为 HT150，加工数量为 5000 个/年。底平面、两侧面和 ϕ40H8 型腔已在前面工序加工完成，试对端盖的 4 个沉头螺钉孔和 2 个销孔进行加工中心加工工艺分析。

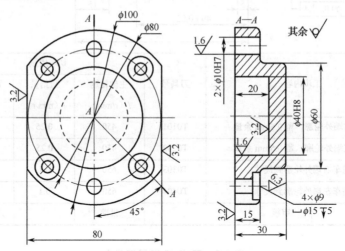

图 6-7　端盖零件图

6.2.1 零件图工艺分析

盖板类零件是机械加工中的常见零件，主要加工面有平面和孔，通常需经铣平面、钻孔、扩孔、铰孔、镗孔及攻螺纹等多个工步加工。

该端盖材料为铸铁（HT150），切削加工性能好。现需对端盖的 4 个沉头螺钉孔和 2 个销孔进行加工，其中销孔的尺寸精度为 IT7 级，表面粗糙度为 Ra1.6μm，精度要求较高，而沉头螺钉孔的精度要求较低，因此该零件好加工。零件图尺寸标注完整、合理。

6.2.2　工艺设计

1．选择机床和加工方法

由于加工内容集中在上平面内，只需单工位加工即可完成，故选择立式加工中心。工件一次装夹中自动完成钻、锪、铰等工步的加工。

2 个 ϕ10H7 销孔的尺寸精度为 IT7 级，表面粗糙度为 Ra 1.6μm，为防止钻偏，需按钻中心孔→钻孔→扩孔→铰孔方案进行加工；4 个 ϕ9mm 通孔是用来装螺钉的，故精度要求较低，可按钻中心孔→钻孔方案进行加工；4 个 ϕ15mm 沉孔可在钻通孔后再锪孔。

2．确定装夹方案和选择夹具

由于该零件为中大批量生产，可利用专用夹具进行装夹。由于底面、ϕ40H8 内腔和侧面已在前面工序加工完毕，本工序可以采用 ϕ40H8 内腔和底面为定位面，侧面加防转销限制 6 个自由度，用压板夹紧。

3．确定加工顺序

选择了加工方法之后，在本工序中可根据刀具集中的原则确定加工顺序，加工顺序为钻所有孔的中心孔→钻孔→扩孔→锪孔→铰孔，具体加工过程见表 6-10 给出的工序卡。

4．选择刀具

2 个 ϕ10H7 销孔的加工方案为钻中心孔→钻孔→扩孔→铰孔，故采用 ϕ5mm 中心钻、ϕ9mm 麻花钻、ϕ9.85mm 扩孔钻及 ϕ10H7 铰刀；4 个 ϕ15mm 沉孔可采用 ϕ15mm 的锪钻。具体所选刀具如表 6-11 所示。

5．进给路线的确定

由于各孔的位置精度要求并不高，因此在 XY 平面内的进给路线以路线最短的原则来确定，在 XY 平面和 Z 向的进给路线具体如图 6-8～图 6-10 所示。

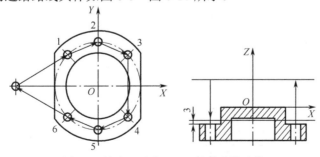

图 6-8　钻中心孔和 ϕ9mm 孔的进给路线

6．选择切削用量

切削用量可参考切削用量手册进行取值，然后计算出主轴转速和进给速度，其值如表 6-10 所示。

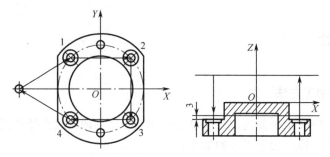

图6-9 锪4个ϕ15mm孔的进给路线

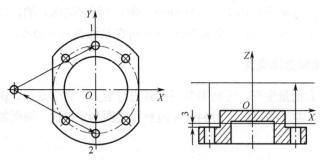

图6-10 扩铰2个ϕ10H7销孔的进给路线

7. 填写端盖零件的加工中心加工工艺文件

端盖零件的数控加工工序卡如表6-10所示；数控加工刀具卡如表6-11所示；走刀路线如图6-8～图6-10所示；数控加工程序单略。

表6-10 中心孔加工工序卡

数控加工工序卡			产品名称	零件名称	材料	零件图号
				端盖	HT150	图6-7
工序号	程序编号	夹具名称	夹具编号	使用设备		车间
20	O6005	专用夹具		立式加工中心		数控中心

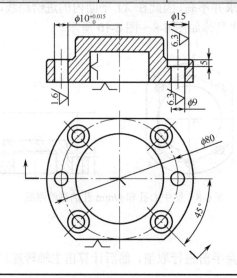

续表

工步号	工步内容	刀具号	切削用量			备注
			主轴转速 / (r/min)	进给量 / (mm/min)	背吃刀量 /mm	
1	钻所有孔的中心孔	T01	800	55		自动
2	钻 2 个 ϕ10H7 销孔的底孔和 4 个 ϕ9 螺钉孔	T02	650	95		自动
3	扩 2 个 ϕ10H7 销孔的底孔至 ϕ9.85	T03	680	95		自动
4	锪 4 个 ϕ15 孔至尺寸	T04	450	90		自动
5	铰 2 个 ϕ10H7 销孔至尺寸	T05	200	50		自动
编制		审核	批准		共　页	第　页

表 6-11　中心孔加工工序所用刀具卡

数控加工刀具卡		工序号	20	零件名称	端盖	零件图号	图 6-7
序号	刀具号	刀具名称及规格	补偿值/mm		刀补号		备注
			半径	长度	半径	长度	
1	T01	ϕ5 中心钻		实测		H1	高速钢
2	T02	ϕ9 麻花钻		实测		H2	高速钢
3	T03	ϕ9.85 扩孔钻		实测		H3	高速钢
4	T04	ϕ15 锪钻		实测		H4	高速钢
5	T05	ϕ10H7 铰刀		实测		H5	高速钢
编制		审核	批准		共　页		第　页

6.3　平面槽形凸轮的加工工艺设计

平面槽形凸轮如图 6-11 所示，材料为 HT200，铸件毛坯，试按小批生产安排其加工工艺。

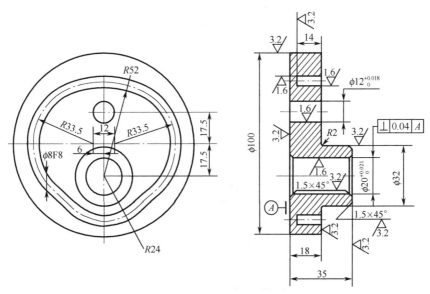

图 6-11　平面槽形凸轮

6.3.1 零件图工艺分析

该平面槽形凸轮零件由平面、孔和凸轮槽等构成，凸轮槽的内外轮廓由直线和圆弧组成，各几何元素之间关系明确，尺寸标注完整、正确。其中轴孔和销孔的尺寸精度为 IT7 级，表面粗糙度为 Ra 1.6μm，要求较高；凸轮槽的尺寸精度为 IT8 级，表面粗糙度为 Ra 1.6μm，要求也较高；轴孔轴线和凸轮槽内外轮廓面对底面（基准 A）有垂直度要求。因此，轴孔、销孔和凸轮槽的加工应分粗、精加工两个阶段进行，以保证其尺寸精度和表面粗糙度要求；同时，在加工这些内容时应以底面 A 定位，以保证其垂直度要求和装夹刚度。零件材料为铸铁 HT200，切削加工性能较好。

6.3.2 工艺设计

1．选择机床

对于平面槽形凸轮的数控铣削加工，一般采用两轴以上联动的数控铣床。选择机床时首先要考虑零件的外形尺寸和重量，使其在铣床允许范围内；其次考虑数控铣床的精度是否能满足零件的设计要求。本零件选择 XK5025 数控铣床。

2．确定加工顺序

整个零件的加工顺序按照基面先行、先粗后精的原则确定。

底面 A、上平面和 $\phi 32$mm 圆柱端面：表面粗糙度要求为 Ra 3.2μm，选择粗铣—精铣方案。

轴孔 $\phi 20$H7 和销孔 $\phi 12$H7：尺寸精度为 IT7 级，表面粗糙度为 Ra 1.6μm，选择钻—铰方案。

凸轮槽（$\phi 8$F8）：尺寸精度为 IT8 级，侧面表面粗糙度为 Ra 1.6μm，选择粗铣—精铣方案。

3．定位基准的选择

（1）粗基准。以凸轮的上平面为粗基准加工底面 A。

（2）精基准。以凸轮的底面 A 为精基准，$\phi 32$mm 圆柱面和凸轮外轮廓左侧素线为粗基准定位加工轴孔和销孔，再以底面 A、轴孔和销孔定位加工凸轮的外轮廓、上平面、$\phi 32$mm 圆柱面及凸轮槽。

4．平面槽形凸轮的工艺过程设计

平面槽形凸轮工艺过程卡如表 6-12 所示。

表 6-12 平面槽形凸轮工艺过程卡

工序号	工序名称	工序内容	定位基准	设备
10	铸造			
20	热处理	人工时效		
30	铣	铣底面 A 和 $\phi 32$ 圆柱端面	凸轮的上平面	普通立铣床

工序号	工序名称	工序内容	定位基准	设备
40	钻	钻、铰轴孔（ϕ20H7）和销孔（ϕ12H7）	以凸轮的底面 A 为精基准，ϕ32 圆柱面和凸轮外轮廓左侧素线为粗基准	普通钻床
50	铣	铣凸轮的外轮廓、上平面、ϕ32 圆柱面及凸轮槽	底面 A、轴孔和销孔	XK5025
60	检验			检验台

5. 刀具选择

根据零件的结构特点，加工底面 A 时，为了能一次走刀完成一次加工，选用直径为 ϕ125mm 的面铣刀；加工凸轮上平面和 ϕ32mm 圆柱面时，由于这两面之间有 R2 的过渡圆弧，选用刀尖圆角为 R2、直径为 ϕ20mm 的圆鼻刀；铣削凸轮槽内外轮廓时，铣刀直径受槽宽限制，取为 ϕ6mm，粗加工选用 ϕ6mm 高速钢键槽铣刀，精加工时选用 ϕ6mm 硬质合金立铣刀，详见表 6-13～表 6-15 所示工序卡和表 6-16 所示数控加工刀具卡。

6. 切削参数选择

切削参数见表 6-13～表 6-15 各工序卡。

表 6-13　工序 30 工序卡

机械加工工序卡			产品名称	零件名称	材料	零件图号
				平面槽形凸轮	HT200	图 6-11
工序号	程序编号	夹具名称	夹具编号	使用设备		车间
30		平口钳		普通立式铣床		

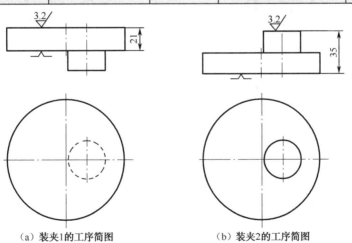

（a）装夹1的工序简图　　　　　（b）装夹2的工序简图

工步号	工步内容	刀具	切削用量			备注
			主轴转速 /(r/min)	进给量 /(mm/min)	背吃刀量 /mm	刀具材料
装夹 1：以凸轮上平面定位						
1	粗铣凸轮底面 A	ϕ125 面铣刀	190	300	1.5	YG6

工步号	工步内容	刀具	切削用量			备注
			主轴转速 /（r/min）	进给量 /（mm/min）	背吃刀量 /mm	刀具 材料
2	精铣凸轮底面 A	ϕ125 面铣刀	260	210	0.5	YG6
装夹2：以凸轮底面 A 定位						
1	粗铣凸轮上平面	ϕ125 面铣刀	190	300	1.5	YG6
2	精铣凸轮上平面	ϕ125 面铣刀	260	210	0.5	YG6
编制		审核	批准		共 页	第 页

表 6-14　工序 40 工序卡

机械加工工序卡			产品名称	零件名称	材料	零件图号
				平面槽形凸轮	HT200	图 6-11
工序号	程序编号	夹具名称	夹具编号	使用设备		车间
40		钻模		普通钻床		

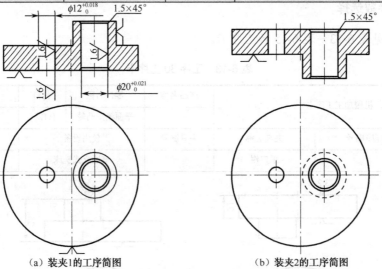

（a）装夹1的工序简图　　　　　　　　（b）装夹2的工序简图

工步号	工步内容	刀具	切削用量			备注
			主轴转速 /(r/min)	进给量 /(mm/min)	背吃刀量 /mm	
装夹 1：以凸轮底面 A 为精基准，ϕ32 圆柱面和凸轮外轮廓面为粗基准定位						
1	钻轴孔到尺寸ϕ19.6	ϕ19.6 麻花钻	260	50		高速钢
2	轴孔孔口倒角 1.5×45°	ϕ30 麻花钻	200	60		高速钢
3	铰轴孔至尺寸	ϕ20H7 铰刀	90	72		高速钢
4	钻销孔至尺寸ϕ11.6	ϕ11.6 麻花钻	400	50		高速钢
5	铰销孔至尺寸	ϕ12H7 铰刀	150	75		高速钢
装夹 2：将凸轮翻个						
1	孔口倒角 1.5×45°	ϕ30 麻花钻	200	60		高速钢
编制		审核	批准		共 页	第 页

表 6-15　工序 50 工序卡

机械加工工序卡			产品名称	零件名称	材料	零件图号
				平面槽形凸轮	HT200	图 6-11
工序号	程序编号	夹具名称	夹具编号	使用设备		车间
50	O6006	专业夹具		立式数控铣床		

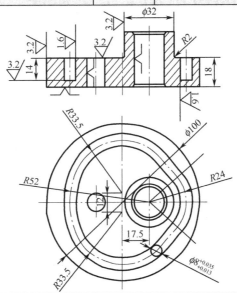

工步号	工步内容	刀具号	切削用量			备注
			主轴转速 /（r/min）	进给量 /（mm/min）	背吃刀量 /mm	
1	粗铣凸轮外轮廓	T01	380	120	5	
2	粗铣凸轮上平面	T01	380	120	1.5	
3	粗铣ϕ32 圆柱面	T01	380	120	15	
4	精铣凸轮外轮廓	T01	450	80	20	
5	精铣凸轮上平面，保证尺寸 35mm	T01	450	80	0.5	
6	精铣ϕ32 圆柱面	T01	450	80	0.5	
7	粗铣凸轮槽的内外轮廓	T02	1330	400	2	
8	精铣凸轮槽的内外轮廓	T03	3000	150	14	
编制		审核		批准	共　页	第　页

表 6-16　数控加工刀具卡

数控加工刀具卡		工序号	50	零件名称		平面槽形凸轮	零件图号		图 6-11
序号	刀具号	刀具名称及规格		补偿值/mm		刀补号		刀具材料
				半径	长度	半径	长度	
1	T01	ϕ20 圆鼻刀（圆角 R2）		10	实测	D1	H1	高速钢
2	T02	ϕ6 键槽铣刀		0	实测	D2	H2	高速钢
3	T03	ϕ6 立铣刀（3 齿）		3	实测	D3	H3	硬质合金
编制		审核		批准		共　页		第　页

7．数控加工程序单

数控程序略。

6.4 箱体零件的数控加工工艺设计

以变速箱为例进行介绍。变速箱零件图如图 6-12 所示，零件材料为 HT250，成批生产。毛坯上除了 ϕ30mm 以下孔未铸出毛坯孔外，其余孔的毛坯孔均已铸出。请设计该零件的数控加工工艺。

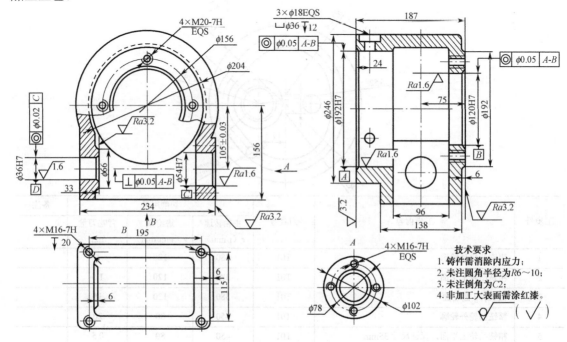

图 6-12　变速箱零件图

6.4.1　零件图工艺分析

1．尺寸精度分析

前后两孔（ϕ120H7 与 ϕ192H7）、左右两孔（ϕ36H7 与 ϕ54H7）都要求达到 IT7 级精度，尺寸精度要求较高。

2．形位精度分析

前后两孔（ϕ120H7 与 ϕ192H7）轴线间有较高的同轴度要求（ϕ0.05mm），左右两孔（ϕ36H7 与 ϕ54H7）轴线之间有较高的同轴度要求（ϕ0.02mm），并且前后孔中心线与左右孔中心线有垂直度要求 ϕ0.05mm。

3．结构分析

该零件为典型的箱体类零件，由型腔、平面及孔系组成。主要加工内容有：前凸台ϕ192mm平面和该平面上的孔ϕ120H7及倒角、螺纹孔 4×M20；后凸台ϕ246mm平面、孔ϕ192H7及倒角；左面孔ϕ36H7及倒角、左内凸台面ϕ66mm，右外凸台面ϕ102mm和该平面上的ϕ54H7孔及倒角、螺纹孔 4×M16。

6.4.2　工艺设计

1．机床选择

为提高加工效率和保证各加工表面之间的尺寸精度及相互位置度要求，尽可能在一次装夹下完成绝大部分表面的加工。本任务选择大连机床厂生产的 HAD-63 卧式加工中心加工。该加工中心工作台面积为 630mm×630mm；X 向行程为 700mm，Y 向行程为 600mm，Z 向行程为600mm；主轴轴线至工作台距离为 50～700mm；配有 FANUC 0i-MD 数控系统；具有三坐标联动、机械手自动换刀功能，定位精度和重复定位精度分别为±0.005mm 和±0.002mm；刀库容量为 24 把；编程可用人机会话式，一次装夹可完成不同工位的加工。

2．加工方案

该零件主要加工面表面粗糙度要求不高（Ra 3.2μm），采用粗铣→精铣即可达到要求。

各加工孔的尺寸精度达 IT7 级，选择粗镗→半精镗→精镗可满足零件图纸技术要求。

3．加工顺序的确定

整个零件的加工顺序按照基面先行、先粗后精、先面后孔的原则确定。具体工艺路线见表 6-17。

4．定位基准及装夹方案的确定

该零件的主要加工内容集中在四周平面，为了一次装夹完成尽可能多的内容，以底面作为精基准是最佳选择。为了提高该精基准的加工质量，底面及底面上的定位孔的加工也在该加工中心上进行。第 50 道工序采用螺旋压板的方式装夹，第 60 道工序采用组合夹具搭建的一面两销的方式装夹，其中将底面的 4 个螺纹（4×M16）孔加工为两个定位销与两螺纹孔，销孔用于定位，螺纹孔用于反拉夹紧。但零件高度尺寸较大，只采用底部的两螺纹孔反拉是不够的，还应该在不挡住加工部位的情况下采用龙门压紧方式，注意夹紧力适中，以免在拆掉压紧装置后使螺纹孔产生变形。

5．数控加工工序卡的填写

该变速箱零件有两道工序采用了数控加工，因此有两道工序的工序卡和刀具卡。第 50 道工序和第 60 道工序的数控加工工序卡见表 6-18 和表 6-19。

表 6-17 变速箱加工工艺路线

工序号	工序名称	工序内容	定位基准	加工设备
10	热	人工时效		
20	划线	找正外形，划线		
30	镗铣	工件以φ246 平面向下，找正压紧；粗铣底面，按线留 2mm 余量	φ246 平面为粗基准	普通卧式镗床
	镗铣	底面向下，找正压紧；粗铣前后左右四个平面，按线留 2mm 余量，粗镗φ120H7、φ192H7、φ54H7、φ36H7 分别至φ115、φ187、φ49、φ31	底面为基准	普通卧式镗床
30j	检	检验		
40	热	去应力退火		
50	镗铣	粗、精铣底面，保证尺寸 156mm，利用 4×M16 作为工艺孔（其中两孔加工为定位孔φ14H7，另外两孔先加工为 2×φ14，再攻螺纹 2×M16，以便后续定位与装夹）	φ246 平面与φ187 孔	卧式加工中心
60	镗铣	粗/精铣前后凸台、左内凸台、右凸台，粗镗、半精镗、精镗φ120H7、φ192H7、φ54H7、φ36H7 各孔达零件图尺寸，钻前凸台上 4×M20 螺纹底孔至φ17.5，钻右凸台上 4×M16 螺纹底孔至φ14，攻螺纹 4×M20 及 4×M16	2×φ14 及底面	卧式加工中心
70	钻	工件以φ192 平面向下，找正压紧；攻底面螺纹余下的 2×M16，钻φ246 外圆柱面上 3×φ18 及沉孔φ36		普通钻床
70j	检	检验		
80	钳	去毛刺、清洗		
90	检	检查入库		

表 6-18 工序 50 工序卡

数控加工工序卡			产品名称	零件名称	材料	零件图号		
				变速箱	HT250	图 6-12		
工序号	程序编号	夹具名称	夹具编号	使用设备		车间		
50	O6010	组合夹具（螺旋压板）		HAD-63 卧式加工中心		数控中心		
工步号	工步内容		切削用量			刀具		
			主轴转速 /（r/min）	进给量 /（mm/min）	背吃刀量/mm	编号	规格名称	材料
1	粗、精铣 234×138 底面，保证尺寸 156mm		150/210	240/160	1.5/0.5	T01	φ160 面铣刀	YG8
2	钻 4×M16 中心孔		1100	85	1.5	T02	φ3 中心钻	高速钢
3	钻 2×M16 底孔至φ14（取对角线上）		400	70	7	T03	φ14 麻花钻	高速钢
4	钻 2×φ12 孔		480	65	6	T04	φ12 麻花钻	高速钢
5	扩 2×φ13.9 孔		500	100	1.95	T05	φ13.9 镗刀	高速钢
6	铰 2×φ14H7 孔		180	90	0.05	T06	φ14H7 铰刀	高速钢
编制		审核		批准			共 页	第 页

表 6-19　工序 60 工序卡

数控加工工序卡			产品名称	零件名称	材料	零件图号
			变速箱		HT250	图 6-12
工序号	程序编号	夹具名称	夹具编号	使用设备		车间
60	O6011	组合夹具（螺旋压板）		HAD-63 卧式加工中心		数控中心
工步号	工步内容		切削用量			刀具		
			主轴转速 / （r/min)	进给量 / （mm/min)	背吃刀量/mm	编号	规格名称	材料
1	粗铣 ϕ192 前凸台（0° 方向）		300	180	1.5	T01	ϕ80 面铣刀	YG8
2	粗铣 ϕ246 后凸台（180° 方向）		300	180	1.5	T01	ϕ80 面铣刀	YG8
3	粗铣 ϕ102 右凸台（90° 方向）		250	120	1.5	T02	ϕ40 面铣刀	高速钢
4	粗铣 ϕ66 左内凸台（90° 方向）		200	100	1.5	T03	专用铣刀	高速钢
5	粗镗 ϕ54H7 至尺寸 ϕ53.5（90° 方向）		450	180		T04	ϕ53.5 粗镗刀	YG8
6	粗镗 ϕ36H7 至 ϕ35.5（90° 方向）		500	200		T05	ϕ35.5 粗镗刀	YG8
7	粗镗 ϕ192H7 至 ϕ191.5（180° 方向）		100	48		T06	ϕ191.5 粗镗刀	YG8
8	粗镗 ϕ120H7 至 ϕ119.5（0° 方向）		160	65		T07	ϕ119.5 粗镗刀	YG8
9	钻 4×M20 中心孔（0° 方向）		1100	85		T08	ϕ3 中心钻	高速钢
10	钻 4×M16 中心孔（90° 方向）		1100	85		T08	ϕ3 中心钻	高速钢
11	钻 4×M16 螺纹底孔 ϕ14（90° 方向）		400	75		T09	ϕ14 麻花钻	高速钢
12	钻 4×M20 螺纹底孔 ϕ17.5（0° 方向）		350	70		T10	ϕ17.5 麻花钻	高速钢
13	4×M20 螺纹孔口倒角（0° 方向）		400	80		T11	ϕ24 麻花钻	高速钢
14	4×M16 螺纹孔口倒角（90° 方向）		400	80		T11	ϕ24 麻花钻	高速钢
15	攻 4×M16 螺纹（90° 方向）		140	280		T12	M16 丝锥	高速钢
16	攻 4×M20 螺纹（0° 方向）		112	280		T13	M20 丝锥	高速钢
17	精铣前凸台（0° 方向）		400	120	0.5	T14	ϕ80 精面铣刀	YG8
18	精铣后凸台（180° 方向）		400	120	0.5	T14	ϕ80 精面铣刀	YG8
19	精铣右凸台（90° 方向）		300	50	0.5	T15	ϕ40 精面铣刀	高速钢
20	精铣左内凸台（90° 方向）		300	50	0.5	T16	专用精铣刀	高速钢
21	ϕ36H7 孔口倒角（90° 方向）		500	75		T17	专用倒角刀，杆长超 250mm	高速钢
22	ϕ54H7 孔口倒角（90° 方向）		400	60		T18	45° 倒角刀	YG8
23	ϕ120H7 孔口倒角（0° 方向）		300	45		T18	45° 倒角刀	YG8
24	ϕ192H7 孔口倒角（180° 方向）		200	30		T18	45° 倒角刀	YG8
25	精镗 ϕ192H7 至图纸尺寸（180° 方向）		200	20		T19	ϕ192H7 精镗刀	YG8
26	精镗 ϕ120H7 至图纸尺寸（0° 方向）		300	30		T20	ϕ120H7 精镗刀	YG8
27	精镗 ϕ54H7 至图纸尺寸（90° 方向）		500	50		T21	ϕ54H7 精镗刀	YG8
28	精镗 ϕ36H7 至图纸尺寸（90° 方向）		700	70		T22	ϕ36H7 精镗刀	YG8
29	工作台回到 0° 方向							
编制		审核		批准		年　月　日	共　页	第　页

6.5 车铣复合零件的数控加工工艺设计

以支承套零件为例进行介绍。支承套零件图如图 6-13 所示，该零件用于支承轴承，材料为 45 钢棒料，大批量生产，设计该零件的数控加工工艺。

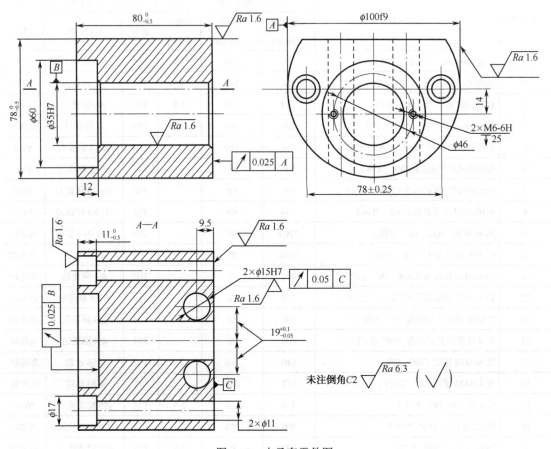

图 6-13　支承套零件图

6.5.1　零件图工艺分析

1. 尺寸精度分析

$\phi35H7$、$2\times\phi15H7$ 的精度达到 IT7 级，尺寸精度要求较高。

2. 形位精度分析

沉孔 $\phi60$mm 孔底平面对 $\phi35H7$ 孔有跳动要求；$2\times\phi15H7$ 孔对端面 C 有平行度要求；端面 C 对 $\phi100f9$ 外圆有跳动要求。

3．结构分析

该零件为一带平面的偏心套，从零件的结构来看既不属于回转轴类，也不属于箱体类，也算不上异形类。从加工设备的角度可以理解为车铣复合类零件。该零件有互相垂直的两个方向上的孔系（ϕ35H7 与 ϕ15H7），且 ϕ35H7 孔对外圆中心有 14mm 的偏心距要求。若在普通机床上加工，由于各加工部位在不同方向上，需多次装夹才能完成，难以保证位置精度且加工效率低。如果在数控车床上加工 ϕ100f9 外圆，到数控铣床上铣削 $78_{-0.5}^{\;0}$ 后，再采用带回转工作台的卧式加工中心加工，则可以将除 ϕ100f9、$78_{-0.5}^{\;0}$ 外的内容一次装夹完成加工。

6.5.2　工艺设计

1．机床选择

数控车床加工 ϕ100f9；数控铣床上铣削 $78_{-0.5}^{\;0}$，其余内容选用卧式加工中心加工。

2．加工方案

该零件毛坯为棒料，加工内容有外圆、平面及孔。外圆 ϕ100f9 使用数控车床采用粗车→精车的加工方案；平面尺寸 $78_{-0.5}^{\;0}$ 使用数控铣床采用粗铣→精铣的加工方案；零件的孔都是在实体上加工的，为防止钻头钻偏，需先用中心钻钻定位孔，再进行钻孔。各孔加工方案如下：

ϕ35H7 孔：钻中心孔→钻孔→粗镗→半精镗→铰；

ϕ15H7 孔：钻中心孔→钻孔→扩孔→铰孔；

ϕ60mm 孔：粗铣→精铣；

ϕ11mm 孔：钻中心孔→钻孔；

ϕ17mm 孔：锪孔（在加工 ϕ11mm 孔之后）；

M6-6H 螺孔：钻中心孔→钻底孔→孔口倒角→攻螺纹。

3．工序划分及加工顺序安排

根据该零件的结构特点，以设备为划分工序的依据，有关键的三道工序：数控车削、数控铣削、卧式加工中心（数控镗铣削），其他还有辅助工序等。支承套加工工艺流程卡见表 6-20。

表 6-20　支承套加工工艺流程卡

工序号	工序名称	工序内容	定位基准	加工设备
10	车	车外圆 ϕ100f9，并保证轴长 $80_{-0.5}^{\;0}$	外圆	数控车床
10j	检查			
20	铣	铣平面，保证尺寸 $78_{-0.5}^{\;0}$	平面	数控铣床
20j	检查			
30	镗铣	0° 钻 ϕ35H7、2×ϕ11 中心孔→钻 ϕ35H7 孔→钻 2×ϕ11 孔→锪 2×ϕ17 孔→粗镗 ϕ35H7 孔→粗、精铣 ϕ60 孔→半精镗 ϕ35H7 孔→钻 2×M6-6H 螺纹中心孔→钻 2×M6-6H 螺纹底孔→2×M6-6H 螺纹孔端倒角→攻 2×M6-6H 螺纹→铰 ϕ35H7 孔	外圆+平面	卧式加工中心

续表

工序号	工序名称	工序内容	定位基准	加工设备
30	镗铣	90°钻 2×φ15H7 中心孔→钻 2×φ15H7 孔→扩 2×φ15H7 孔→铰 2×φ15H7 孔	外圆+平面	卧式加工中心
40	钳工	倒角、去毛刺、清洗		
40j	检验	合格后入库		

4. 装夹方案及夹具的选择

第 10 道工序：采用自定心三爪卡盘夹紧轴外圆，在数控车床上车 φ100f9 外圆即可。

第 20 道工序：机用虎钳夹紧支承套两端面在数控铣床上铣平面即可。

第 30 道工序：考虑到大批量生产，为提高效率，用专用夹具在卧式数控加工中心加工其余内容。按照基准重合原则选择定位基准。由于 φ35H7 孔、φ60mm 孔、φ11mm 孔、φ17mm 孔的设计基准均为 φ100f9 外圆轴线，所以选择 φ100f9 外圆中心线为主要定位基准。因 φ100f9 外圆不是整圆，故用 V 形块作为定位元件，限制 4 个自由度。支承套长度方向的定位基准选其左端面（支承套左端面与定位元件接触），使 φ17mm 孔深尺寸的基准重合。支承套装夹简图如图 6-14 所示。在装夹时应使工件上平面在夹具中保持竖直，以消除转动自由度。

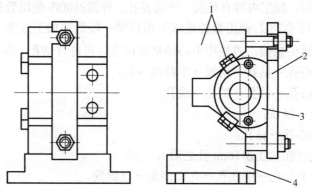

1—定位元件；2—夹紧机构；3—工件；4—夹具体

图 6-14　支承套装夹简图

5. 数控加工工艺文件的填写

工艺文件包括工艺流程卡、工序卡、刀具卡、程序单、刀具调整图、走刀路线图等。本零件第 10 道、第 20 道工序都只有一个工步，因此不再填写工序卡。第 30 道工序的数控加工工序卡见表 6-21。数控加工刀具卡、程序单略。

表 6-21　支承套工序 30 加工工序卡

数控加工工序卡			产品名称	零件名称	材料	零件图号
				支承套	45 钢	图 6-13
工序号	程序编号	夹具名称	夹具编号	使用设备		车间
30	O6012	专用夹具		HAD-63 卧式加工中心		数控中心

续表

工步号	工步内容	切削用量			刀具		
		主轴转速 /(r/min)	进给量 /(mm/min)	背吃刀量/mm	编号	规格名称	材料
	B0°（工作台 0°）						
1	钻 ϕ35H7 孔、2×ϕ11 孔中心孔	1500	75		T01	ϕ3 中心钻	高速钢
2	钻 ϕ35H7 孔至 ϕ31	210	60		T02	ϕ31 锥柄麻花钻	高速钢
3	钻 ϕ11 孔	550	55		T03	ϕ11 锥柄麻花钻	高速钢
4	锪 2×ϕ17 沉孔	380	40		T04	ϕ17×11 锪钻	高速钢
5	粗镗 ϕ35H7 孔至 ϕ34	550	80	1	T05	ϕ34 粗镗刀	YT15
6	粗铣 ϕ60×12 至 ϕ59×11.5	800	120		T06	ϕ32 立铣刀	YT15
7	精铣 ϕ60×12 至尺寸	1000	100		T06	ϕ32 立铣刀	
8	半精镗 ϕ35H7 孔至 ϕ34.85	450	50	0.43	T07	ϕ34.85 镗刀	YT15
9	钻 2×M6-6H 螺纹中心孔	1500	75		T01	ϕ3 中心钻	
10	钻 2×M6-6H 螺纹底孔至 ϕ5	800	80		T08	ϕ5 直柄麻花钻	高速钢
11	2×M6-6H 螺纹孔口倒角	500	50		T03	ϕ11 锥柄麻花钻	
12	攻 2×M6-6H 螺纹	265	265		T09	M6 机用丝锥	高速钢
13	铰 ϕ35H7 孔至尺寸	110	55	0.07	T10	ϕ35H7 套式铰刀	YT15
	B90°（工作台转 90°）						
14	钻 2×ϕ15H7 孔中心孔	1500	75		T01	ϕ3 中心钻	
15	钻 2×ϕ15H7 孔至 ϕ14	450	90		T11	ϕ14 锥柄麻花钻	高速钢
16	扩 2×ϕ15H7 孔至 ϕ14.85	400	80		T12	ϕ14.85 扩孔钻	高速钢
17	铰 2×ϕ15H7 孔至尺寸	200	100		T13	ϕ15H7 铰刀	YT15

编制		审核		批准		年　月　日		共　　页	第　　页

6.6　配合件的数控车削工艺设计

配合件的加工不仅要保证加工质量，还要保证各零件按规定组合装配后的技术要求。车削配合件的加工关键技术是：合理编制加工工艺方案；正确选择和准确加工基准件；认真进行组合件的配车和配研。

6.6.1　配合件的加工方法

《国家职业标准　车工》（中级）中常见的配合件有：轴、孔配合件；内、外锥配合件；内、外螺纹配合件；偏心轴、孔配合件。

轴、孔配合件的加工方法：先车削完成配合孔件，再车削配合轴件，并控制尺寸精度和配合精度。

内、外螺纹配合件的加工方法：螺纹配合应以外螺纹作为基准零件首先加工，这是由于外螺纹便于测量。可以用车好的外螺纹作为检测工具加工内螺纹，槽底径略小于螺纹小径，螺纹车削好后应注意清除毛刺。

偏心轴、孔配合件的加工方法：先车削基准件的偏心轴，然后根据配合关系的顺序依次车削配合件中的其余工件。偏心部分的偏心方向应一致，加工误差应控制在允许误差的 1/2 之内，且偏心部分的轴线平行于工件轴线。

内、外锥配合件加工的关键技术是如何保证内、外圆锥的角度一致和接触面积达到图样要求。内、外锥配合件的加工方法是先车削完成配合孔件，再车削配合轴件。在配车外锥时，用已加工好的外圆锥涂色来检测接触面积的大小。而保证内、外圆锥端面间距的方法是把外圆锥当作锥度塞规塞入已加工好的套件中测量间距，最终控制外圆锥的各项尺寸。

加工配合件的难点在于保证各项配合精度。因此加工时应注意以下几点：

（1）在加工前明确"件1"与"件2"各部分的加工顺序，一般容易加工的零件先完成，注意有时会出现件1与件2配合好后再同时加工某些部位的情况。

（2）对影响配合精度的各个尺寸，应尽量控制在中间尺寸，加工误差最好控制在允许误差的 1/2 之内。

（3）采用配合完成的两零件注意做好标记，以免出现零件间的混淆。

（4）件1与件2的加工精度主要通过调整数控机床精度，制定合理的加工工艺及工件的装夹、定位与找正等措施来保证，而配合精度主要采用试切法来保证。

（5）配合件中其余零件的车削一方面应按基准零件车削时的要求进行，另一方面也应按已加工的基准件及其他零件的实测结果相应调整，充分使用配车、配研、配合加工等手段以保证配合件的装配精度要求。

6.6.2 内、外锥配合件加工工艺设计

内、外锥配合件如图 6-15 所示，零件材料为 45 钢，毛坯尺寸为 ϕ50mm×130mm，小批量生产。设计该配合件的数控加工工艺。

1．零件图工艺分析

外圆锥轴件 1 的外圆有较高的尺寸精度要求，如 $\phi42_{-0.03}^{\ 0}$、$\phi34_{-0.03}^{\ 0}$、$\phi28_{-0.03}^{\ 0}$、$\phi22_{-0.03}^{\ 0}$ 及矩形槽尺寸 $6_{0}^{+0.1}\times\phi36_{-0.1}^{\ 0}$，两外圆 $\phi34_{-0.03}^{\ 0}$ 间有较高的位置精度要求，同轴度要求为 ϕ0.04mm，多处有较高的表面粗糙度要求 Ra 1.6μm。

内圆锥套件 2 的外圆 $\phi42_{-0.03}^{\ 0}$、$\phi34_{-0.03}^{\ 0}$ 有较高的尺寸精度要求。该配合件的配合面为锥度 1:5 的内、外圆锥，内、外锥面配合间距为 6±0.2mm，圆锥接触面积大于 65%。

2．机床选择

该任务为小批量生产，零件规格不大，但精度较高，故选用规格不大的数控车床 CJK6132 即可。

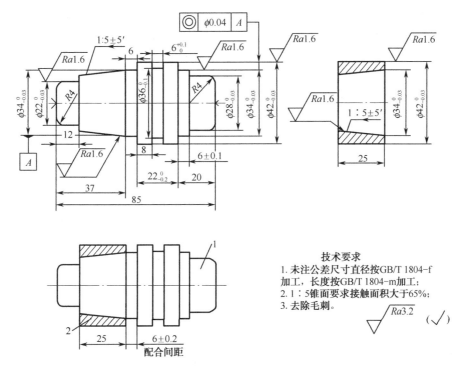

1—外圆锥轴件；2—内圆锥套件

图 6-15 内、外锥配合件

3. 工艺路线设计

该配合件中，件 1 为外圆轴类零件，件 2 为套类零件，根据加工表面的精度及表面粗糙度要求，均选择粗车→半精车→精车即可满足零件图纸技术要求。

为便于控制配合接触面积的大小，对于轴、孔配合件的加工，一般先加工孔，后加工轴。在加工轴时要涂上颜料与已加工好的孔进行配合，检查颜料脱落的情况，如果没有达到 65% 的接触面积，可以比较方便地修正轴的尺寸与锥度。

先将内圆锥套件 2 车削完毕，切断，如图 6-16 所示。然后将外圆锥轴件 1 钻中心孔，采用一夹一顶方法粗、精车右端外圆各部位尺寸并保证各项精度要求，如图 6-17 所示。将外圆锥轴件 1 掉头，打中心孔，顶中心孔，加工左端外圆及圆锥部位尺寸并保证各项精度要求，同时注意控制内、外圆锥面配合间距为 6±0.2mm，如图 6-18 所示。

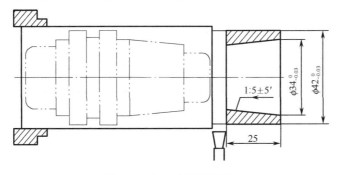

图 6-16 加工内圆锥套件 2

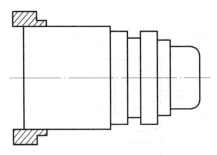

图 6-17　加工外圆锥轴件 1 的圆柱面

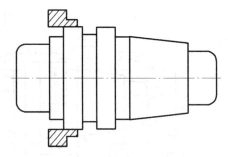

图 6-18　加工外圆锥轴件 1 的外圆锥面

4．装夹方案及夹具选择

车外圆锥轴件 1 时，采用一夹一顶方式装夹；车内圆锥套件 2 时，采用三爪自定心卡盘装夹。

5．数控加工工艺文件的填写

在此只填写配合件 1 和件 2 的工序卡，所用刀具在工序卡里体现出来，故刀具卡省略。内圆锥套件 2 加工工序卡见表 6-22，外圆锥轴件 1 加工工序卡见表 6-23。

表 6-22　内圆锥套件 2 加工工序卡

数控加工工序卡			产品名称	零件名称	材料	零件图号
				件 2	45 钢	图 6-15
工序号	程序编号	夹具名称	夹具编号	使用设备		车间
	O6013	三爪卡盘		CK6132		数控中心
工步号	工步内容		切削用量			刀具		
			主轴转速 /（r/min）	进给量 /（mm/r）	背吃刀量/mm	编号	规格名称	材料
1	手动车端面		400	0.3		T0101	25×25	YT15
2	手动钻中心孔		1000	0.1		T0202	$\phi 3$ 中心钻	高速钢
3	钻孔$\phi 26$深 25		310	0.1		T0303	$\phi 26$ 麻花钻	高速钢
4	粗、精镗内锥 1∶5 至精度要求		560/750	0.25/0.08	1.5/0.5	T0404	$\phi 20$ 镗刀	YT15
5	粗、精车外圆$\phi 42$达图纸要求		600/800	0.3/0.08	1.5/0.5	T0505	25×25	YT15
6	切断刀切断，保证总长 25.2		300	0.18	5	T0606	5mm 割刀	YT5
编制	审核			批准		共　页		第　页

表 6-23　外圆锥轴件 1 加工工序卡

数控加工工序卡			产品名称	零件名称	材料	零件图号
				件 1	45 钢	图 6-15
工序号	程序编号	夹具名称	夹具编号	使用设备		车间
	O6014	三爪卡盘、顶尖		CK6132		数控中心
工步号	工步内容		切削用量			刀具		
			主轴转速 /（r/min）	进给量 /（mm/r）	背吃刀量/mm	编号	规格名称	材料
1	车右端面		400	0.3		T0101	25×25	YT15
2	钻中心孔		1000	0.1		T0202	$\phi 3$ 中心钻	高速钢
3	一夹一顶，粗精车 $\phi 28$、$\phi 34$、$\phi 42$ 外圆		600/800	0.3/0.08	1.5/0.5	T0505	25×25	YT15
4	车槽 $6^{+0.1}_{0} \times \phi 36^{0}_{-0.1}$ 达图纸要求		300	0.1	5	T0606	5mm 割刀	YT15
5	掉头，平端面，保证总长 85		400	0.3	0.5	T0101	25×25	YT15
6	粗/精车外圆、1∶5 外圆锥及 $\phi 34$ 外圆，并保证配合间距达图纸尺寸要求		600/800	0.3/0.08	1.5/0.5	T0505	25×25	YT15
7	与件 2 配合好后平件 2 总长，保证尺寸 25		400	0.1	0.2	T0101		YT15
编制		审核		批准			共 页	第 页

Chapter 7

第 7 章

计算机辅助自动编程技术

7.1 基于 CAD/CAM 软件的交互式图形编程简述

数控编程经历了手工编程、语言自动编程（APT）和交互式图形自动编程（CAD/CAM）三个阶段。对于形状简单的零件，计算简单，加工工序量小，采用手工编程即可。随着计算机技术的迅速发展，计算机的图形处理功能有了很大的增强，对于形状复杂，尤其是曲面和异形工件，则需要使用 CAD/CAM 软件来进行交互式图形自动编程。

"语言自动编程"是编程人员根据零件的图纸要求，使用自动编程语言写出零件加工的源程序，送入计算机，由计算机自动完成数值计算（基点计算和节点计算）、后置处理（根据不同的数控系统生成 G 代码），编制出零件加工程序清单，自动制作成加工程序纸带，或将加工程序通过直接通信的方式送入数控机床。目前这种方法已不再使用。

"交互式图形自动编程"是一种可以直接将零件的几何图形信息自动转化为数控加工程序的计算机辅助编程技术，它是通过专用的计算机软件来实现的。这种软件通常以 CAD（计算机辅助设计）软件为基础，利用 CAD 软件的造型、图形编辑等功能将零件的几何图形绘制成计算机可以识别的几何模型。然后调用 CAM（计算机辅助制造）模块，在计算机屏幕上指定被加工的部位，再输入相应的加工参数，计算机自动进行必要的数学处理并编制出数控加工程序，同时在计算机屏幕上动态地显示出刀具的加工轨迹，这些操作都是在屏幕菜单及命令驱动等图形交互方式下完成的。这种编程方法具有速度快、精度高、直观性好、使用简便、便于检查等优点。因此，"交互式图形自动编程"已经成为目前国内外先进的 CAD/CAM 软件所普遍采用的数控编程方法。

7.1.1　交互式图形自动编程的基本步骤

目前，国内外的图形交互自动编程软件种类较多，其软件功能、面向用户的接口方式有所不同，所以，编程的具体过程及编程过程中所使用的指令也不尽相同。但从总体上讲，其编程的基本原理及基本步骤大体上是一致的。归纳起来可分为六大步骤：几何造型、加工工艺决策、刀位轨迹的计算及生成、加工仿真、后置处理、程序输出。

1．几何造型

几何造型就是利用 CAD 模块的图形构造、编辑修改、曲线曲面和实体特征造型功能，通过人机交互方式建立被加工零件的三维几何模型，也可通过三坐标测量仪或扫描仪测量被加工零件复杂的形体表面，经计算机整理后送 CAD 造型系统进行三维曲面造型。与此同时，在计算机内以相应的图形数据文件进行存储。这些三维几何模型数据是下一步刀具轨迹计算的依据。

自动编程过程中，交互式图形编程软件将根据加工要求提取这些数据，进行分析判断和必要的数学处理，形成加工的刀具位置数据。

2．加工工艺决策

选择合理的加工方案及工艺参数是准确、高效加工工件的前提条件。加工工艺决策内容包括定义毛坯尺寸、边界、刀具尺寸、刀具基准点、进给率、快进路径及切削加工方式。首先按模型形状及尺寸大小设置毛坯的尺寸形状，然后定义边界和加工区域，选择合适的刀具类型及其参数，并设置刀具基准点。该项工作仍主要通过人机交互方式由编程人员通过用户界面输入计算机。

CAM 系统中有不同的切削加工方式供编程中选择，可为粗加工、半精加工、精加工各阶段选择相应的切削加工方式。

3．刀位轨迹的计算及生成

交互式图形自动编程的刀位轨迹的生成是面向屏幕上的零件模型交互进行的。首先用户可根据屏幕提示用光标选择相应的图形目标确定待加工的零件表面及限制边界，用光标或命令输入切削加工的对刀点，交互选择切入方式和走刀方式；然后交互式图形编程软件将自动从图形文件中提取编程所需的信息，进行分析判断，计算出节点数据，并将其转换成刀位数据，存入指定的刀位文件中或直接进行后置处理生成数控加工程序，同时在屏幕上模拟显示出刀位轨迹图形。

4．加工仿真

由于零件形状的复杂多变及加工环境的复杂性，要确保所生成的加工程序不存在任何十分困难的问题，其中最主要的是加工过程中的过切与欠切、机床各部件之间的干涉碰撞等。对于高速加工，这些问题常常是致命的。因此，实际加工前采取一定的措施对加工程序进行检验并修正是十分必要的。数控加工仿真通过软件模拟加工环境、刀具路径与材料切除过程来检验并优化加工程序，具有柔性好、成本低、效率高且安全可靠等特点，是提高编程效率与质量的重要措施。

5．后置处理

由于各种机床使用的控制系统不同，所用的数控指令文件的代码及格式也有所不同。为解决这个问题，交互式图形自动编程软件通常设置一个后置处理文件。在进行后置处理前，编程人员需对该文件进行编辑，按文件规定的格式定义数控指令文件所使用的代码、程序格式、圆整化方式等内容，在执行后置处理命令时将自动地按设计文件定义的内容，生成所需要的数控指令文件。另外，由于某些软件采用固定的模块化结构，其功能模块和控制系统是一一对应的，后置处理过程已固化在模块中，所以在生成刀位轨迹的同时自动进行后置处理生成数控指令文件，而无须再进行单独的后置处理。

6．程序输出

交互式图形自动编程软件在编程过程中可以通过计算机的各种外部设备输出加工程序。例如，可采用打印机打印数控加工程序单，也可在绘图机上绘制出刀位轨迹图，使机床操作者更加直观地了解加工的走刀过程。对于有标准通信接口的机床控制系统，可以和计算机直接联机，由计算机将加工程序直接送给机床控制系统。

7.1.2　交互式图形自动编程的特点

交互式图形自动编程具有以下特点：

（1）这种编程方法既不像手工编程那样需要用复杂的数学手工计算算出各节点的坐标数据，也不需要像 APT 语言编程那样用数控编程语言去编写描绘零件几何形状、加工走刀过程及后置处理的源程序，而是在计算机上直接面向零件的几何图形以光标指点、菜单选择及交互对话的方式进行编程，其编程结果也以图形的方式显示在计算机上，所以该方法具有简便、直观、准确、便于检查的优点。

（2）通常交互式图形自动编程软件和相应的 CAD 软件是有机地联系在一起的一体化软件系统，既可用来进行计算机辅助设计，又可直接调用设计好的零件图进行交互编程，对实现 CAD/CAM 一体化极为有利。

（3）系统整个编程过程是交互进行的，而不是像 APT 语言编程那样，事先用数控语言编好源程序，然后由计算机以批处理的方式运行，生成数控加工程序。这种交互式的编程方法简单易学，在编程过程中可以随时发现问题并进行修改。

（4）编程过程中，图形数据的提取、节点数据的计算、程序的编制及输出都是由计算机自动进行的。因此，编程的速度快、效率高、准确性好。

（5）这些软件都是在通用计算机上运行的，不需要专用的编程机，非常便于普及推广。

基于上述特点，可以说 CAD/CAM 软件的图形编程是一种先进的编程技术，是实现零件"无图加工"的关键技术，是数控编程软件的发展方向。

7.1.3　典型的 CAD/CAM 软件

国内市场上流行的 CAD/CAM 软件均具备了交互图形编程的功能，但软件的功能和操作便捷程度有所区别，典型的 CAD/CAM 软件主要有以下几种，其中国产的 CAXA 制造工程师软件以其易学易用、高性价比的特色成为国内数控职业教育领域的优秀教学软件。

1．CAXA 制造工程师

CAXA 制造工程师是由我国北京北航海尔软件有限公司研制开发的全中文、面向数控铣床和加工中心的三维 CAD/CAM 软件。它基于微机平台，采用原创 Windows 菜单和交互方式，全中文界面，便于轻松地学习和操作。它全面支持图标菜单、工具条、快捷键。用户还可以自由创建符合自己习惯的操作环境。它既具有线框造型、曲面造型和实体造型的设计功能，又具有生成两轴至五轴的加工代码的数控加工功能，可用于加工具有复杂三维曲面的零件，其特点是易学易用、价格较低，已在国内众多企业和研究院所得到应用。

CAXA 是一个系列的 CAD/CAM 软件，除了以上提到的 CAXA 制造工程师外，还主要包括 CAXA 数控车和 CAXA 线切割，分别是数控车床和数控线切割机床的 CAM 软件，可以交互式绘制需加工的图形，自动生成带有复杂形状轮廓的两轴加工轨迹，输出 G 或 3B 代码，分别支持车床和快、慢走丝线切割机床的编程加工。

2．Master CAM

Master CAM 软件是由美国 CNC Software 公司推出的基于 PC 平台的 CAD/CAM 软件。这是专为复杂外形及曲面加工所设计的最经济有效的 CAD/CAM 工具软件，它可以帮助用户轻松构建 2D 或 3D 图形，并可以通过设置刀具路径及参数来加工出用户需要的成品。该软件构建的图形全部适用于 Master CAM 中的两轴至五轴铣削模块、车削模块及线切割等模块，也可以与其他的 CAD 软件的输出图形兼容，如 DXF、IGES、STL、STA 文件等。Master CAM 提供可靠而精确的刀具路径，由于 Master CAM 主要针对数控加工，零件的设计造型功能不强，但对硬件的要求不高，操作灵活，易学易用且价格较低，因而受到中小企业的欢迎。该软件被公认为是一个图形交互式 CAM 数控编程系统。

3．Pro/Engineer

Pro/Engineer 是美国 PTC 公司研制和开发的软件，它开创了三维 CAD/CAM 参数化的先河。该软件具有基于特征、全参数、全相关和单一数据库的特点，可用于设计和加工复杂的零件。另外，它还具有零件装配、机构仿真、有限元分析、逆向工程、同步工程等功能，也具有较好的二次开发环境和数据交换能力。Pro/Engineer 系统的核心技术具有以下特点：

（1）基于特征。将某些具有代表性的平面几何形状定义为特征，并将其所有尺寸存为可变参数，进而形成实体，以此为基础进行更为复杂的几何形体的构建。

（2）全尺寸约束。将形状和尺寸结合起来考虑，通过尺寸约束实现对几何形状的控制。

（3）尺寸驱动设计修改。通过编辑尺寸数值可以改变几何形状。

（4）全数据相关。尺寸参数的修改导致其他模块中的相关尺寸得以更新。如果要修改零件的形状，只需修改一下零件上的相关尺寸。

Pro/Engineer 已广泛应用于模具、工业设计、航天、玩具等行业，并在国际 CAD/CAM/CAE 市场上占有较大的份额。

4．UGⅡ

UGⅡ由美国 UGS（Unigraphics Solutions）公司开发经销，不仅具有复杂造型和数控加工的功能，还具有管理复杂产品装配，进行多种设计方案的对比分析和优化等功能。该软件具有较好的二次开发环境和数据交换能力，其庞大的模块群为企业提供了从产品设计、产品分析、加工装配、检验，到过程管理、虚拟运作等全系列的技术支持。由于软件运行对计算机的硬件配置有很高要求，其早期版本只能在小型机和工作站上使用。随着微机配置的不断升级，已在微机上使用。

UGⅡ CAD/CAM 系统具有丰富的数控加工编程能力，是目前市场上数控加工编程能力最强的 CAD/CAM 集成系统之一，其功能包括：①车削加工编程；②型芯和型腔铣削加工编程；③固定轴铣削加工编程；④清根切削加工编程；⑤可变轴铣削加工编程；⑥顺序铣削加工编程；⑦线切割加工编程；⑧刀具轨迹编辑；⑨刀具轨迹干涉处理；⑩刀具轨迹验证、切削加工过程仿真与机床仿真；⑪通用后置处理。

5. CATIA

CATIA 是最早实现曲面造型的软件，它开创了三维设计的新时代，它的出现，首次实现了计算机完整描述产品零件的主要信息，使 CAM 技术的开发有了现实的基础。目前 CATIA 系统已发展成从产品设计、产品分析、加工、装配和检验，到过程管理、虚拟运作等众多功能的大型 CAD/CAM/CAE 软件。在 CATIA 中与制造相关的模块有：

（1）制造基础框架。CATIA 制造基础框架是所有 CATIA 数控加工的基础，其中包含的 NC 工艺数据库存放所有刀具、刀具组件、机床、材料和切削状态等信息。该产品提供对走刀路径进行重放和验证的工具，用户可以通过图形化显示来检查和修改刀具轨迹；同时可以定义并管理机械加工的 CATIA NC 宏，并且建立和管理后处理代码和语法。

（2）2.5 轴加工编程器。CATIA 的 2.5 轴加工编程器专用于基本加工操作的 NC 编程功能。基于几何图形，用户通过查询工艺数据库，可建立加工操作。在工艺数据库中存放着公司专用的制造工艺环境。这样，机床、刀具、主轴转速、加工类型等加工要素可以得到定义。

（3）曲面加工编程器。CATIA 曲面加工编程器可使用户建立三轴铣加工的程序，将 CATIA NC 铣产品的技术与 CATIA 制造平台结合起来，这就可以存取制造库，并使机械加工标准化，这些都是在 CATIA 制造综合环境中进行的，该环境将有关零件、几何、毛坯、夹具、机床等参数信息结合起来，为公司机械加工提供了详细的描述。

（4）多轴加工编程器。CATIA 多轴加工编程器对 CATIA 数控编程提供了多轴编程功能，并采用 NCCS（数控计算机科学）的技术，以满足复杂五轴加工的需要。这些产品为从 2.5 轴到五轴铣加工和钻加工的复杂零件制造提供了解决方案。

（5）注模和压模加工辅助器。CATIA 注模和压模加工辅助编程将加工像注模和压模这样零件的数控编程自动化。这种方法简化了程序员的工作，系统可以自动生成 NC 文件。

6. Cimatron

Cimatron 是一个集成的 CAD/CAM 产品，在一个统一的系统环境下，使用统一的数据库，用户可以完成产品的结构设计、零件设计，输出设计图样，可以根据零件的三维模型进行手工或自动的模具分模，再对凸、凹模进行自动的 NC 加工，输出加工的 NC 代码。

Cimatron 包括一套超强、卓越、易于使用的 3D 设计工具。该工具融合了线框造型、曲面造型和实体造型，允许用户方便地处理获得的数据模型或进行产品的概念设计。在整个模具设计过程中，Cimatron 提供了一套集成的工具，帮助用户实现模具的分型设计，进行设计变更的分析与提交，生成模具滑块与嵌件，完成工具组件的详细设计和电极设计。

针对模具的制造过程，Cimatron 支持具有高速铣削功能的 2.5 轴到五轴铣削加工，基于毛坯残留知识的加工和自动化加工模板，所有这些大大减少了数控编程和加工时间。

Cimatron CAD/CAM 工作环境是专门针对工模具行业设计开发的。在整个模具制造过程中的每一阶段，用户都会得益于全新的、更高层次的针对注模和冲模设计与制造的快速性和灵活性。

7.2　计算机辅助自动编程的几何造型

几何造型属于 CAD 技术，是实现交互式图形自动编程的前提条件。CAD 几何造型包含了数控编程所需要的完整的零件表面几何信息，计算机软件可针对这些几何信息进行数控加工的刀位自动计算，刀位点的计算则是数控编程的核心。

1．几何建模的概念

所谓 CAD/CAM 系统中的几何模型就是把三维实体的几何形状及其属性用合适的数据结构进行描述与存储，供计算机进行信息转换与处理的数据模型。这种模型包含了三维形体的几何信息、拓扑信息及其他的属性数据。而所谓的几何建模实际上就是用计算机及其图形系统来表示和构造形体的几何形状，建立计算机内部模型的过程。

建立起计算机内部模型，然后对该模型进行操作处理。与物理模型比较起来，直接采用三维造型技术来构造设计对象模型不仅更加方便、直观、快速和灵活，同时也为后续的应用，如数控加工编程及模拟、三维装配、运动仿真等领域的应用提供了一个较好的产品数据化模型。因此，几何建模技术是 CAD/CAM 系统的核心，是实现 CAD/CAM/CAE 集成的基础，对保证产品数据的一致性和完整性提供了技术支持。

2．几何建模技术的发展

1）线框模型

几何建模技术产生于 20 世纪 60 年代。在几何建模技术发展的初始阶段，人们主要采用线框结构构造三维形体，通俗地讲，就好比用"铁丝"做一个"骨架"来代表一个物体，称为线框模型（Wireframe Model），它仅包含物体的顶点和棱边的信息。

（1）线框模型的优点。

① 定义了物体的三维数据。与二维绘图系统相比，可以产生任意视图及任意视点或视向的透视图及轴测图。

② 线框模型的数据量最少，数据结构简单，在 CPU 时间及存储方面开销低。

③ 构造模型时操作简便，用户几乎无须培训，使用系统相当于人工绘图的延伸。

（2）线框模型的缺点。

① 因为所有棱线全都显示出来，物体的真实形状须经由人脑的解释才能理解，因此，会出现二义性理解。

② 缺少曲面轮廓线，这是因为在线框模型中不包括这样的信息。

③ 由于在数据结构中缺少边与面、面与体之间关系的信息，即所谓拓扑信息，因此不能

构成实体，无法识别面与体，更谈不上体内与体外。因此，从原理上讲，此种模型不能消除隐藏线，不能做任意剖切，不能计算物理特性，如体积、重量等，不能进行两个面的求交，不能自动划分有限元网格，不能检查物体间的碰撞、干涉等。但目前有些系统从内部建立了边与面的拓扑关系，因此，具有隐藏功能。

2）表面模型

到了20世纪70年代出现了表面模型，它在线框模型的基础上增加了面的信息，把在线框模型中棱线所包围的部分再定义为面，使构造的形体能够进行消隐、生成剖面和着色处理。表面模型后来发展成为曲面模型（Surface Model），能够进行各种曲面的拟合、表示、求交和显示，曲面的各种处理技术至今仍是CAD/CAM和计算机图形学领域探索和研究最活跃的分支之一。

（1）表面模型的优点。

① 能实现消隐、着色、表面积计算、二曲面求交、数控刀具轨迹生成、有限元网格划分等功能。

② 擅长于构造复杂的曲面物体，如模具、汽车、飞机等表面。

（2）表面模型的缺点。

① 有时产生对物体的二义性理解。

② 操作比较复杂。

3）实体模型

20世纪70年代末，实体模型（Solid Model）技术逐渐成熟并实用化。所谓实体模型是通过简单体素的几何变换和交、并、差集合运算生成各种复杂形体的建模技术。实体模型能够包含较完整的形体几何信息和拓扑信息，已成为目前CAD/CAM建模的主流技术。实体模型的优点为：

（1）具有物体完整的三维几何拓扑信息，成了设计与制造自动化及集成的基础。

（2）由于着色、光照及纹理处理等技术的运用使物体有出色的可视性，使它在CAD/CAM领域外也有广泛的应用，如计算机艺术、广告、动画等。

线框模型、表面模型和实体模型统称为几何模型，即形体的描述和表达是建立在几何信息和拓扑信息的处理基础上的。所谓几何信息一般是指形体在欧氏空间中的形状、位置和大小，而拓扑信息则是形体各分量相互间的连接关系。几何建模技术的发展推动了CAD/CAM技术的进步和发展。几何建模技术已广泛应用于机械产品的设计、制造、装配和工程分析等机械产品生产中的各个领域。

7.3 计算机辅助自动编程的开发

虽然目前市场上有大量的CAD/CAM软件，但有时这些软件不适应所有零件的自动编程，如果编程员自己可以利用计算机语言开发适应某些零件加工的辅助编程软件，实现高性能的数控加工程序设计，将会使数控编程工作简单而迅速。这里以钻孔为例说明辅助编程的程序设计原理。

在冷冲压模具加工中，一个模板上可能有几百个不同尺寸的孔，而这些孔中有简单直孔、阶梯孔、螺纹孔，同时有的孔可能在正面，有的孔可能在反面。加工这些孔时，如果用手工编程则效率低且很容易出现错误；如果用现有的自动编程软件，往往需要选择加工的孔，选择时也容易出现重复选择或漏选的情况。如果用计算机语言编写一个程序，用这个程序将 CAD 工程图中的孔位置正确地识别出来自动生成孔加工程序，会大大提高编程的效率，同时可以避免编程中的错误。

1．孔尺寸和位置的识别

在扩展名为 DXF 的工程图中，孔的描述如图 7-1 所示。以字符串"AcDbCircle"表示孔描述开始，10 行下边一行表示孔中心的 X 坐标值，20 行的下一行为孔中心的 Y 坐标值，40 行的下一行为孔的半径值。半径下边的一行数据用来表示孔的类型。图 7-1 中孔的描述说明，该孔的中心坐标为（30,40），孔的半径为 10。半径下边一行的数据为字符"0"，说明该孔为一般光孔。

根据以上描述，要在 DXF 文件中搜索某一个尺寸的孔时，先给出孔的半径，然后在 DXF 文件中搜索字符串"AcDbCircle"，再搜索 40 行的下一行的值是否与给定的半径相同，如果两个半径值不同则不是需要的孔，如果两个半径值相同则读取该孔的坐标值。

2．正面孔和反面孔的识别

DXF 文件中在字符串"AcDbCircle"（位置和尺寸描述）的前面，以字符串"CIRCLE"开始，对孔特性进行描述，如图 7-2 所示。"CIRCLE"字符串下面的第 10 行字符串为"Continues"时，表示该孔为实线且是正面的孔；当该字符串为"HIDDEN"时，表示该孔为虚线且是反面的孔。

AcDbCircle		CIRCLE	CIRCLE
10		5	5
30.0		A0	A5
20		330	330
40.0		1F	1F
30		100	100
0.0		AcDbEntity	AcDbEntity
40		8	8
10.0		0	0
0		6	6
		Continues	HIDDEN

图 7-1　DXF 文件对孔位置和尺寸的描述　　　图 7-2　DXF 文件对孔特性的描述

3．螺纹孔的识别

在孔的识别时要区别一个孔是否为螺纹孔，否则在识别普通孔时会把螺纹孔包含在内，在识别螺纹孔时同样也包含普通孔。孔位置和尺寸描述数据中的孔半径值的下一行用来描述螺纹。该行数据为字符"0"时表示是普通孔，该行数据为"100"时表示是螺纹孔。如果一个孔的 CIRCLE 数据区描述为"HIDDEN"，在 AcDbCircle 数据区的螺纹标志数据为"100"，则该孔为反面的螺纹孔。值得注意的是，识别螺纹孔时应该使用螺纹大径的半径值。

4．孔位置重复出现的处理

在孔识别时，可能出现一个位置上识别多个孔的情况。例如，在绘图中多次在同一位置用同一半径画了多次，或阵列多次，都可能造成同一位置出现尺寸一样的多个孔，在识别时应该把这些重复的孔滤掉。其方法是每找到一个直径符合要求的孔时，检查该中心位置的孔是否已经存在，若已经存在则不再保存，否则才予以保存。

5. 孔位置排序处理

为了钻孔时空行程短，加工效率高，在孔识别后要根据需要对孔的中心坐标进行排序。排序时由操作者选择是 X 走向还是 Y 走向，X 走向是指同一个 Y 尺寸的多个孔，沿着 X 的正方向逐个钻削；Y 走向是指同一个 X 尺寸的多个孔沿着 Y 正方向逐步钻削。

对于 X 走向的钻孔，先把孔坐标按 Y 值由小到大排序，再保持 Y 顺序不变将 X 由小到大排序。

对于 Y 走向的钻孔，先把孔坐标按 X 值由小到大排序，再保持 X 顺序不变将 Y 由小到大排序。

6. 程序流程图

如图 7-3 所示为孔尺寸、位置识别流程图，螺纹孔有小径和大径之分，在识别时应使用大径（公称直径）。

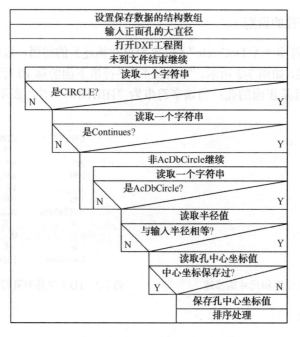

图 7-3　孔尺寸、位置识别流程图

如图 7-4 所示为孔中心坐标排序流程图，选择走向时主要是考虑减少空行程的距离，提高加工效率。

用上述方法可以很方便地从 DXF 工程图中把实际需要的所有孔的坐标提取出来，并按照要求进行排序处理。把得到的数据文件再经过后置处理，可以自动生成由设计者设计的钻中心孔、钻深孔、锪孔、镗孔、铰孔等高级孔加工程序，从而实现高质量、高效率的孔加工。

7. 正面简单钻孔辅助编程 C 语言程序清单

这里以零件上面为正面，给出钻正面孔（用 G81 循环钻多个孔）加工程序生成程序清单。执行该程序时，输入 DXF 文件名、CNC 文件名、钻孔的直径、钻孔的深度、使用的刀具号、安全高度、返回平面的高度、主轴转速、进给速度、走刀方向。

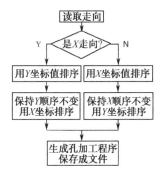

图 7-4　孔中心坐标排序流程图

　　如图 7-5 所示为需要钻孔的板类零件，该图中正面有 24 个 ϕ10mm 的孔、16 个 ϕ12mm 的孔、4 个 ϕ50mm 的孔，反面有 4 个 ϕ10mm 的孔。将该零件图形成 DXF 文件，坐标原点建立在零件的左下角，下面的 C 语言程序只生成正面的孔的加工程序，并显示出符合要求的孔的个数。

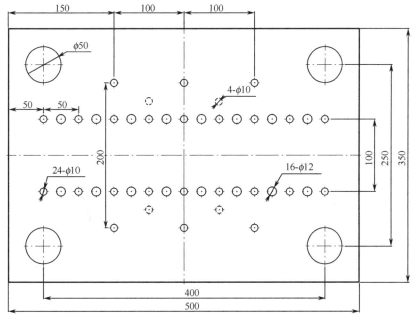

图 7-5　需要钻孔的板类零件

程序代码：

```
#include <stdio.h>
#include <string.h>
#include <stdlib.h>
#include <conio.h>
#include <math.h>
#include <ctype.h>

#define SIZE 1000
FILE *fp1;
```

```
FILE *fp2;
FILE *fp3;
float r1;
struct hole_type
{char mstrx[20],mstry[20];
 int lb;
}hole[SIZE];
struct hole_type hole1[SIZE];

int main()
{ float xx,x1,x2,x3;
  long int yy;
  double rr;
  int xy,geshua,geshu=0;
  char str10[10],str20[10],str30[10],str40[10],strx[20],stry[20],strt[20],strr[20];
  char hole_deep[10],banjing[10], biao1[]="CIRCLE",biao2[]="AcDbCircle",kaishi1[5];
  char kaishi2[9],dxf_file[40],cnc_file[40],f_speed[10],s_speed[10],daohao[10];
  char an_quan[10],fanhui[10],zhijing[10],tempx[20],tempy[20],temmaxy[20];
  int min,i=0,j=0,k=0,temmaxyi,templb,zmb;
  char ch,xuanze;
  printf("\n 使用 DXF 文件生成中心孔或简单钻孔程序文件，可选择运动方向\n");
//以下是输入数据
  starta:
  printf("\n 请输入 DXF_文件名和扩展名:");gets(dxf_file);
  if((fp1=fopen(dxf_file,"r+"))==NULL)
    { printf("DXF 文件不存在，请继续输入\n");
      goto starta;
    }
  printf("\n 请输入 CNC_文件名和扩展名:");gets(cnc_file);
  if((fp2=fopen(cnc_file,"w+"))==NULL)
    { printf("CNC 文件不能打开，请检查磁盘空间\n");return;}
  printf("\n 请输入要钻孔的直径值:");gets(zhijing);
  xx=atof(zhijing);r1=atof(zhijing);r1=r1/2.0;gcvt(r1,10,banjing);
  printf("\n 请输入要钻孔的深度值:");
  gets(hole_deep);xx=atof(hole_deep);if(xx>0)xx=-xx;gcvt(xx,10,hole_deep);
  starta1:
  printf("\n 请输入刀具号:");gets(daohao);
  printf("\n 安全高度值:");gets(an_quan);
  printf("\n 请输入返回平面高度值:");
  gets(fanhui);xx=atof(fanhui);if(xx<0)xx=-xx;gcvt(xx,10,fanhui);
  printf("\n 请输入主轴转速值:");gets(s_speed);
  printf("\n 请输入进给速度值:");
  gets(f_speed);xx=atof(f_speed);if(xx<0)xx=-xx;gcvt(xx,10,f_speed);
//以下是生成程序头部，将其内容写入加工程序
  fputs("O0001",fp2);fputc(10,fp2);
  fputs("G54 G90 G17 G21 G94 G49 G40",fp2);fputc(';',fp2);fputc(10,fp2);
  fputs("G0 X0 Y0",fp2);fputc(';',fp2);fputc(10,fp2);
  fputs("M06 T",fp2);fputs(daohao,fp2);fputc(';',fp2);fputc(10,fp2);
  fputs("M3 S",fp2);fputs(s_speed,fp2);fputc(';',fp2);fputc(10,fp2);
  fputs("G0 G43",fp2);fputs(" Z",fp2);fprintf(fp2,"%1.1f",atof(an_quan));fputs(" H",fp2);
  fputs(daohao,fp2);fputc(';',fp2);fputc(10,fp2);
  fputs("G81",fp2);fputs(" G99 R",fp2);fprintf(fp2,"%1.1f",atof(fanhui));fputs(" Z",fp2);
```

```
    fprintf(fp2,"%1.1f",atof(hole_deep));fputs(" F",fp2);fprintf(fp2,"%1.1f",atof(f_speed));
    fputc(';',fp2);fputc(10,fp2);
//以下是孔位识别
    i=0;
    while(1)
    {
        if(feof(fp1)){fclose(fp1);break;}
        if(fgetc(fp1)!='C')continue;
        fgets(kaishi1,6,fp1);
        if(!strcmp(biao1,kaishi1))goto next;
        else continue;
        next:                                  /*以下是取孔特性描述的客观条件串*/
        fgetc(fp1);fgetc(fp1);fgets(strt,20,fp1);
        fgets(strt,20,fp1);fgets(strt,20,fp1);fgets(strt,20,fp1);
        fgets(strt,20,fp1);fgets(strt,20,fp1);
        fgetc(fp1);fgetc(fp1);fgets(strt,20,fp1);fgets(strt,20,fp1);
            fgetc(fp1);fgetc(fp1);fgets(strt,20,fp1);fgets(strt,20,fp1);
        for(k=0;k<10;k++)
            if(strt[k]=='\n')strt[k]='\0';
if((!(strcmp(strt,"hidden2")))||(!(strcmp(strt,"HIDDEN")))||
(!(strcmp(strt,"CAXA2")))){zmb=0;goto next01;}
            else zmb=1;                        /*zmb=0 表示反面孔*/
        next01:
        if(fgetc(fp1)!='A')goto next01;
        fgets(kaishi2,10,fp1);
        if(!strcmp(biao2,kaishi2))goto next02;
        else goto next01;
        next02:                                /*以下是取孔位置和半径描述*/
        fgetc(fp1);
        fgetc(fp1);fgets(str10,10,fp1);fgets(strx,20,fp1);
        fgetc(fp1);fgets(str20,10,fp1);fgets(stry,20,fp1);
        fgetc(fp1);fgets(str30,10,fp1);fgets(strt,20,fp1);
        fgetc(fp1);fgets(str40,10,fp1);fgets(strr,20,fp1);
        if(zmb==0)continue;
        xuanze=fgetc(fp1);
        if(xuanze=='1')continue;
        rr=atof(strr);
        if((rr-r1<0.0001)&&(rr-r1>-0.0001))
        { for(j=0;j<i;j++)
            {                                  /*以下是过滤重复孔*/
            if(abs(atof(strx)-atof(hole[j].mstrx))<=0.0001)goto next1;
            else continue;
            next1:
            if(abs(atof(stry)-atof(hole[j].mstry))<=0.0001)goto next2;
            else continue;
            }
            next2:
            if(i==j||i==0)
            { geshu=geshu+1;
                strcpy(hole[i].mstrx,strx);
                strcpy(hole[i].mstry,stry);
                hole[i].lb=0;
```

```
                i++;
            }
        }
    }
    printf("\n 请选择走向： 1 X 走向    2 Y 走向\n");
xxxx:        xuanze=getch();
    if(xuanze!='1'&&xuanze!='2')goto xxxx;
    if(xuanze=='1')                        /*以下是孔排序处理*/
      {
        for(i=0;i<geshu-1;i++)
          { min=i;
             for(j=i+1;j<geshu;j++)
               if(atof(hole[min].mstry)-atof(hole[j].mstry)>0.001)
                 { templb=hole[min].lb;strcpy(tempx,hole[min].mstrx);
                   strcpy(tempy,hole[min].mstry);
                   hole[min].lb=hole[j].lb;strcpy(hole[min].mstrx,hole[j].mstrx);
                   strcpy(hole[min].mstry,hole[j].mstry);
                   hole[j].lb=templb;strcpy(hole[j].mstrx,tempx);strcpy(hole[j].mstry,tempy);
                 }
          }
        for(i=0;i<geshu-1;i++)
          { min=i;
             for(j=i+1;j<geshu;j++)
               if(atof(hole[j].mstry)-atof(hole[min].mstry)<=0.001)
                 if(atof(hole[min].mstrx)-atof(hole[j].mstrx)>0.001)
                   { templb=hole[min].lb;strcpy(tempx,hole[min].mstrx);
                     strcpy(tempy,hole[min].mstry);
                     hole[min].lb=hole[j].lb;strcpy(hole[min].mstrx,hole[j].mstrx);
                     strcpy(hole[min].mstry,hole[j].mstry);
                     hole[j].lb=templb;strcpy(hole[j].mstrx,tempx);strcpy(hole[j].mstry,tempy);
                   }
          }
      }
    else
      { for(i=0;i<geshu-1;i++)
          { min=i;
             for(j=i+1;j<geshu;j++)
               if(atof(hole[min].mstrx)-atof(hole[j].mstrx)>0.001)
                 { templb=hole[min].lb;strcpy(tempx,hole[min].mstrx);
                   strcpy(tempy,hole[min].mstry);
                   hole[min].lb=hole[j].lb;strcpy(hole[min].mstrx,hole[j].mstrx);
                   strcpy(hole[min].mstry,hole[j].mstry);
                   hole[j].lb=templb;strcpy(hole[j].mstrx,tempx);strcpy(hole[j].mstry,tempy);
                 }
          }
        for(i=0;i<geshu-1;i++)
          { min=i;
             for(j=i+1;j<geshu;j++)
               if(atof(hole[j].mstrx)-atof(hole[min].mstrx)<=0.001)
                 if(atof(hole[min].mstry)-atof(hole[j].mstry)>0.001)
                   { templb=hole[min].lb;strcpy(tempx,hole[min].mstrx);
                     strcpy(tempy,hole[min].mstry);
```

```
                hole[min].lb=hole[j].lb;strcpy(hole[min].mstrx,hole[j].mstrx);
                strcpy(hole[min].mstry,hole[j].mstry);
                hole[j].lb=templb;strcpy(hole[j].mstrx,tempx);strcpy(hole[j].mstry,tempy);
            }
        }
    }
    for(i=0;i<geshu;)                        /*以下将孔坐标写入加工程序文件*/
    { strcpy(strx,hole[i].mstrx);strcpy(stry,hole[i].mstry);
        if(hole[i].lb==0)
        { fputc('X',fp2);
            if(atof(strx)==atoi(strx)){ fprintf(fp2,"%1.0f",atof(strx));fputs(".0",fp2);}
            else { xx=atof(strx)*10; yy=(int)xx;
                    if(xx==yy)fprintf(fp2,"%1.1f",atof(strx));
                    else { xx=atof(strx)*100;yy=(int)xx;
                            if(xx==yy)fprintf(fp2,"%1.2f",atof(strx));
                            else fprintf(fp2,"%1.3f",atof(strx));
                        }
                }
            fputc(32,fp2);
            fputc('Y',fp2);
            if(atof(stry)==atoi(stry)){ fprintf(fp2,"%1.0f",atof(stry));fputs(".0",fp2);}
            else { xx=atof(stry)*10; yy=(int)xx;
                    if(xx==yy)fprintf(fp2,"%1.1f",atof(stry));
                    else { xx=atof(stry)*100;yy=(int)xx;
                            if(xx==yy)fprintf(fp2,"%1.2f",atof(stry));
                            else fprintf(fp2,"%1.3f",atof(stry));
                        }
                }
            fputc(';',fp2);fputc(10,fp2);
            i++;
            }
        else i++;
    }
    { fputs("G80",fp2);fputc(';',fp2);fputc(10,fp2);}
    fputs("G49 G0 Z",fp2);fprintf(fp2,"%1.1f",atof(an_quan));fputc(';',fp2);fputc(10,fp2);
    fputs("M30",fp2);fputc(';',fp2);
    fclose(fp1);
    fclose(fp2);
//以下显示符合要求孔的个数
    printf("\n        %1.3f 直径的孔的个数=%d",atof(zhijing),geshu);getch();
}
```

执行上述 C 语言程序时，输入钻孔的直径为 10mm、钻孔的深度为 20mm、使用的刀具号为 1、安全高度为 50mm、返回平面的高度为 10mm、主轴转速 1500r/min、进给速度为 100mm/min、走刀方向为 X。系统自动计算出 24 个符合要求的孔，反面有 4 个直径为 ϕ10mm 的孔（图中为虚线孔），不予处理，并将其按 X 走向排序生成钻孔程序。钻孔程序如下：

```
O0001
G54 G90 G17 G21 G94 G49 G40;
G0 X0 Y0;
M06 T1;
```

```
M3 S1500;
G0 G43 Z50.0 H1;
G81 G99 R10.0 Z-20.0 F100.0;
X150.0 Y75.0;
X250.0 Y75.0;
X350.0 Y75.0;
X50.0 Y125.0;
X100.0 Y125.0;
X150.0 Y125.0;
X200.0 Y125.0;
X250.0 Y125.0;
X300.0 Y125.0;
X350.0 Y125.0;
X400.0 Y125.0;
X450.0 Y125.0;
X50.0 Y225.0;
X100.0 Y225.0;
X150.0 Y225.0;
X200.0 Y225.0;
X250.0 Y225.0;
X300.0 Y225.0;
X350.0 Y225.0;
X400.0 Y225.0;
X450.0 Y225.0;
X150.0 Y275.0;
X250.0 Y275.0;
X350.0 Y275.0;
G80;
G49 G0 Z50.0;
M30;
```

执行上述 C 语言程序时，输入钻孔的直径为 12mm、钻孔的深度为 30mm、使用的刀具号为 2、安全高度为 50mm、返回平面的高度为 10mm、主轴转速为 1000r/min、进给速度为 90mm/min、走刀方向为 X。系统自动计算出 16 个符合要求的孔，并将其按 X 走向排序生成钻孔程序。钻孔程序如下：

```
O0001
G54 G90 G17 G21 G94 G49 G40;
G0 X0 Y0;
M06 T2;
M3 S1000;
G0 G43 Z50.0 H2;
G81 G99 R10.0 Z-30.0 F90.0;
X75.0 Y125.0;
X125.0 Y125.0;
X175.0 Y125.0;
X225.0 Y125.0;
X275.0 Y125.0;
X325.0 Y125.0;
X375.0 Y125.0;
X425.0 Y125.0;
```

```
X75.0 Y225.0;
X125.0 Y225.0;
X175.0 Y225.0;
X225.0 Y225.0;
X275.0 Y225.0;
X325.0 Y225.0;
X375.0 Y225.0;
X425.0 Y225.0;
G80;
G49 G0 Z50.0;
M30;
```

附录 A

常用切削用量选择参考表

具体见表 A-1～表 A-8。

表 A-1　硬质合金刀具数控车削切削速度

（单位：m/min）

工件材料	硬度 HBS	粗车（a_p=2.5～6mm，f=0.35～0.65mm/r）	刀具材料	精车（a_p=0.3～2mm，f=0.1～0.3mm/r）	刀具材料
碳素钢 合金结构钢	150～200	90～110	YT5	120～150	YT15
	200～250	80～100		110～130	
	250～325	60～80		75～90	
	325～400	40～60		60～80	
灰铸铁	150～200	70～90	YG8	90～110	YG6
	200～250	50～70		70～90	
可锻铸铁	120～150	100～120		130～150	
铝及铝合金		200～400		300～600	

注：刀具寿命 T=60min；a_p、f 取大值时，v 选小值，反之，v 取大值。切槽、切断时可按粗车数值的 60%选取，进给量 f=0.07～0.32mm/r，刀头宽、刀头长度短用大进给量，反之用小进给量；加工材料硬度低用大进给量。

表 A-2　铣削加工的切削速度参考值

工件材料	硬度 HBS	铣削速度/（m/min）		工件材料	硬度 HBS	铣削速度/（m/min）	
		硬质合金铣刀	高速钢铣刀			硬质合金铣刀	高速钢铣刀
低、中碳钢	<220	80～150	21～40	不锈钢		70～90	20～35
	225～290	60～115	15～36	铸钢		45～75	15～25
	300～425	40～75	9～20	黄铜		180～300	30～50
灰铸铁	100～140	110～115	24～36	铝镁合金	95～100	360～600	180～300
	150～225	60～110	15～21	合金钢	<220	55～120	15～35
	230～290	45～90	9～18		225～325	40～80	10～24
	300～320	21～30	5～10		325～425	30～60	5～10

注：精加工的切削速度可比表中数值增加 30%左右。

表 A-3　铣刀进给量参考值

工件材料	进给量					
	粗铣（每齿进给量 f_z/mm）		精铣（每转进给量/mm）			
	高速钢铣刀	硬质合金铣刀	Ra/μm	高速钢铣刀		硬质合金铣刀
钢	0.08～0.12	0.09～0.18	3.2	0.5～1.2		0.5～1
铸铁、铜及铝合金	0.2～0.35	0.14～0.29	1.6	0.23～0.5		0.4～0.6
			0.8			0.2～0.3

注：此表以机床功率 5～10kW、工艺系统刚度较大、细齿铣刀加工作为参考。

表 A-4　可转位面铣刀直径与齿数的关系

直径/mm		50	63	80	100	125	160	200	250	315	400	500
齿数	粗齿	4				6	8	10	12	16	20	26
	细齿			6		8	10	12	16	20	26	34
	密齿					12	18	24	32	40	52	64

注：面铣刀直径的选择应按铣削工件表面的宽度来确定：$d=（1.1～1.6）a_e$，计算出来的数值再按上述标准值选取。

表 A-5　高速钢钻头钻孔的切削用量

钻头直径 /mm	铸铁 材料硬度 HBS						钢 抗拉强度 σ_b/MPa			
	160～200		200～300		300～400		500～700 （35、45 钢）		700～900 （15Cr、20Cr）	
	v_c /（m/min）	f /（mm/r）	v_c /（m/min）	f /（mm/r）	v_c /（m/min）	f /（mm/r）	v_c /（m/min）	f /（mm/r）	v_c /（m/min）	f /（mm/r）
1～6	16～24	0.07～0.12	10～18	0.05～0.1	5～12	0.03～0.08	18～25	0.05～0.1	12～20	0.05～0.1
6～12		0.12～0.2		0.1～0.18		0.08～0.15		0.1～0.2		0.1～0.2
12～22		0.2～0.4		0.18～0.25		0.15～0.2		0.2～0.3		0.2～0.3
22～50		0.4～0.8		0.25～0.4		0.2～0.3		0.3～0.45		0.3～0.45

钻中心孔的切削用量		
钻孔公称直径/mm	进给量/（mm/r）	切削速度/（m/min）
1～5	0.02～0.1	8～15

注：采用硬质合金钻头加工铸铁时 v_c=20～30m/min。

表 A-6　高速钢铰刀铰孔的切削用量

材料	铸铁		钢及铸钢		铝及其合金		可锻铸铁、青铜		黄铜	
切削液	干切		非水溶性切削油		煤油		煤油、水溶性切削油		矿物油	
铰刀直径	v_c	f	v_c	f	v_c	f	v_c	f	v_c	f
/mm	/（m/min）	/（mm/r）	/（m/min）	/（mm/r）	/（m/min）	/（mm/r）	/（m/min）	/（mm/r）	/（m/min）	/（mm/r）
6～10		0.3～0.5		0.3～0.4		0.3～0.5		0.2～0.3		3～0.5
10～15	4～8	0.5～1	3～5	0.4～0.5	8～12	0.5～1	3～8	0.3～0.4	10～18	0.5～1
15～25		0.8～1.2		0.5～0.6		0.8～1.2		0.4～0.5		0.8～1.2
25～40		1.2～1.5		0.5～0.6		1.0～1.5		0.5～0.6		1.0～1.5

注：采用硬质合金铰刀加工铸铁时取 v_c=6～15m/min，加工铝时取 v_c=15～30m/min，加工钢时取 v_c=6～12m/min。

表 A-7　铣镗床镗孔的切削用量

镗削工序	刀具材料	铸铁		钢、铸钢		铜铝、铜铝合金		背吃刀量（直径上）/mm
		v_c/（m/min）	f/（mm/r）	v_c/（m/min）	f/（mm/r）	v_c/（m/min）	f/（mm/r）	
粗镗	高速钢	20～35	0.3～1.0	20～40	0.3～1.0	100～150	0.5～1.5	5～8
	硬质合金	35～60		40～60		200～250		
半精镗	高速钢	25～40	0.2～0.8	30～50	0.2～0.8	150～200	0.2～0.5	1.5～3
	硬质合金	60～70		80～120		250～300		
精镗	高速钢	15～30	0.15～0.5	20～35	0.1～0.6	150～200	0.15～0.2	0.6～1.2
	硬质合金	70～80		60～100	0.15～0.5	200～400	0.06～0.1	

注：当采用高精度镗头镗孔时，由于直径余量不大于 0.2mm，切削速度可提高一些，加工铸铁时为 100～150m/min，加工钢件时为 150～200 m/min，加工铝合金时为 200～400 m/min，进给量取 0.03～0.1mm/r。

表 A-8　高速钢丝锥攻螺纹切削用量

加工材料	铸铁	钢及其合金	不锈钢	铝、铜及其合金
v_c/（m/min）	5～10	3～8	2～7	10～20

注：在同样条件下，相同直径螺距大取低速；丝锥直径小取相对高速，丝锥直径大取相对低速。